Dr. Helmuth Bögel • Prof. Klaus Schmidt
Kleine Geologie der Ostalpen

Dr. Helmuth Bögel · Prof. Klaus Schmidt

Kleine Geologie der Ostalpen

Allgemein verständliche Einführung
in den Bau der Ostalpen unter Berücksichtigung
der angrenzenden Südalpen

Ott Verlag Thun

1. Auflage, 1.-4. Tausend, 1976
Alle Rechte, auch die des auszugsweisen Nachdrucks, der fotomechanischen Wiedergabe,
der Übertragung in Bildstreifen und der Übersetzung, vorbehalten

© 1976, Ott Verlag Thun
ISBN 3-7225-6247-3
Gedruckt in der Schweiz
Gesamtherstellung: Ott Verlag AG

Inhaltsverzeichnis

Vorwort 7

Erster Teil: Einführung in den Bau der Ost- und Südalpen 9

    1. Geographische Übersicht 11
    2. Geologische Übersicht 12
    3. Der Werdegang des Gebirges 32

Zweiter Teil: Die geologischen Zonen der Ost- und Südalpen 40

A) Das Westalpin 40
    1. Das Helvetikum und das Ultrahelvetikum 40
    2. Die Flysch-Zone 46
    3. Das Penninikum 55
        a) Verbreitung und Gliederung 55
        b) Das Tauernfenster 59
        c) Das Penninikum am Ostrand der Ostalpen 74
        d) Das Penninikum am Westrand der Ostalpen ... 74
        e) Das Unterengadiner Fenster 81

B) Das Ostalpin 82
    1. Das Unterostalpin 83
        a) Die Err-Bernina-Decke 84
        b) Die Umrahmung des Tauernfensters 86
        c) Das Semmering-Halbfenster 89
    2. Das Oberostalpin 91
        a) Das Oberostalpine Altkristallin 91
        b) Der Drauzug und die Nordkette der Karawanken ... 102
        c) Das Oberostalpine Paläozoikum 106
        d) Die Nördlichen Kalkalpen 122

C) Die Periadriatische Naht und ihre Plutone 145

D) Das Südalpin 150
    1. Der voralpidische Anteil 154
    2. Der alpidische Anteil 155

Dritter Teil: Das Tertiär und das Quartär

A)	Die Ost- und Südalpen im Tertiär	179
	1. Die nordalpine Molasse	183
	2. Die inneralpinen Tertiärbecken	189
	3. Die Poebene	195
B)	Das Quartär	198

Vierter Teil: Geophysik und Gebirgsbildung

1. Der geophysikalische Zustand der Ost- und Südalpen	203
2. Mechanik und Ursachen der Gebirgsbildung	206

Literaturhinweise 219

Register 225

Vorwort

Die «Kleine Geologie der Ostalpen» ist ein Lese- und Lernbuch, sie soll kein Lehrbuch der Alpengeologie, keine Einführung in die Erdwissenschaften und auch kein Nachschlagewerk sein.

Das Buch ist als Ostalpen-Gegenstück zur «Kleinen Geologie der Schweiz» gedacht; bestimmt für die Liebhaber der Berge, vom Autotouristen bis zum Kletterer, für den Sammler von Mineralien und Gesteinen, für die Freunde der Geologie, kurzum für alle, die von den Alpen mehr wissen wollen, als daß es «Nördliche» und «Südliche Kalkalpen» und dazwischen das «Urgebirge» gibt – eine ebenso alte wie falsche Vorstellung. Doch wird auch dem lehrenden wie dem lernenden Erdwissenschaftler, dessen besonderes Arbeits- und Interessengebiet außerhalb der Alpen liegt, eine solche Einführung willkommen sein. Denn die größeren Werke über die Alpengeologie, und erst recht natürlich die spezielle Literatur, sind in einer oft auch dem Fachkollegen nur schwer verständlichen Sprache geschrieben.

Die Alpen, und namentlich die Ostalpen, sind ein sehr komplexes Gebirge; sie sind so kompliziert gebaut, daß wir vielleicht erst heute zu verstehen beginnen, welche innerirdischen Prozesse die alpinen Gesteinsmassen aufeinandertürmten. Das mag verwunderlich erscheinen, denn der erste Überblick, der über die tastenden Versuche zu Beginn des vergangenen Jahrhunderts hinausging, erschien mit dem «Bau der Alpen» von EDUARD-SUESS bereits vor gut 100 Jahren (Wien 1875). Damit begann die Zeit, in der die Alpen zum Musterfall für alle jungen Gebirge wurden, ja, man teilte die Gebirge der Erde überhaupt in *alpine* und *nichtalpine* ein. Die «alpinen» waren die eigentlichen, die echten Gebirge, die erdweiten Vorgängen ihre Entstehung verdankten, während die anderen das Prädikat «Gebirge» nur ihrer morphologischen Erscheinungsform, nicht aber ihrem inneren Bau nach verdienten. Die Alpen sind ein «tertiäres Gebirge», oder «ein junges Faltengebirge», las und liest man häufig. Beides ist nur teilweise richtig. Denn die Entwicklung, gekennzeichnet durch Umwälzungen in der Erdkruste, begann vor 100–120 Millionen Jahren, also lange vor der

Tertiärzeit. Noch mehr: die genauere Erforschung ergab, daß in den Bau der Alpen auch umfangreiche Reste uralter, aus dem Erdaltertum stammender Gebirge einbezogen sind. Die Alpen sind auch kein einfaches «Faltengebirge», vielmehr sind in großem Maßstab Schollen und «Decken» älterer Gesteine auf jüngere «geschoben». Insbesondere die Ostalpen selbst bestehen zum allergrößten Teil aus der gewaltigen «Ostalpinen Decke», unter der an vielen Stellen jüngere Gesteine zum Vorschein kommen.

Angesichts der Fülle des Stoffes konnte vieles nur angedeutet werden. Das eine oder andere, den Verfassern näher liegende Gebiet ist etwas ausführlicher behandelt. Anderes wurde nur in Abbildungen oder Tabellen festgehalten. Ein Lehrbuch der Alpengeologie würde mehrere Bände füllen. Aus dem gleichen Grunde kann die «Kleine Geologie der Ostalpen» keinen Überblick über die Geologie im allgemeinen bieten. Auch auf die Erklärung der gängigen Fachausdrücke mußte verzichtet werden. Wir verweisen dazu auf eine Reihe anderer gut und leichtverständlich abgefaßter Einführungen (Literaturverzeichnis, S. 219). Auch die «Kleine Geologie der Schweiz» von Koenig und Heierli's «Geologische Wanderungen in der Schweiz» helfen weiter. –

Die Verfasser möchten an dieser Stelle dem Ott Verlag für seine geduldige Mühe und einer Reihe von Freunden und Fachkollegen für vielerlei Hilfe und Kritik herzlich danken. –

Der Verlag Schweizerbart (Stuttgart) stellte freundlicherweise die Klischees zu den Abbildungen 22, 42 und 49 zur Verfügung.

Helmuth Bögel und Klaus Schmidt

Erster Teil

Einführung in den Bau der Ost- und Südalpen

Die Alpen sind, geologisch gesehen, ein sehr kompliziertes Gebirge. Gesteine aller Art und sehr verschiedenen Alters nehmen an ihrem Aufbau teil. Sie wurden, aus ursprünglich weit getrennt liegenden Bildungsräumen, nach ihrer Entstehung auf engstem Raum zusammengeschoben und in Decken übereinander gestapelt. Es ist dabei fast die Regel, daß Älteres auf Jüngeres zu liegen kommt.

Im Laufe der Erdgeschichte sind zwei große Gebirgsbildungen oder Orogenesen über den Bereich der Alpen hinweggegangen: eine ältere im Oberkarbon und eine jüngere, die besonders in der Oberkreide und im Tertiär wirksam war, während eines Zeitraumes von etwa 60 Millionen Jahren also (Tab. 1, S. 10).

Mit den Gebirgsbildungen geht in größerer Tiefe stets eine intensive Gesteinsumwandlung, die Metamorphose, Hand in Hand. Die damit verbundene Durchbewegung sowie die Einwirkung von hohen Drucken und Temperaturen haben meist den gesamten Fossilinhalt der Ablagerungsgesteine zerstört und den Charakter der Gesteinsverbände oft weitgehend verändert.

Im Verlaufe der letzten 20 Millionen Jahre gesellte sich zu diesen Vorgängen die Heraushebung des Orogens, die Gestaltung zu einem «Gebirge» im landläufigen Sinne. Dabei wurden durch Verwitterung und Abtragung riesige Gesteinsmassen aus dem Gebirge in die sogenannten Vortiefen transportiert.

Die Aufgabe, die wir uns stellen müssen, wenn wir die Geologie eines Gebirges schildern wollen, ist zweifach: zunächst haben wir uns Klarheit über den Bau, über die Architektur zu verschaffen, und dann ist die Entwicklung, die Geschichte, die zu diesem Bau geführt hat, herauszuarbeiten. Dabei wird sich zeigen, daß die geologische Forschung, die in den Alpen erst im vorigen Jahrhundert begann, viele Fragen noch nicht endgültig beantwortet hat.

Tab. 1 Erdgeschichtliche Zeittafel

Ära (Zeitalter)	Periode (Formation)	Epoche (Abteilung)		Beginn vor Mio. Jahren	Gebirgsbildung
Känozoikum	Quartär		Holozän Pleistozän		ALPIDISCHE
				1,5	
	Tertiär	Neogen	{ Pliozän Miozän		
		Paläogen	Oligozän Eozän Paleozän		
				67	
Mesozoikum	Kreide	Ober-	{ Maastricht Campan Santon Coniac Turon Cenoman		OROGENESE
		Unter-	{ Alb Apt Barrême Hauterive Valangien		
				137	
	Jura	Malm	{ Tithon Kimmeridge Oxford		
		Dogger	{ Callovien Bathonien Bajocien Aalenien		ALPIDISCHE GEOSYNKLINAL- ZEIT ●
		Lias	{ Toarcien Pliensbachien Sinemurien Hettangien		
				195	
	Trias	Ober-	{ Rät Nor Karn		
		Mittel-	{ Ladin Anis		
		Unter-	Skyth		
				225	
Paläozoikum	Perm	Ober- Mittel- Unter-	Zechstein Rotliegend		
				285	
	Karbon	Ober-	{ Stefan Westfal Namur		VARISZISCHE OROGENESE
		Unter-	{ Visé Tournai		
				350	
	Devon	Ober- Mittel- Unter-			
				405	
	Silur		Ludlow Wenlock Llandovery		
				440	KALEDONISCHES EREIGNIS
	Ordovizium		Ashgill Caradoc Llandeilo Llanvirn Arenig Tremadoc		
				500	
	Kambrium	Ober- Mittel- Unter-			
				570	
	Präkambrium	Jung- Mittel- Alt-			
				3600	

1. Geographische Übersicht

Die Alpen sind Teil des jungen Gebirgssystems, das Europa im Süden durchzieht und sich in weit gespannten Girlanden bis zum Himalaya und weiter nach Südostasien fortsetzt. Zwischen Wien und dem Genfer See besteht ein 700 km langer Gebirgswall, der im Westen in einem großen Bogen nach Süden zurückschwenkt und am Mittelmeer endet (Abb. 1, S. 13; vgl. auch KOENIG Abb. 1 u. 6), im Osten aber unter den jungen Ablagerungen der Ungarischen Tiefebene verschwindet.

Als geographische Abgrenzung der Ost- und Westalpen gilt allgemein das vom Bodensee nach Süden ziehende Rheintal (Abb. 1 I, S. 13). In den Ostalpen selbst trennt man den nördlichen Teil als Ostalpen im engeren Sinne von den im Süden anschließenden Südalpen. Die verwendeten geographischen Begriffe hängen auch davon ab, ob der Betrachter aus den Ostalpen oder aus den Westalpen kommt: Die Westalpen-Geologen verwenden den Begriff «Westalpen» in der Regel nur für den vom Genfer See nach Süden ziehenden Gebirgsstrang («Französische Westalpen»), während die Schweizer Alpen «Zentralalpen» genannt werden. In den Ostalpen gebraucht man dagegen die Bezeichnung «Zentralalpen» für die überwiegend aus kristallinen Gesteinen bestehenden Gebirgsteile zwischen den nördlichen und südlichen Kalkalpen (Abb. 1, II, S. 13).

Um Mißverständnisse zu vermeiden, werden wir im folgenden als «Westalpen» die Schweizer Zentralalpen und die Französischen Westalpen zusammenfassen. Die Bezeichnung «Zentralalpen» wird hingegen dem inneren, zentralen Teil der Ostalpen vorbehalten.

◁

Der linke Teil der Tabelle enthält die allgemeine Zeitskala der Erdgeschichte. Die Zahlen bezeichnen den Zeitpunkt, zu dem der jeweilige Abschnitt beginnt (Angabe in Millionen Jahren).

Rechts sind die Hauptzeiten der Orogenesen oder Gebirgsbildungen in den Alpen aufgeführt. Die variszische (oder herzynische) Orogenese schuf im wesentlichen den Unterbau; nach ihrem Abschluß, markiert durch den schwarzen Balken, setzt die alpidische Ära ein. Die alpidische Orogenese dauerte, mit mehreren Höhepunkten, über 60 Millionen Jahre an. Das Ausmaß und die Bedeutung des Kaledonischen «Ereignisses» ist derzeit noch unklar. – Der schwarze Punkt markiert den Beginn der Öffnung des Atlantiks, gleichzeitig etwa beginnt sich die alpidische Geosynklinale zu entwickeln.

2. Geologische Übersicht

Der geologische Bau der Westalpen unterscheidet sich erheblich von dem der Ostalpen. Ein Blick auf die tektonische Übersichtskarte (Abb. 2, S. 14) zeigt, daß die geologische Abgrenzung beider Einheiten weit schwieriger ist, als die geographische Trennung (Abb. 1, II, S. 13). Man erkennt, daß bestimmte für die Westalpen typische Gesteinsserien aus der Schweiz nach Osten weiter ziehen und so die Westalpen, im geologischen Sinne, in die Ostalpen hinein fortsetzen. «Westalpen-Gesteine» erscheinen dort nicht nur am Gebirgsnordrand, sondern treten auch in einer Reihe tektonischer Fenster im Ostalpeninneren zutage (Abb. 1, III, S. 13, Abb. 2, S. 14).

Geologisch gesehen lassen sich auch die Südalpen als eigenständiges Bauelement gegen die Ost- und Westalpen abgrenzen. Sie finden nach Westen hin etwa in der Gegend von Torino ihr Ende (Abb. 2, S. 14). Den Nordsaum der Ostalpen bildet die mit dem Schutt der Alpenflüsse aufgefüllte Molassesenke. Ihr südlicher Streifen wurde noch von den gebirgsbildenden Bewegungen erfaßt und in schmale Faltenzüge gelegt. Im Süden tauchen die alpinen Ketten dagegen unter die tektonisch unversehrten flachliegenden Sedimente der Poebene.

Da sich das Ostalpin nach Westen allmählich heraushebt, wird unter ihm in breiter Front das Westalpin sichtbar. Im Osten verschwinden die Gebirgszüge der Ostalpen, zum Teil an Brüchen abgesetzt, unter die tertiären und quartären[1] Ablagerungen des Wiener und des Grazer Beckens, die als Randbildungen der Ungarischen Tiefebene angehören.

Nur ganz im Nordosten besteht, am Nordwest-Rand des Wiener Beckens, eine nahezu ununterbrochene Verbindung zu den Karpaten. Wesentliche Veränderungen des Gesteins- und Strukturbildes sind in diesem Übergangsbereich nicht erkennbar (vgl. Abb. 85, S. 190).

Die Alpen sind zwar das wohl am besten erforschte Gebirge der Erde, aber sicher auch eines der kompliziertesten. Besondere Schwierigkeiten für ihr Verständnis ergeben sich daraus, daß weit hinziehende Gesteinsserien trotz gleichen Alters eine ganz unterschiedliche Entwicklung erlebten und daher abweichende Er-

---

[1] Die erdgeschichtlichen Bezeichnungen sind in der «Erdgeschichtlichen Zeittafel» (Tabelle 1) zusammengestellt.

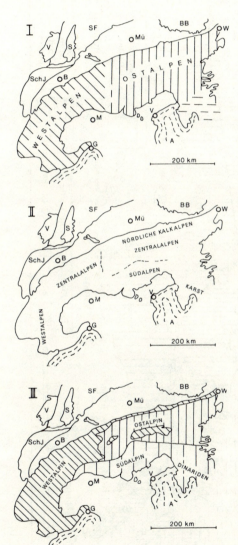

Abb. 1
Die geographische und die geologische Einteilung der Alpen

V Vogesen, S Schwarzwald, BB Bayerischer und Böhmerwald, SF Schwäbisch-Fränkischer Jura, SchJ Schweizer Jura, B Bern, Mü München, W Wien, M Mailand, G Genua, V Venedig, A Adria.

I.

Die erste Unterteilung der Alpen erfolgt in «Westalpen» und «Ostalpen», wobei die Grenze ungefähr der Rheinlinie südlich des Bodensees folgt.

II.

Die Ostalpen im engeren Sinne werden in die Nördlichen Kalkalpen und die Zentralalpen unterteilt, die Westalpen in Westalpen im engeren Sinne und in die mittleren Alpen, die in der Schweizer Literatur ebenfalls als «Zentralalpen» bezeichnet werden (vgl. S. 11). Die Südalpen sind geographisch nicht ganz eindeutig von den übrigen Alpen abgetrennt.

III.

Die geologischen Großeinheiten. Die geologischen Bezeichnungen werden meist durch die Endsilbe «in» von den geographischen unterschieden. Die «Westalpen» decken sich nicht ganz mit dem «Westalpin», weniger noch die «Ostalpen» mit dem «Ostalpin» (Details siehe Abb. 2). Das «Südalpin» wird im Norden durch eine bedeutende steile Störung von den übrigen Alpen getrennt. Der Ausdruck «Dinariden» wird für den istrischen Karst und die südlich anschließenden Gebirge verwendet.

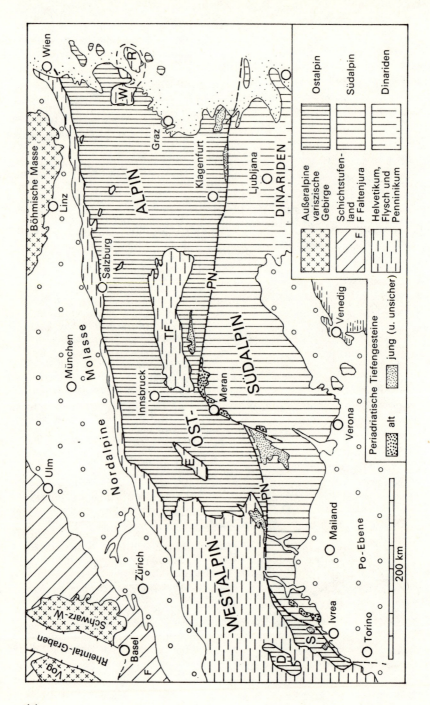

scheinungsformen besitzen. Die in Abb. 4 zusammengestellten Säulenprofile aus 2 wichtigen Ablagerungsräumen der Alpen mögen dies veranschaulichen. Erschwerend kommt hinzu, daß in den Alpen durchwegs mächtige Gesteinsfolgen als tektonische Decken übereinander gestapelt wurden – eine Erkenntnis, die sich in den Westalpen schon frühzeitig, in den Ostalpen hingegen erst zu Beginn dieses Jahrhunderts durchsetzen konnte.

Es waren vor allem SCHARDT und LUGEON, die in den Westalpen den Grundstein der «Deckentheorie» legten. Seitdem gelten weite, horizontale Massenverfrachtungen, in deren Verlauf oft ältere Gesteine über jüngere hinwegglitten, als besonderes Merkmal «alpinotyper» Gebirge.

Anläßlich des Internationalen Geologenkongresses in Wien im Jahre 1903 deutete TERMIER auch die Ostalpen im Sinne der Deckentheorie. Daraus ergaben sich bereits die Grundzüge des Bauschemas, das in dem Diagramm Abb. 3 wiedergegeben ist.

Die Gepflogenheit, geologisch-zusammenhängende, mehr oder weniger einheitlich gebaute Abschnitte oder Zonen des Gebirges mit besonderen Namen zu versehen, führte zu einer Fülle von Bezeichnungen. Dies macht die Lektüre der geologischen Alpenliteratur vor allem für den Nichtfachmann sehr schwierig, wenn nicht unmöglich. Die zahlreichen auf «in» oder «iden» oder «um» endenden Begriffe, z. B. Ostalpin, Dinariden, Helvetikum, beziehen sich auf geologische Baueinheiten, die meist über die regionale, geographische Gliederung hinweggreifen: So finden wir z. B. in den Westalpen Anteile «ostalpiner» Decken. Anderseits zieht das «Helvetikum», eine, wie schon der Name sagt, in der Schweiz

---

◁

Abb. 2   Tektonische Übersichtskarte der Ost- und Südalpen und der östlichen Westalpen

F Faltenjura, D Dent-Blanche-Decke, S Sesia-Lanzo-Zone, PN Periadriatische Naht, E Engadiner Fenster, TF Tauernfenster, W Wechselfenster, R Rechnitzer Schieferinsel.

Das eigenständig entwickelte «Ostalpin» wölbt sich als weit nach Norden geschobene Decke über das «Westalpin», das in mehreren «Fenstern» unter den überlagernden Massen zum Vorschein kommt. Beiden gegenüber steht das «Südalpin», im Norden begrenzt von der Periadriatischen Linie. Diese, eine steilstehende Störungszone, ist von Turin bis in die Ungarische Tiefebene ohne Unterbrechung zu verfolgen.

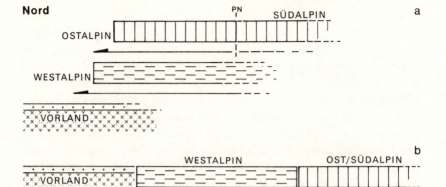

Abb. 3 Schematische Darstellung der Einteilung der Ost- und Südalpen in geologisch-tektonische Großeinheiten

In a ist der heutige Zustand dargestellt: Über das ortsfeste Vorland im Norden (außeralpines Kristallin + permo-mesozoische Auflagerung und Molasse) schiebt sich eine tiefere Deckengruppe, die man nach Baustil und Gesteinsbestand als östliche Fortsetzung der Westalpen auffassen kann: das Westalpin. Darüber liegt die riesige ostalpine Decke: das Ostalpin. Die Beziehungen dieser beiden Einheiten zum Südalpin sind nicht völlig geklärt.

b zeigt den Versuch, das Profil konstruktiv zu glätten: Die jeweils höhere Einheit ist nach Süden in den vermuteten Ablagerungsraum zurückgezogen.

PN Periadriatische Naht

wichtige tektonisch-fazielle Einheit, als schmaler Saum am Nordrand des Gebirges weit in die Ostalpen hinüber, und so fort.

Die Ost- und Südalpen lassen sich – schematisch – in drei geologisch-tektonische Haupteinheiten gliedern. Über einem bodenständigen «autochthonen» Vorland liegt (Abb. 3a) zunächst eine weniger weit verfrachtete Deckengruppe, die wir hier als Fortsetzung des «Westalpins» in die Ostalpen hinein ansehen. Darüber schiebt sich die durch einen weit reichenden Ferntransport herangeführte, ortsfremde, «allochthone» Einheit des «Ostalpins». Es sei nochmals darauf hingewiesen, daß sich die als «Ostalpin» (vielfach auch «Austroalpin») bezeichnete *geologisch-tektonische* Baueinheit nicht mit dem *geographischen* Begriff «Ostalpen» deckt.

Im Süden schließt sich an das Ostalpin das Südalpin an. Beide sind durch das lang hinziehende Störungssystem der Periadriatischen Naht getrennt, deren geomechanische Bedeutung indes bis heute noch nicht geklärt ist. An dieser Bewegungsbahn erfolgt je-

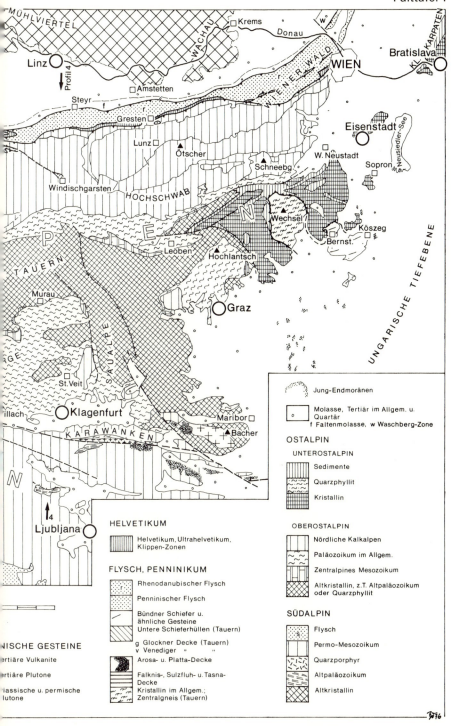

Falttafel I

Falttafel II, siehe Rückseite ▷

Falttafel II

Tektonisc

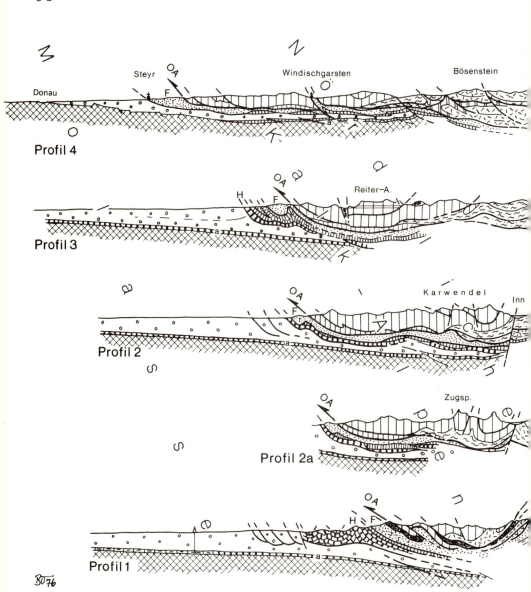

Profile durch die Ost- und Südalpen

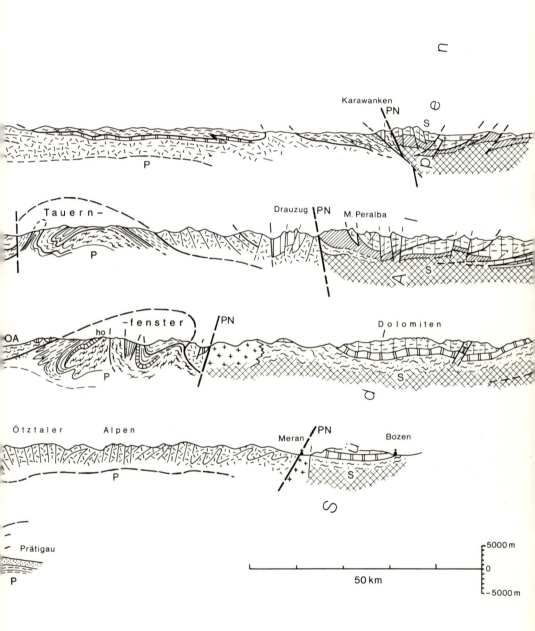

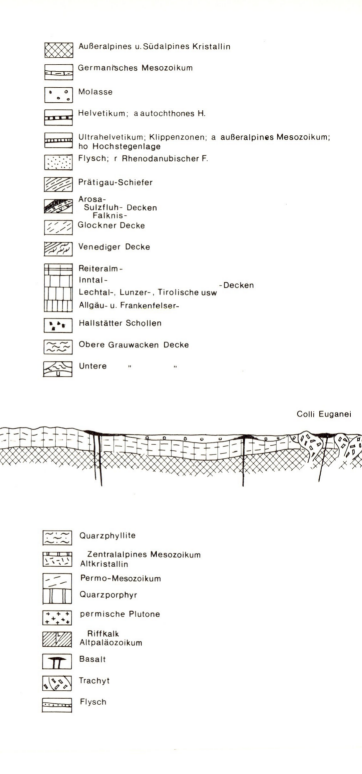

Außeralpines u. Südalpines Kristallin

Germanisches Mesozoikum

Molasse

Helvetikum; a autochthones H.

Ultrahelvetikum; Klippenzonen; a außeralpines Mesozoikum; ho Hochstegenlage

Flysch; r Rhenodanubischer F.

Prätigau-Schiefer

Arosa-
  Sulzfluh- Decken
     Falknis-
Glockner Decke

Venediger Decke

Reiteralm-
Inntal-   -Decken
Lechtal-, Lunzer-, Tirolische usw
Allgäu- u. Frankenfelser-

Hallstätter Schollen

Obere Grauwacken Decke

Untere   "   "

Quarzphyllite

Zentralalpines Mesozoikum
Altkristallin

Permo-Mesozoikum

Quarzporphyr

permische Plutone

Riffkalk
Altpaläozoikum

Basalt

Trachyt

Flysch

S Südalpin
PN Periadriatische Naht
OA Ostalpine Decke
UOA Unterostalpin
P Penninikum
F Flysch-Zone
H Helvetikum

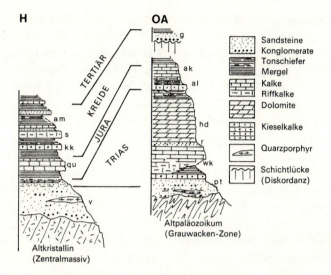

Abb. 4 Beispiel zur Erläuterung des Begriffes der Fazies

Dargestellt sind zwei in den Alpen sehr wichtige Faziesentwicklungen: Die des «Helvetikums» (H; vor allem in der Schweiz verbreitet) und die des «Oberostalpins» (OA; z. B. die Nördlichen Kalkalpen aufbauend). So ist die Trias der Nördlichen Kalkalpen durch mehrere 1000 m dicke Kalk-Dolomit-Schichtfolgen gekennzeichnet, während zur gleichen Zeit im helvetischen Faziesraum nur eine bescheidene Serie von Sandsteinen, Mergeln und Dolomiten zur Ablagerung kam. Andererseits ist die helvetische Kreide durch mächtige marine Sedimente vertreten; dagegen beobachten wir im Oberostalpin eine bedeutende Schichtlücke, Abtragung, festländische Ablagerungen und eine neuerliche Transgression des Meeres in der Oberkreide. Vgl. Abb. 8.

v Verrucano, qu Quintner Kalk, kk Kieselkalk, s Schrattenkalk, am Amdener Schichten; pt Postvariszische Transgressionsserie, wk Wettersteinkalk, r Raibler Schichten, hd Hauptdolomit, al Allgäuschichten, ak Aptychenkalke, g Gosau.

denfalls ein merkbarer Wechsel, wenn auch weniger im Gesteinsverband, so doch sehr deutlich im inneren Baustil des Gebirges. Hierüber wird noch ausführlicher zu sprechen sein. Unklarheiten bestehen auch im Hinblick auf die geologischen Beziehungen der Südalpen zu dem südöstlich anschließenden Dinarischen Gebirge (vgl. Abb. 2, S. 14).

Die Abb. 3b zeigt die geologisch-geographischen Gegebenheiten vor dem Einsetzen der gebirgsbildenden Ereignisse. Es wurde hier versucht, den alpinen Bau konstruktiv «abzuwickeln». Dafür mußten die einzelnen Bauteile an ihren vermuteten Entstehungsort zurückgezogen werden.

Insgesamt ist das Baugefüge der Alpen aber viel verwickelter als das vereinfachte Schema der Abb. 3 vermuten läßt. In den Abb. 5 ist die weitere Aufteilung der drei tektonischen Haupteinheiten der Abb. 3 dargestellt, und zwar in Form eines idealisierten geologischen Nord–Süd-Profils. Es muß berücksichtigt werden, daß die dargestellten Schnitte sogenannte Sammelprofile sind, d. h. die im Längsverlauf des Gebirges eintretenden Veränderungen in eine Profilebene projiziert wurden.

Es zeigt sich (Abb. 5a und b), daß wir das «Westalpin» in mehrere, teils übereinander, teils hintereinander angeordnete Einheiten zu gliedern haben: in das Helvetikum, das Ultrahelvetikum, die Flyschzone und in das Penninikum, das z. B. im Tauernfenster erscheint.

Das «Ostalpin» muß weiter in ein Oberostalpin und ein Unterostalpin zerlegt werden. Auch diese ursprünglich hintereinander folgenden Einheiten wurden als Decken übereinandergestapelt, wobei die tieferen Teile, eben das Unterostalpin, sehr stark ausgewalzt wurden.

Demgegenüber ist die Architektur des Südalpins verhältnismäßig einfach. Hier herrschen Brüche und, meist südwärts gerichtete, Überschiebungen geringerer Reichweite vor. Ein den Ostalpen im engeren Sinne vergleichbarer Deckenbau fehlt.

In Abb. 5c ist, wie in Abb. 3, abermals eine Profilabwicklung versucht, nun aber im Detail. Man sieht, daß der Streifen zwischen Penninikum und Südalpin ursprünglich sehr viel breiter gewesen sein muß. Daraus läßt sich folgern, daß die Masse der Südalpen dem Ostalpin zunächst nach Norden folgte. Den südgerichteten Bewegungen innerhalb des Südalpins kommt nur zweitrangige Bedeutung zu.

Das ist nicht unwichtig. Betrachtet man nämlich ein Profil durch die Ost- und Südalpen wie in Abb. 5a und denkt sich die großen tektonischen Bewegungsbahnen weg, so entsteht zunächst der Eindruck eines symmetrischen Baues. Im Norden finden wir die Nördlichen Kalkalpen mit nordgerichteten Bewegungen, im Süden die Südalpen mit den Dolomiten als Südliche Kalkalpen und dazwischen die hoch herausgehobenen, aus metamorphen Gesteinen bestehenden Zentralalpen. Diese scheinbare Symmetrie entspricht aber, wie der Abb. 5b zu entnehmen ist, keineswegs der inneren Struktur des Gebirges. Die Vorstellung einer Gebirgssymmetrie stammt letztlich aus jener Zeit, in der man in den Zentralalpen den ältesten Gebirgsteil, «das Urgebirge» sah, das im Norden und Süden von jüngeren Ablagerungen gesäumt wurde.

Tollmann nahm eine noch weiter reichende Unterteilung des Ostalpins vor. Er gliederte das Ostalpin nicht in zwei, sondern in drei Baueinheiten. Das Oberostalpin der Abb. 5b wird von ihm in ein tiefer liegendes «Mittelostalpin» und höheres «Oberostalpin im engeren Sinne» zerlegt (Abb. 5d–e).

Zum *Oberostalpin* im Sinne Tollmanns gehören nur die Nördlichen Kalkalpen, die Nördliche Grauwackenzone und einzelne Schollen altpaläozoischer Gesteine auf dem Altkristallin und der Drauzug. Nahezu das gesamte alte Kristallin der Ostalpen mit dem darauf abgelagerten, sogenannten Zentralalpinen Mesozoikum, weist Tollmann dem *Mittelostalpin* zu.

Für die Dreigliederung des Ostalpins in ein Unter-, Mittel- und Oberostalpin gibt es Gründe. Auf das Altkristallin, das heute über das Unterostalpin geschoben ist, transgredierte zunächst das erwähnte Zentralalpine Mesozoikum. Über diesem folgt tektonisch ein oberostalpines Paläozoikum (z. B. die Gurktaler Decke oder die kleine Deckscholle bei Steinach am Brenner), das seinerseits eine mesozoische Auflagerung trägt.

Man kann dieser Dreiteilung regionale und damit grundsätzliche Bedeutung beimessen, kann sie aber auch als eine mehr örtlich bedingte Komplikation im tektonischen Bau betrachten. Beim Studium der Literatur über den Westteil der Ostalpen, z. B. über das Ortlergebiet und Graubünden wird die Sache noch verwickelter, da die Schweizer Geologen den Begriff «Mittelostalpin» abweichend für einen mehr kleinräumigen Schuppenbau im Bereich der westlichen Ostalpen benutzen.

Wir halten im folgenden, ungefähr in Anlehnung an die Vorstellungen des Wiener Geologen Clar, an der Zweiteilung des Ostalpins in ein Unter- und ein Oberostalpin fest.

Ein geologisches Profil durch die Ost- und Südalpen

Die geologischen Zonen der Ostalpen treten uns in der Regel als in Ost–West-Richtung gestreckte Gebirgsstreifen, die manchmal recht schmal sind, entgegen. In Längsrichtung sind die Zonen durch einheitlichen Gesteinsbestand und gleichförmigen Baustil

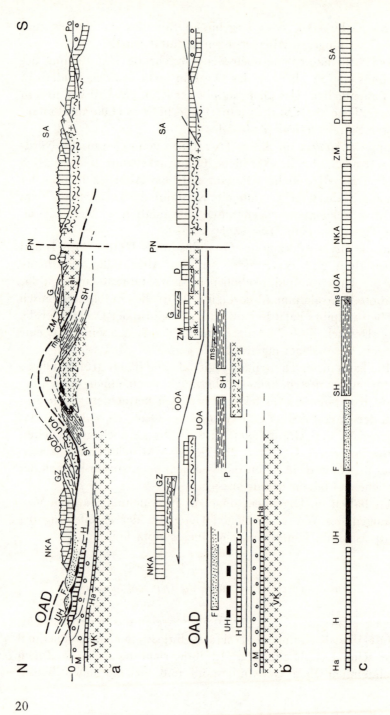

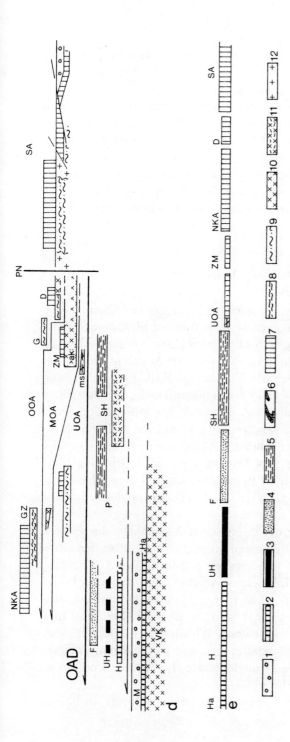

Abb. 5 Struktur der Ost- und Südalpen

a Sammelprofil, nicht maßstäblich, durch die Ost- und Südalpen. b Dasselbe, als Diagramm, Ostalpin zweigeteilt. c Abwicklung der Sedimentanteile des Profiles; Zeit: etwa Unterkreide. d Dasselbe wie b, Ostalpin jedoch nach TOLLMANN dreigeteilt. e Abwicklung dazu. Einzelheiten siehe Text.

M Molasse-Zone, VK Kristallin des Vorlandes, Ha autochthones Helvetikum, H allochthones Helvetikum, UH Ultrahelvetikum, Klippen, F Flysch-Zone, OAD Ostalpine Decke, OOA Oberostalpin, NKA Nördliche Kalkalpen, GZ Nördliche Grauwacken-Zone, ZM Zentralalpines Mesozoikum, ak Ostalpines Altkristallin, G Gurktaler Decke, D Drauzug, UOA Unterostalpin, MOA Mittelostalpin, P Penninikum, SH Obere Schieferhüll-Decke, ms Matreier Schuppen-Zone, Z Zentralgneis, PN Periadriatische Naht, SA Südalpin, Po Poebene.

1 Molasse (Tertiär), 2 Helvetikum (Jura bis Eozän), 3 Ultrahelvetikum/Klippen (Jura bis Eozän), Flysch (Unterkreide bis Eozän), 5 Bündner Schiefer (Mesozoikum), 6 Gesteine der Unteren Schieferhülle, 7 Ost- und Südalpine Sedimente (Oberkarbon bis Miozän), 8 Altpaläozoikum, 9 Quarzphyllite (höher metamorphes Altpaläozoikum), 10 variszisch metamorphes Kristallin, 11 dasselbe, stark von alpidischer Metamorphose überprägt, 12 permische Granite der Südalpen.

gekennzeichnet; untereinander weisen sie jedoch sehr erhebliche Unterschiede auf. In der Regel grenzen sie mit Störungen, also tektonischen Trennflächen, aneinander.

Namentlich am Nordrand der Ostalpen sind diese Einheiten sehr schmal und stets tektonisch übereinandergestapelt: So queren wir südlich von München auf wenige Kilometer nicht weniger als fünf solcher geologischer Einheiten.

Wir wollen zunächst die geologischen Zonen der Ost- und Südalpen, anhand eines Profils (Abb. 5a, S. 20) und der Tab. 2 kurz charakterisieren. Eine ausführliche Beschreibung folgt im zweiten Teil.

Die nördliche Molasse-Zone

Auf einer Fahrt von München nach Süden treten bei Murnau zum ersten Mal zusammenhängende Hügelketten aus Molasse-Sedimenten unter den Ablagerungen des Quartärs hervor. Diese Sedimentgesteine gehören zur Füllung eines etwa 5000 m tiefen Troges, der im Süden noch weit unter die Nördlichen Kalkalpen reicht und dessen Nordrand in der Gegend des heutigen Donautales zu suchen ist. Im Verlauf der Gebirgsbildung wurde der Südteil der Senke zusammengeschoben und gefaltet. Es entstand die Faltenmolasse, die bekannte Skiberge der Allgäuer Alpen wie z. B. das Rindalp-Horn in der Umgebung von Immenstadt bildet. Im Gegensatz dazu blieb weiter nördlich im Bereich der ungefalteten oder «Vorlandmolasse» die ursprünglich horizontale Lagerung der Sedimente weitgehend erhalten.

Im Hohen Peissenberg des bayerischen Alpenvorlandes verläuft die Grenze zwischen gefalteter und ungefalteter Molasse. Sie bildet zugleich den eigentlichen tektonischen Nordrand der Alpen.

Die Schichtfolge der Molassesenke reicht vom Obereozän bis ins Pliozän und umfaßt im Wechsel marine, brackische und terrestrische Ablagerungen, wobei im Westen die terrestrischen, im Osten die marinen Sedimente vorherrschen. Wir finden Tonmergel, Sande und Sandsteine, örtlich Einschaltungen von Kohleflözen, und, vor allem im Westen, mächtige Konglomerate. Im Norden sind unverfestigte Schotter weit verbreitet.

Eine große Zahl von Erdölbohrungen in der Schweiz, in Bayern und in Österreich erbrachte Aufschluß über die Strukturen der Molasse am Alpenrand und, allgemein, über die Beschaffenheit ihres Untergrundes. Es zeigte sich, daß der alpine Überschiebungsbau erstaunlich weit nach Norden vorgreift und Molasse-Sedimente noch südlich der Flysch-Zone unter den Nördlichen Kalkalpen zu finden sind (Abb. 5a, S. 20).

Im Beckenuntergrund trafen die Bohrungen auf Gesteine der helvetischen Zone, auf die südliche Fortsetzung des Kristallins der Böhmischen Masse und auf Schichtfolgen, die aus der Schwäbischen und Fränkischen Alp bekannt sind.

Helvetikum und Ultrahelvetikum

Helvetische Gesteine treten in einer breiten Zone aus der Schweiz (KOENIG 1972) ins Allgäu über und ziehen am Nordrand der Flyschberge in einem immer schmaleren Streifen nach Osten weiter, bis sie in der Landschaft kaum mehr in Erscheinung treten. Es sind marine Sedimente (Oberjura bis Obereozän), die von ihrem ursprünglichen Ablagerungsraum weiter im Süden tektonisch abgeschert und weit nach Norden über die Molasse geschoben wurden. Im Allgäu und in Vorarlberg werden sie bis zu 1000 m mächtig, schrumpfen aber nach Osten auf 100–200 m zusammen. Im Raume von Salzburg verschwinden sie ganz.

Gesteine in helvetischer Fazies wurden aber auch in Bohrungen unter dem Westteil der Molasse als deren normales Liegendes angetroffen. Diese Schichten zeigen keine direkten Beziehungen zu dem Germanischen Mesozoikum weiter im Norden, also etwa zum schwäbisch-fränkischen Jura, der nördlich der Donau unter der Molasse auftaucht. Das oben erwähnte «allochthone» Helvetikum ist also auf seine eigene, weiter nördlich gelegene Fortsetzung, das «autochthone» Helvetikum aufgeschoben.

Zwischen der Helvetikum-Zone und dem Flysch ist das Ultrahelvetikum eingeschaltet. Die Ablagerungen dieser Zone – mittlere bis höhere Kreide und Alttertiär – zeigen teilweise Ähnlichkeit mit dem Helvetikum, teilweise aber auch mit dem Flysch. Sie stellen den Übergang zwischen beiden Bereichen her. Tonig-sandige Gesteine dieser Serie werden auch als Buntmergel, sandig-konglomeratische als Wildflysch bezeichnet. Sie sind in der Regel an der

Tektonisch-fazielle Bereiche oder Zonen	Stratigraphische Reichweite der Schichtfolgen	Überwiegende fazielle Entwicklung in den Bereichen
NORD		
Molasse-Zone	Obereozän bis Pliozän	Molasse-Sedimente
Helvetikum	Jura bis Obereozän	Sedimente des flachen Schelfes
Ultrahelvetikum/Klippen	Jura bis Obereozän	Sedimente des tieferen Schelfes
Rhenodanubischer Flysch	Barrême bis Eozän	Flysch-Sedimente
Nördliche Kalkalpen	Oberkarbon bis Miozän	Plattform-Sedimente
Nördliche Grauwacken-Zone	Ordovizium bis tief. Oberkarbon	Geosynklinal-Sedimente z. T.
Unterostalpin	Perm bis Jura	Plattform-Sedimente
Penninikum des Tauernfensters	Perm bis ? Unterkreide	Eugeosynklinal-Sedimente
Matreier Schuppenzone	*tektonische Mischungszone*	—
Zentralalpines Mesozoikum	Perm bis ? Jura	Plattform-Sedimente
Drauzug/Karawanken	Oberkarbon bis Unterkreide	Plattform-Sedimente
Südalpin	Oberkarbon bis Miozän	Plattform-Sedimente
Pomolasse	Oligozän bis Pleistozän	Molasse-Sedimente
SÜD		

Tab. 2   Verzeichnis der wichtigsten Einheiten der Ost- und Südalpen in der jetzigen Anordnung von Nord nach Süd

Basis der mächtigen Flysch-Decke bis aufs äußerste tektonisch ausgewalzt und meist nur mehr in ganz kleinen Resten auffindbar.

Das stratigraphisch Liegende dieser Schichtfolgen ist die Unterkreide und der Jura der sogenannten Klippen-Zonen. Harte Oberjura-Kalke dieser Serien spießen manchmal durch die weichen Buntmergel «klippenartig» hindurch, daher der Name. Solche Klippen-Gesteine bilden aber auch die Unterlage der südlich anschließenden Flysch-Folgen. Ähnliche «Klippen», die jedoch tektonisch eine andere Stellung haben, gibt es auch in der Ostfortsetzung der Faltenmolasse bei Wien, in der Waschberg-Zone.

Die Flysch-Zone

Auf das Ultrahelvetikum folgt die «Rhenodanubische» Flysch-Zone.[2] Sie kann schematisch als Fortsetzung des Nordpenninikums der Schweizer Alpen gedeutet werden, aber auch mit anderen penninischen Einheiten in Verbindung stehen. Tektonisch, wie auch ihrem Gesteinsinhalt nach, bildet sie eine klar abgrenzbare Einheit, die ohne Unterbrechung in die Karpaten reicht. Die fast ausschließlich klastischen Flysch-Gesteine reichen von der höheren Unterkreide bis in das Alttertiär, sind meist sehr mächtig, aber außerordentlich arm an Fossilien. Wie das allochthone Helvetikum, das Ultrahelvetikum und die Klippen-Zone, so wurden auch die Gesteine der Flysch-Zone während der Gebirgsbildung von ihrer ursprünglichen Unterlage abgelöst und weit nach Norden, bis auf die Molasse, vorgeschoben. Das überfahrene Helvetikum und Ultrahelvetikum kommt unter der Flysch-Decke in mehreren Fenstern zum Vorschein.

Großtektonisch gesehen hat der Flysch dieselbe Position an der Basis der Ostalpinen Decke wie das Penninikum (Abb. 5). Eine unmittelbare Verbindung beider Baueinheiten ist in den Ostalpen nicht erkennbar.

Sanfte Bergformen sind für die bewaldete Flysch-Zone, deren tonreiche Gesteine zu Hanggleitungen neigen, bezeichnend. Dem Flysch des Wienerwaldes verdankt auch Wien seine landschaftlich reizvolle Umgebung.

[2] So benannt nach ihrer Verbreitung vom Rhein bis zur Donau bei Wien (OBERHAUSER).

Die Nördlichen Kalkalpen

Im Süden der Flysch-Zone tritt man in die Nördlichen Kalkalpen und damit in das Ostalpin, genauer gesagt, in die oberostalpinen Decken, ein. Der Kalkalpen-Nordrand ist in der Landschaft durch jäh aufsteigende Kalk- und Dolomitberge angezeigt, die sich kulissenartig hinter den bewaldeten Flysch-Bergen erheben.

Unter den mächtigen Sedimentfolgen (Perm bis Jungtertiär) der Nördlichen Kalkalpen spielen die Kalke und Dolomite der Trias die weitaus bedeutendste Rolle. Es handelt sich vor allem um Flachwasserablagerungen mit Riffen, denen gegenüber klastische Gesteine zurücktreten. Bekannte Kalkgipfel sind u. a. die Parseier Spitze in den Lechtaler Alpen, die Zugspitze, der Watzmann, der Dachstein und der Schneeberg in Niederösterreich. Der Jurazeit entstammen bis 1500 m dicke kalkig-tonige Beckensedimente und gleichalte, aber stets geringmächtigere bunte Kalke, die auf untermeerischen Schwellen abgelagert wurden. Riffgesteine sind selten, fehlen aber im höheren Jura nicht völlig.

Mit der Unterkreide endet die geschlossene Ablagerungsfolge der Nördlichen Kalkalpen. Die mittlere, vor allem aber die höhere Kreide, die sogenannte Gosau, greift über verschieden alte Schichten über und ermöglicht damit die zeitliche Einordnung der ersten bedeutsamen gebirgsbildenden Bewegungen (vgl. Tab. 1, S. 10).

Auch das Tertiär liegt diskordant auf älteren Gesteinen, besitzt aber, sieht man von den inneralpinen Tertiärbecken im Osten ab, nur geringe Verbreitung.

Das tektonische Bild der Nördlichen Kalkalpen wird von einem intensiven Falten-, Schuppen- und Deckenbau beherrscht. Dabei überwiegt im Westen die Faltung, die in Schuppen und Decken übergeht, während in den mittleren Kalkalpen, etwa im Salzburger Raum, mehr schollenartige Überschiebungen vorherrschen. Ganz im Osten der Kalkalpen, in Niederösterreich, kommt es wieder zu stärkerem Falten- und Schuppenbau.

Die Überschiebung der Kalkalpen als Ganzes auf den Flysch ist im Allgäu wie auch in Ober- und Niederösterreich klar zu erkennen. Das wird besonders deutlich in den tektonischen Fenstern östlich von Salzburg, in denen der Flysch und das Ultrahelvetikum bis zu 25 km vom Nordrand der Kalkalpen entfernt, unter dem Oberostalpin zum Vorschein kommen (Abb. 61, S. 146).

Die Nördliche Grauwacken-Zone

Die schroffen Kalkmassive der Nördlichen Kalkalpen werden im Süden von der Nördlichen Grauwacken-Zone abgelöst, einer Landschaft, die manchmal an die deutschen Mittelgebirge erinnert. Da die altpaläozoischen Schiefer und Grauwacken der Abtragung einen geringeren Widerstand entgegensetzen als die Kalke, entstand hier ein weit ausgeglicheneres Relief.

Die Gesteinsserien, etwa in den Kitzbüheler Alpen, reichen vom Ordovizium bis in das Oberdevon und stellen die ursprüngliche Unterlage der Nördlichen Kalkalpen dar, die mit Breccien, Konglomeraten und Sandsteinen des Oberkarbons und des Perms direkt auf das gefaltete und zum Teil schon wieder abgetragene Altpaläozoikum transgredieren. Die Grauwacken-Zone muß daher tektonisch ebenfalls zum Oberostalpin gerechnet werden. In den östlichen Ostalpen ist sie allerdings in eine Obere und eine Untere Grauwacken-Decke zerlegt.

Die meist schwachmetamorphen paläozoischen Schichten erhielten gegen Ende des Unterkarbons durch die variszische herzynische Gebirgsbildung (Tab. 1, S. 10) ihr tektonisches Gepräge. Es zeigt sich, daß die jungpaläozoische Gebirgsbildung in den Alpen eine erhebliche Rolle spielte.

Darüberhinaus sprechen die an der Wende Ordovizium/Silur aufgedrungenen Quarzporphyre dafür, daß in dem Zeitraum, in dem in Nordeuropa das Kaledonische Gebirge entstand, auch im Raume der heutigen Alpen tektonische und magmatische Prozesse im Gange waren (Tab. 1, S. 10). Die mit der variszischen Faltung verbundene Metamorphose verwandelte diese Vulkanite später in «Porphyroide»; das sind verschieferte Quarzporphyre, Porphyrite und ähnliche Gesteine.

Das Unterostalpin

Unter dieser Bezeichnung versteht man eine Reihe von Schollen und Schuppen-Zonen, denen gemeinsam ist, daß sie tektonisch zwischen das Oberostalpin und das tiefer liegende Penninikum eingeschaltet sind.

In den westlichen Kitzbüheler Alpen erscheint unter der oberostalpinen Grauwacken-Zone der gleichfalls altpaläozoische Innsbrucker Quarzphyllit. Die Grenzfläche zwischen beiden tektonischen Einheiten ist mit Kristallinschollen besetzt und weist dem Quarzphyllit eine tiefere, dem Unterostalpin entsprechende, tektonische Position zu. In den Tarntaler Bergen und in den Radstädter Tauern ist mit dem Quarzphyllit ein Mesozoikum verbunden, dessen Trias den Triasablagerungen der Nördlichen Kalkalpen gleicht, wohingegen der unterostalpine Jura eher Verwandtschaft zum Penninikum zeigt.

Am West- und Ostrand der Ostalpen schließlich tauchen breite unterostalpine Kristallinschollen mit mesozoischer Bedeckung unter dem Oberostalpin auf, so in der Err–Bernina-Gruppe und am Semmering-Paß. Sie liegen ihrerseits auf penninischen Gesteinskomplexen.

Das Penninikum des Tauernfensters

In den Hohen Tauern und in den Zillertaler Alpen sowie im Unterengadin ist im Gefolge lokaler Aufwölbungen des tieferen Untergrundes die Abtragung der höheren Decken bereits soweit fortgeschritten, daß unter dem Ostalpin «westalpine» Bauelemente sichtbar werden. Die Berge der Hohen Tauern bieten, verglichen mit ihrer ostalpinen Umgebung, ein fremdartiges Bild. Hier treten uns metamorphe Gesteine und Strukturen entgegen, die der Alpengeologe aus dem Wallis, dem Tessin und anderen Gebieten der Westalpen kennt und die dort, nach den Penninischen Alpen, als «Penninikum» bezeichnet werden (vgl. KOENIG 1972). Da Fossilien fast völlig fehlen, läßt sich eine Vorstellung über das Alter der penninischen Gesteine nur mit Hilfe des «Serienvergleichs» (EXNER, FRASL & FRANK) gewinnen: So sind manche Gesteinstypen dem ostalpinen Altkristallin vergleichbar, die Schiefer und die basischen und sauren Ergußgesteine der «Habachserie» ähneln dem Altpaläozoikum der Nördlichen Grauwacken-Zone, usw.

Die variszische Gebirgsbildung (Tab. 1, S. 10) bewirkte auch hier eine starke Faltung und Metamorphose, in deren Verlauf eine Migmatitisierung, d. h. eine teilweise Aufschmelzung des Gesteinsbestandes einsetzte und granitische bis tonalitische Magmen aufdrangen. Sie bilden heute zusammen mit den Migmatiten große Teile der penninischen «Zentralgneise».

In alpidischer Zeit nahm die geschichtliche Entwicklung des Penninikums im Tauernfenster etwa folgenden Verlauf: Über dem bei der Abtragung freigelegten Sockel des variszischen Gebirges breiteten sich geringmächtige Perm-, Trias- und Jura-Unterkreide-Sedimente aus. Südlich dieses Sockels, der sogenannten Zentralgneisschwelle, entstand im Jura ein tieferes Meeresbecken, in dem kalkige bis sandige Mergel in großer Mächtigkeit abgelagert wurden. Aus diesen wurden im Verlauf der alpidischen Metamorphose die «Bündner Schiefer», die jenen der Schweizer Alpen (vgl. KOENIG) bis ins Einzelne gleichen. Sie enthalten basische bis ultrabasische Vulkanite, die unter dem Begriff «Ophiolithe» zusammengefaßt werden.

Die in der Kreidezeit einsetzenden Erdkrustenbewegungen führten zu starker Durchbewegung all dieser Gesteine und einer Metamorphose, die als «Tauernkristallisation» (B. SANDER) bezeichnet wird. Sie endete erst im Tertiär. Das Ergebnis ist ein mächtiger Deckenstapel, in dem Teile des alten Kristallins, die Habachserie und vor allem die Bündner Schiefer als «Schieferhüllen» über die Zentralgneis-Kerne gewölbt wurden.

Gipfel wie der Olperer und der Großvenediger sind aus Zentralgneisen aufgebaut, während der höchste Gipfel der Hohen Tauern, der Großglockner (3797 m), der Oberen Schieferhülle angehört. Der Gesteinsinhalt des Tauernfensters verschwindet im Nordwesten unter den unterostalpinen Quarzphylliten. Im Nordosten wird er durch eine steile, junge Störung von der ostalpinen Grauwacken-Zone getrennt, teilweise jedoch flach vom unterostalpinen Mesozoikum der Radstädter Tauern überlagert. Im Süden und Westen treffen wir am Fensterrand auf die schmalen Streifen der Matreier Schuppenzone, die früher zum Unterostalpin gerechnet wurden. Heute sieht man sie als Teil des Penninikums an.

Weiter im Westen erscheinen penninische Gesteine noch einmal im Engadiner Fenster. Dann heben sich die Ostalpinen Decken, am Westrand der Ostalpen, in breiter Front über das Graubündner Penninikum heraus (Abb. 2, S. 14).

Auch in der Rechnitzer Schieferinsel und im Wechselfenster am Alpen-Ostende sind penninische Gesteine freigelegt.

Vielfach wird auch die Flysch-Zone der Ostalpen zum Penninikum im weiteren Sinne gerechnet, da sie (tektonisch) gleichfalls unmittelbar an der Basis der Ostalpinen Decke liegt (Abb. 5, S. 20).

Das Oberostalpine Altkristallin

Im Westen, Süden und Osten verschwindet das Penninikum des Tauernfensters unter Oberostalpinem Altkristallin. Diese, teils hochmetamorphen Gesteinsserien bestehen aus Migmatiten, Amphiboliten, Ortho- und Paragneisen, Glimmerschiefern und Quarzphylliten und erhielten ihr tektonisches Gepräge ebenfalls im Verlauf der variszischen Gebirgsbildung. Auf dem Kristallin sind an zahlreichen Stellen auch Reste der ursprünglichen Sedimentbedeckung erhalten. Es sind permo-mesozoische Serien, die, bei geringerer Mächtigkeit, gleichalten Gesteinen der Nördlichen Kalkalpen weitgehend ähneln. Sie werden als «Zentralalpines Mesozoikum» bezeichnet.

Im Brenner Gebiet und in den Gurktaler Alpen liegen über diesen mesozoischen Ablagerungen weitere tektonische Deckschollen aus unterschiedlich stark umgewandeltem Paläozoikum, z. T. Altpaläozoikum, z. T. produktivem, d. h. kohleführendem Oberkarbon. Das Altpaläozoikum zeigt Übereinstimmung mit dem der Nördlichen Grauwacken-Zone. Dieses Paläozoikum trägt wiederum ein Mesozoikum, das an die Nördlichen Kalkalpen und an den gleich zu besprechenden Drauzug erinnert.

Der Drauzug

Am Südrand, in der Nähe der Periadriatischen Naht, liegt auf dem Ostalpinen Altkristallin ein langer Zug permo-mesozoischer Gesteine. Sie bauen die Bergkämme der Gailtaler Alpen und der Nördlichen Karawanken auf. Die Schichtfolge transgrediert auf das darunter liegende Altkristallin und zeigt, auch in der Mächtigkeit, Übereinstimmungen mit den gleichalten Serien in den Nördlichen und Südlichen Kalkalpen.

Die Periadriatische Naht

Ost- und Südalpen werden durch eine weit hinziehende tektonische Grenzfläche, die Periadriatische Naht getrennt. Die Störungszone ist ein echtes Lineament und hat in der jüngeren Erdgeschichte immer wieder eine Rolle gespielt. Kleinere und größere granitisch-tonalitische Plutone drangen entweder unmittelbar an der Bewegungsbahn auf oder begleiten sie in geringem Abstand. Trotz stofflicher Ähnlichkeit zwischen den Magmatiten gibt es Gründe, die für Intrusionen im Perm *und* im Tertiär sprechen. Spätere Schollenverschiebungen zertrümmerten einen Teil der Tiefengesteine und hinterließen breite Zerreibungszonen (Mylonite).

Die Südalpen

Jenseits der Periadriatischen Naht beginnen die Südalpen (Abb. 3, S. 16). Obwohl die Gesteinsverbände im Norden und Süden der Naht einander gleichen, ändert sich der tektonische Bau auf der Südseite erheblich. Der großräumige alpidische (Tab. 1, S. 10) Falten- und Deckenbau des Nordens wie auch die junge Metamorphose der Ostalpen sind im Süden verschwunden. An ihrer Stelle findet man flachliegende, von Brüchen zerschnittene, ausgedehnte Gesteinsplatten, die mit Transgressions-Bildungen auf alten varistischen Basisgesteinen liegen. Die Faltung einzelner Zonen scheint allein mit der Entstehung von Brüchen und Verwerfungen zusammenzuhängen. Auch die nach Süden gerichteten Überschiebungen zeigen im Vergleich mit den Ost- und Westalpen nur geringe Schubweiten. Die kristalline Basis der Südalpen und die vom Altpaläozoikum bis ins Miozän reichenden Schichtfolgen haben vieles mit dem Ostalpinen Altkristallin wie auch der Nördlichen Grauwacken-Zone und den Nördlichen Kalkalpen gemeinsam. Eigentümlichkeiten der Südalpen sind jedoch die marine Entwicklung des Jungpaläozoikums im Osten sowie der starke Vulkanismus im Perm, in der Trias und im Tertiär (Tab. 1, S. 10). Teilweise fehlen im Süden die im Ostalpin verbreiteten Schichtlücken und Transgressionen innerhalb der Oberkreide.

Im Verlauf des Alttertiärs, z. T. auch schon in der Oberkreide, begann auch in den Südalpen die Flyschbildung. Dieser Flysch, obwohl stellenweise von tieferen Serien überschoben, bildet aber im Gegensatz zur Flysch-Zone der Nordalpen keine eigene tektonische Einheit. Ebenso besteht zu der Südalpen-Molasse kein durchgehend tektonischer Kontakt, sondern zumindest in vielen Bereichen ein lückenloser stratigraphischer Verband.

Die Südalpen versinken nach Süden hin an großen Flexuren und Brüchen unter der Molasse der Poebene. Eine Faltenmolasse fehlt. Ein weiterer Unterschied zwischen den Molasseablagerungen des Alpennord- und -südrandes besteht darin, daß im Süden die Sedimentation bis in das Quartär anhielt und insgesamt eine weit höhere Mächtigkeit, bis über 6000 m, erreicht wurde.

3. Der Werdegang des Gebirges

Der beschriebene Gebirgsbau ist das Ergebnis gewaltiger Schollenbewegungen, die die Erdkruste Südeuropas in der Kreide- und Tertiärzeit erfaßten.

Will man sich ein Bild von diesen Ereignissen machen, ist es notwendig, die Falten auszuglätten und die tektonischen Decken durch «Abwickeln» in ihre Ausgangslage zurückzubringen. Das wurde schematisch z. B. in Abb. 5c (S. 20) versucht. Die vermutete ursprüngliche Anordnung der Ablagerungsräume ist allerdings mit großen Unsicherheiten behaftet. Vor allem läßt sich über die ehemalige Breite der einzelnen Zonen so gut wie nichts sagen. Es ist ferner zu beachten, daß die in Abb. 5c wiedergegebene Rekonstruktion nur für den Zeitraum vom oberen Jura bis zur unteren Kreide gilt, also für eine Periode, in der z. B. die Flyschsedimentation noch nicht begonnen hatte. Als die Ablagerung des Flysches in der unteren Kreide einsetzte, war das Ostalpin, zumindest teilweise, bereits über die penninische Zone geglitten und verhinderte hier die weitere Sedimentation (Abb. 6, S. 34/35). Wir müssen also, um zu einem vollständigen geodynamischen Bild der Alpen zu gelangen, eine ganze Reihe solcher Abwicklungen vornehmen, bzw. den Fortgang der tektonischen Bewegungen für verschiedene Zeiten darstellen.

Die alpinen Felswände sind Diagrammen vergleichbar, aus denen der Wandel in der Gesteinsbildung und die schrittweise Verformung der abgelagerten Schichtfolgen abzulesen ist. Als wichtigstes Resultat ergibt sich, daß in den Alpen zwei verschiedenalte Gebirgssysteme ineinandergeschoben sind. Es ist das bereits erwähnte variszische Gebirge, dessen Entstehung im Jungpaläozoikum abgeschlossen war, und das alpidische Gebirge, das im wesentlichen während der Kreide und des Tertiärs entstand. Wenn der

Werdegang der heutigen Alpen beschrieben werden soll, muß also bis auf erdgeschichtliche Ereignisse im älteren Paläozoikum zurückgegriffen werden.

In den Profilen der Abb. 6 sind einzelne Entwicklungsstadien der Ost- und Südalpen dargestellt. Die schematischen Schnitte gelten in etwa für den mittleren Teil der Ostalpen. Änderungen in der Längsrichtung des Gebirges konnten nur teilweise berücksichtigt werden. Dies ist besonders für die Südalpen zu beachten, denn deren Entwicklung verlief im Westen anders als im Osten. – Für das ältere Paläozoikum lassen sich keine Schnitte zeichnen; das Bild würde zu unübersichtlich. Alles was älter ist als höheres Oberkarbon, ist daher in den Profilen als «Grundgebirge» zusammengefaßt.

Im älteren Paläozoikum verlief die Entwicklung etwa so: Auf einem unbekannten Sockel entstand im unteren Ordovizium eine Geosynklinale mit mächtigen Grauwacken-Tonschiefer-Serien und basischen Vulkaniten. An der Wende Ordovizium – Silur drangen dann Quarzporphyre und Keratophyre auf (z. B. der Blasseneck-Porphyroid). Diese Vulkanite gehören dem «kaledonischen Ereignis» der Tab. 1 an und wurden später in ein Schollenmosaik zerlegt, auf dem sich sehr verschiedenartige Gesteinsfolgen: Kalke, teils als Riffe, Tonschiefer, Lydite und klastische Sedimente des Silurs, Devons und des Unterkarbons ablagerten. Örtlich endete dieser Sedimentationszyklus erst im tieferen Westfal (Oberkarbon).

Die paläozoischen Sedimente und Vulkanite wurden im Karbon dem variszischen Falten- und Deckengebirge einverleibt, von dem heute noch Reste zweier Stockwerke erhalten sind. Die höheren, weniger metamorphen alten Gebirgsteile liegen in der Nördlichen Grauwacken-Zone, als tektonische Schollen auf dem Altkristallin, in den Quarzphylliten und in den Karnischen Alpen vor. Die tieferen Partien sind im Altkristallin der Zentralen Ostalpen zu suchen, deren Gneise und Glimmerschiefer mindestens zum größeren Teil aus paläozoischen Sedimenten hervorgingen. In die variszischen Gebirgsstrukturen drangen noch im Oberkarbon oder im Perm, nach Abschluß der tektonischen Bewegungen, granitische Tiefengesteine ein, unter ihnen der Brixener Granit und die magmatischen Anteile der penninischen Zentralgneise.

Schnitt 1 veranschaulicht die Situation im Oberkarbon/Perm, als das variszische Gebirge bereits weitgehend eingeebnet war. Im Perm deckten überwiegend festländische Sedimente die verbliebenen

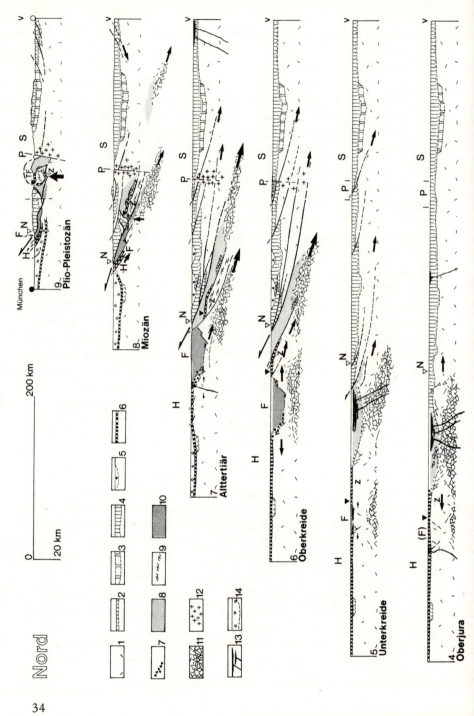

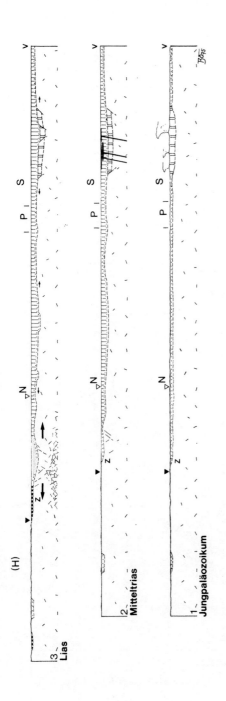

Abb. 6 Entwicklung der Ost- und Südalpen in Profil-Schnitten vom Oberkarbon bis zur Gegenwart. Etwas überhöht. Nach BÖGEL

1 Altkristallin und Altpaläozoikum, 2 Jungpaläozoikum, überwiegend terrestrisch, 3 Bozener Quarzporphyr, 4 Trias bis mittlere Kreide (Südalpin bis Tertiär), 5 Gosau und Alttertiär des Ostalpins, 6 Helvetikum, Ultrahelvetikum, Hochstegen-Zone, 7 Wildflysch, 8 Bündner Schiefer, 9 Zentralgneis, 10 Rhenodanubischer Flysch, 11 «ozeanische» Kruste, 12 tertiäre Tiefengesteine, 13 basische Ergußgesteine, 14 Molasse.
H Helvetikum, Ultrahelvetikum, F Flysch-Zone, ▼ Hochstegen-Marmor, Z Zentralgneis, TF Tauernfenster, N Nordrand der Nördlichen Kalkalpen, P Periadriatische Naht, S Südalpin; v Lage von Verona. – Waagrechte Pfeile: Dehnung, schräge Pfeile: Einengung und Verschluckung.
Das Bild ist schematisch, stark hypothetisch und gilt nur für den mittleren Teil der Ost- und Südalpen. Einzelheiten siehe Text (S. 33 bis 39, auch 54 bis 55), sowie die Abbildungen 2, 5, 7, 11 und die Tabellen 1 und 2.
Die Schnitte sind so gezeichnet, als ob die Südalpen (Verona als Bezugspunkt) «ortsfest» wären und von den nördlichen Gebirgsteilen *unter*schoben würden («Europa unterschiebt Afrika»). Man hätte aber auch München als festen Punkt wählen können, die südlichen Einheiten wären dann *über*schoben worden («Afrika überschiebt Europa»; vgl. S. 208).

Gebirgsrümpfe ein. Die begleitende Bruchbildung wurde gebietsweise von vulkanischen Ausbrüchen begleitet, in deren Verlauf große Quarzporphyrmassen, teilweise in Form vulkanischer Glutwolken (Ignimbrite), ausgestoßen wurden. Die östlichen Teile der Südalpen sanken noch im Perm unter den Meeresspiegel, während in manchen Teilen der Nördlichen Kalkalpen Salzpfannen bestanden, aus denen das Steinsalz führende «Haselgebirge» hervorging.

Die mächtigen Kalk- und Dolomitmassive der Alpen (Schnitt 2) gehören der Trias an. Die Gesteinsmächtigkeiten des Penninikums bleiben zu dieser Zeit jedoch hinter denen der ostalpinen und südalpinen Becken erheblich zurück. Zum außeralpinen Germanischen

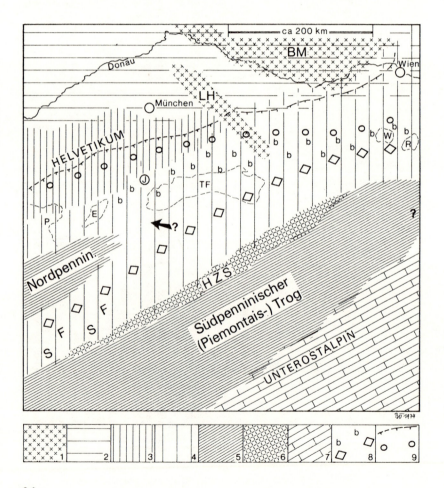

Becken des nördlichen Vorlandes scheinen gelegentlich Verbindungen bestanden zu haben. In den Südalpen kam es erneut zum Ausbruch von Laven und Tuffen. Vieles spricht dafür, daß sich die Ablagerung der ost- und der südalpinen Trias auf einem sinkenden Schelf vollzog, wobei Absenkung und Sedimentation miteinander Schritt hielten. So kamen trotz großer Mächtigkeiten überwiegend Flachwassersedimente zur Ablagerung.

Im Jura (Schnitt 3 und 4) kam es zur Auflösung der Triasplattform in kleinräumige Becken und Schwellen. Gleichzeitig sank nunmehr weiter im Norden die penninische Eugeosynklinale ein, zu deren Schelfrand im Norden das helvetische Becken gehörte (Abb. 7, S. 36). Bezeichnend für den penninischen Trog sind basische Ergußgesteine (Ophiolithe).

Dem mosaikartigen Zerfall der mächtigen ost-südalpinen Triasplattform entsprechend, wechseln in den Sedimentfolgen des Juras geringmächtige Schwellensedimente oft abrupt mit gleichalten, sehr

◁

Abb. 7 Paläogeographische Kartenskizze zur Zeit des höheren Jura und der tieferen Unterkreide im Bereich der späteren Ostalpen

P Prätigau-Halbfenster, E Engadiner Fenster, TF Tauernfenster, W Wechselfenster, R Rechnitzer Schieferinsel, LN Landshut-Neuöttinger Hoch, BM Böhmische Masse, I Innsbruck, alle in heutiger Lage
1 Kristallin der Böhmischen Masse und des Landshut-Neuöttinger Hochs, 2 Jura in Germanischer Fazies, 3 Jura in Helvetischer Fazies, 4 Briançonnais-, Klippen- und Hochstegen-Jura, 5 Eugeosynklinal-Entwicklung (Bündner Schiefer), 6 Hochstegen-Zentralgneis-Schwelle (HZS), 7 Ostalpin, 8 spätere Lage des Flysch-Troges und Buntmergel-Verbreitung (ab höherer Unterkreide); der Pfeil deutet die Möglichkeit eines anderen Verlaufes des Flysch-Troges an, 9 spätere Lage des tiefsten Teiles des Molasse-Troges (ab Obereozän).
Die Darstellung ist hypothetisch und nicht maßstäblich, was die Breite der Tröge und Ablagerungsräume betrifft. Vor allem die penninischen «Eugeosynklinalen» waren wahrscheinlich sehr viel breiter und hatten teilweise einen «ozeanischen» Untergrund (vgl. S. 81). Die Böhmische Masse und das Landshut-Neuöttinger Hoch waren vom Jurameer nicht völlig überwältigt, und z. T. wohl Festland geblieben.
In den Westalpen kennt man zwei penninische Ablagerungsbereiche, die durch eine Schwellenzone, das sogenannte Briançonnais, getrennt sind (Näheres siehe S. 80; vgl. KOENIG 1972, S. 83, Abb. 19). Das hier gezeigte Schema geht davon aus, daß das Tauern-Penninikum zum Südpenninikum (= Piemontais-Trog) zu rechnen ist (FRISCH, HESSE, TOLLMANN). Es gibt aber auch die Möglichkeit, in den Tauern die Fortsetzung des Nordpenninikums (Valais-Trog) zu sehen (TRÜMPY). Dann sähe die Verteilung der Ablagerungsbereiche natürlich anders aus.

mächtigen Beckenfüllungen. Die überall zu beobachtenden Umlagerungen jurassischer Sedimente sprechen deutlich für eine lebhafte Bodenunruhe während dieses Zeitabschnittes. Im Laufe der Kreide geriet die Erdkruste erneut in Bewegung. Vermutlich löste sich der Ost- und Südalpenblock schon während der Unterkreide von seiner Basis und begann an einer nach Süden geneigten Bewegungsfläche nach Norden vorzustoßen. Dabei wurde das Penninikum allmählich überschoben, in die Tiefe gedrückt und geriet so unter die Bedingungen starker Metamorphose (Schnitt 5 und 6). Auf der wohl untermeerisch vorrückenden Deckenmasse des Ostalpins ging die Sedimentation weiter, so daß in der Oberkreide durchwegs lückenhafte, aber stets marine Schichtfolgen entstanden. Im helvetischen Trog hingegen und in den Südalpen fehlen zu dieser Zeit nennenswerte Schichtlücken.

Gleichzeitig bildet sich weiter im Norden der grabenartige Flysch-Trog: hierin wird das Nebeneinander tektonischer Bewegungen und mariner Sedimentation besonders deutlich. Das Erscheinen von Flysch-Serien gilt daher nach den Erfahrungen in den Alpen auch in allen anderen Gebirgen der Erde als Kennzeichen besonderer orogener Aktivität.

Wie in der Oberkreide, so verlief auch im Tertiär die tektonische Entwicklung im Norden der Periadriatischen Linie anders als im Süden.

Im Norden wurden während des Tertiärs (Schnitt 7 und 8) die Schichten des Flysch-Troges, des Helvetikums und des Ultrahelvetikums aus ihrem Ablagerungsraum herausgeschoben und als Decken übereinandergestapelt. Im penninischen Raum war die Metamorphose im vollen Gang. Gegen Ende des Eozäns und vor allem im Oligozän sank dann der Molassetrog ein und füllte sich mit dem Schutt des aufsteigenden Gebirges. Auch diese jüngste Baueinheit wurde zumindest an ihrem Südrand gefaltet und ziemlich weit vom Helvetikum, vom Flysch und von den Nördlichen Kalkalpen überfahren. In den Südalpen findet sich neben örtlich verbreitetem Kreideflysch auch geringmächtiger alttertiärer Flysch, doch bilden diese Gesteine keine eigene tektonische Einheit wie in den Nordalpen. Die tektonischen Vorgänge beschränken sich auf Bruchbildungen, wenig ausgeprägte Faltungen und, meist nach Süden gerichtete, Überschiebungen geringer Reichweite. Miozäne Ablagerungen wurden davon noch betroffen. Eine alpidische Metamorphose fehlt. – Die Molasse-Bildung setzte etwas später ein als im Norden, hält aber dafür im Quartär noch an.

Während im Norden, zu Beginn des Oligozäns, die Decken des Ostalpins noch gegen das mitteleuropäische Vorland wanderten, erfolgten längs der Periadriatischen Naht bedeutsame Verschiebungen. Hand in Hand damit ging der Aufstieg der Periadriatischen Plutone (Adamello, Bergell, Rieserferner und andere).

Alle diese Vorgänge liefen zu einer Zeit ab, als die Alpen noch nicht als «Gebirge» in Erscheinung traten. Die Heraushebung setzte zwar schon im Miozän ein, die Ausbildung des Hochgebirges in seiner heutigen Form mag zu Ende des Pliozäns begonnen haben (Schnitt 9). Hebungen einzelner Gebiete erfolgen heute noch.

Diese Darstellung der Ereignisfolge ist selbstverständlich eine Vereinfachung und in vielen Punkten auch Ansichtssache. So kann man z. B. den Flysch-Trog auch weiter nach Süden in den Bereich der Eugeosynklinale verlegen. Meinungsverschiedenheiten bestehen auch über die Zeit der Hauptüberschiebungsvorgänge des Ostalpins.

Zweiter Teil

Die geologischen Zonen der Ost- und Südalpen

Im vorangegangenen ersten Abschnitt haben wir die Abfolge der geologischen Zonen längs eines Profils durch die Ost- und Südalpen geschildert, und zwar in der Reihenfolge, in der sie heute im Gebirge auftreten.

Für die Einzelbeschreibung ist es jedoch zweckmäßiger, faziell zusammengehörende Einheiten, deren ursprüngliche Anordnung durch die Gebirgsbildung zerrissen wurde, gemeinsam zu betrachten. Wir werden dabei vom tektonisch Tieferen, dem Westalpin, zum tektonisch Höheren, dem Ostalpin, fortschreiten. Die beiden Molassezonen wie auch die inneralpinen Tertiärbecken werden in einem eigenen Abschnitt behandelt, da diese Sedimentationsbereiche zum großen Teil außerhalb der Alpen liegen oder über bereits fertige Gebirgsstrukturen hinweggreifen.

A) Das Westalpin

Wie schon erwähnt, verstehen wir unter der Bezeichnung «Westalpin» jene tektonisch-faziellen Einheiten der Ostalpen, deren Gesteinsbestand und Baustil westalpine Züge tragen und vom Ostalpin oder Austroalpin überschoben wurden. In gleicher Weise wird auch in den Westalpen vereinfachend von «ostalpinen» Bauteilen gesprochen, zu denen beispielsweise die Dent-Blanche-Decke gehört (vgl. Abb. 2, S. 14).

Es darf freilich nicht übersehen werden, daß der Flysch und namentlich die Klippen-Zonen etwa von Salzburg an nach Osten zunehmend «karpatische» Züge erkennen lassen.

1. Das Helvetikum und das Ultrahelvetikum

Wie in der Schweiz unterscheidet man in den Ostalpen, zumindest in den westlichen Teilen, eine helvetische und ultrahelvetische Zone. Beide sind tektonisch selbständig und weisen eine eigene

Sedimententwicklung auf, so daß z. B. der Begriff «Helvetikum» sowohl eine Schichtserie bestimmter Fazies (Abb. 4, S. 17) als auch einen tektonischen Komplex, hier eben die helvetischen Decken, bezeichnet. Diese Doppeldeutigkeit der Begriffe ist in der Alpenliteratur keine Seltenheit.

Die helvetische Zone zieht mit Schichtfolgen vom Oberjura bis zum Alttertiär aus den Gebirgsstöcken des Säntis und der Churfirsten (Ostschweiz) als 10–15 km breite Aufsattelung ins Allgäu

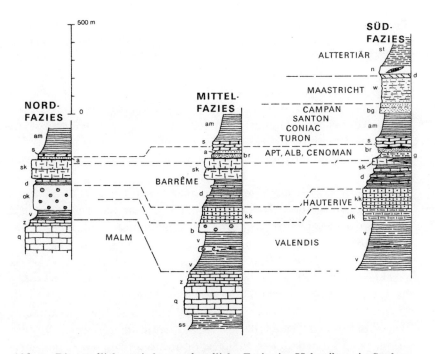

Abb. 8 Die nördliche, mittlere und südliche Fazies im Helvetikum in Säulenprofilen dargestellt, wie sie im Allgäu und in Vorarlberg ausgebildet ist. Nach ZACHER

st Stadschiefer, n Nummulitenkalk, w Wang-Schichten, am Amdener Schichten, s Seewer-Schichten, a Albgrünsand, br Brisisandstein, g Gamser Schichten, sk Schrattenkalk, d Drusberg-Schichten, ok Oolithkalk-Gruppe, kk Kieselkalk, b Betliskalk, dk Diphoideskalk, v Valendismergel, z Zementstein-Schichten, q Quintner Kalk, ss Überschilt- und Schilt-Schichten. Schwarz: Zeitabschnitte, in denen im Verhältnis sehr wenig Sediment abgelagert wird (sogenannte Kondensations-Zonen).

herüber (vgl. KOENIG 1972 S. 74 ff.). Ihr gehören die Canisfluh (Quintner Kalk) und der Hohe Ifen (Schrattenkalk) an. Weiter im Osten verschwindet sie halbfensterartig unter dem Flysch und taucht, um 6 km nach Norden versetzt, im Grünten bei Immenstadt wieder auf. Von dort sind die helvetischen Gesteine, teils nur einige 100 m breit und abschnittsweise ganz vom Flysch überschoben, am Alpennordrand bis etwa in die Gegend von Salzburg zu verfolgen, wo das helvetische Becken vermutlich endete (vgl. Abb. 7, S. 36).

Die Zone des Helvetikums läßt sich weiter unterteilen. Der Nordteil ist von Überschiebungen verschont geblieben und bildet in Bayern, westlich des Chiemsees, die normale, ungestörte sedimentäre Unterlage der Molasse. Es ist das «autochthone Helvetikum». Der Südteil des Helvetikums ist dagegen «allochthon», in den alpinen Deckenbau einbezogen und selbst in mehrere tektonische Schuppen zerlegt.

Während der Trias und im tieferen Jura gehörte der helvetische Ablagerungsraum dem germanischen Schelfmeer Mitteleuropas an oder war Festland. Erst durch die paläogeographischen Veränderungen im höheren Jura wurde er dem offenen Meer, der «Tethys» angegliedert.

Als Tethys wird das alte Mittelmeer bezeichnet, das im Mesozoikum Europa und Afrika trennte und sich von dem germanischen Binnenmeer Mitteleuropas durch seine Sedimente und seine Lebewelt deutlich unterschied (vgl. KOENIG 1972 und HEIERLI 1974).

Helvetische Trias und tieferer Jura sind in den Ostalpen nirgends erschlossen. Erst die Gesteine des oberen Juras treten in Vorarlberg im Gewölbe der Canisfluh zutage.

In Abb. 8 sind die drei verschiedenen Schichtentwicklungen des allochthonen Helvetikums in Säulenprofilen dargestellt. Sie zeigen, daß innerhalb des Ablagerungsraumes trotz seiner geringen Breite mehrere Faziesbereiche, ein nördlicher, ein mittlerer und ein südlicher unterschieden werden können. So wird z. B. der Schrattenkalk, ein Riffschuttgestein, nach Süden allmählich durch die mergeligen Drusberg-Schichten ersetzt. Der Schrattenkalk bildet steile Felswände und baut das berühmte Schratten- und Karrenfeld des Gottesacker-Plateaus am Hohen Ifen auf.

An der Wende Unterkreide/Oberkreide verringerte sich, wie Schichtkondensationen zeigen, die Sedimentation über längere Zeiträume erheblich. Von «kondensierten» Schichten spricht man, wenn Fossilien, die eigentlich verschiedenen geologischen Abschnitten angehören, in einer einzigen Schicht angehäuft sind, weil zwar die Entwicklung der Lebewelt ihren normalen Verlauf nahm, die Anlieferung von Sediment aber unterdurchschnittlich gering war.

In Ostbayern findet man nur noch die höhere Kreide und das Alttertiär (Tab. 3, S. 48). Obwohl das helvetische Becken hier bereits sehr schmal gewesen sein muß, sind, wie HAGN zeigen konnte, noch im Alttertiär eine nördliche und eine südliche Fazies zu unterscheiden. Die tertiären Eisenerzlager von Kressenberg östlich von Siegsdorf bildeten lange die Grundlage einer blühenden örtlichen Eisenindustrie.

Auch die autochthone Entwicklung, das Helvetikum an der Molassebasis, enthält Schichtlücken und verschwindet allmählich nach Osten. Das Becken der ostbayerischen Kreide scheint durch die Kristallinschwelle des Landshut-Neuöttinger Hochs vom Helvetikum getrennt gewesen zu sein (vgl. Abb. 7, S. 36 u. Abb. 80, S. 182).

An zahlreichen Stellen der westlichen Ostalpen finden wir zwischen der mächtigen Flysch-Masse und der helvetischen Zone tektonische Späne und Schuppen ultrahelvetischer Gesteine (Abb. 12, S. 52). Weiter im Osten, wo die ultrahelvetischen Ablagerungen das Helvetikum ganz vertreten (Abb. 7, S. 36), werden die Schichtserien vollständiger.

Im stratigraphisch höheren Anteil des Ultrahelvetikums (mittlere und höhere Kreide, Alttertiär) lassen sich im Westen zwei faziell verschiedene und auch tektonisch getrennte Einheiten erkennen: Die Liebensteiner- und die Feuerstätter-Decke. Die ultrahelvetischen Serien der Liebensteiner-Decke ähneln in Fazies und Fauneninhalt mehr dem Helvetikum, die Feuerstätter-Decke hingegen teilweise dem Flysch: Man kann sie daher als Bindeglied zwischen beiden Ablagerungsräumen betrachten (Abb. 11, S. 51). Von manchen Autoren wird die Feuerstätter Decke auch ganz in die südlich anschließende Flysch-Zone gestellt.

Die Feuerstätter-Decke enthält Gesteine, die in «Wildflysch-Fazies» ausgebildet sind. Es handelt sich dabei um tonig-sandige Sedimente mit regellos eingelagerten Breccien, Konglomeraten und Felsblöcken bis zu Hausgröße. Sie gelangten vermutlich durch murartige Schuttströme von steilen Küstengebirgen oder Inseln in das Sediment. Solche Gleitmassen sind aber keine Trübeströme im eigentlichen Sinne (vgl. S. 47), wenn auch Übergänge hierzu bestehen. – Wildflysch-Sedimentation findet sich keineswegs nur im Ultrahelvetikum, sondern z. B. auch in der tieferen Kreide der Nördlichen Kalkalpen.

Gelegentlich treten in der Feuerstätter-Decke auch basische Ergußgesteine auf, z. B. in der Hörnlein-Serie im Allgäu, und, an einigen Stellen, auch stratigraphisch tiefere Schichten.

Bereits in den Chiemgauer Alpen lassen sich Liebensteiner- und Feuerstätter-Decke nicht mehr trennen: an ihre Stelle treten die «Buntmergel» (PREY) und mit ihnen eng verzahnte Konglomerate und Breccien (Tab. 3, S. 48).

Die tieferen Anteile des Ultrahelvetikums, die Unterkreide und Juragesteine treten weiter im Osten zunehmend hervor und bilden den Kern der «Klippen-Zonen». Diese Bezeichnung stammt aus den Karpaten und wurde von dem Wiener Geologen UHLIG für Zonen von Mittelgebirgscharakter eingeführt, in denen härtere Gesteine, meist Jurakalke, als klippenartige Felsen durch weichere «Hüllserien», z. B. Buntmergel, hindurchspießen. Diese Klippenserien sind ein besonderes tektonisches und paläogeographisches Problem der Alpengeologie. Sie bilden eine nördliche, nach der Ortschaft Gresten in Niederösterreich benannte Grestener, oder Haupt-Klippen-Zone, und eine südliche, die St. Veiter Klippen-Zone die nicht mehr ins Liegende der ultrahelvetischen Buntmergel, sondern anscheinend schon zur stratigraphischen Unterlage des Flysches gehört (Abb. 7, S. 36 u. Abb. 11, S. 51). Indessen sind hier noch manche paläogeographische Fragen offen. Sie werden auch schwer endgültig zu beantworten sein, da die ursprünglichen Schichtverbände durch die kräftige Überschiebungs- und Schuppentektonik an der Basis der Flysch-Decken meist völlig zerrissen wurden (Abb. 12, 13, S. 52, S. 53).

«Klippen» gibt es aber auch in der Waschberg-Zone, der subkarpatischen Molasse, die die Ostfortsetzung der Faltenmolasse bildet. Sie entstammen jedoch dem mesozoischen Untergrund der Molasse (siehe S. 184) und haben zu den hier besprochenen Klippen-Zonen keine tektonischen Beziehungen.

Ein Beispiel für die Besonderheiten dieser Gesteinsfolgen bietet die Grestener-Klippenserie. Über einem sandigen, kohleführenden Lias folgen grobklastische Gesteine und lokal eine Dogger-Entwicklung, die an den germanischen Jura erinnert, dessen südöstliche Fortsetzung die Grestener-Klippen-Zone in etwa auch ist. Die folgenden Aptychenschichten des Oberjura tragen hingegen

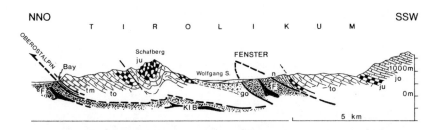

Abb. 9a Profil durch das Flyschfenster am Wolfgangsee nach PLÖCHINGER

Kl B Klippen-Zone und Buntmergelserie («Ultrahelvetikum»); F Flysch; Bay Bajuvarikum; Ti Tirolikum; tm Mitteltrias, to Obertrias, ju Lias, jo mittlerer bis oberer Jura, n Neokom, go Gosau, qu Quartär

In dem Fenster kommen sowohl Gesteine der Flysch- als auch der Klippenzone, sowie der Buntmergelserie unter dem kalkalpinen Mesozoikum des Tirolikums hervor. Es handelt sich jedoch nicht um ein einfaches Erosionsfenster, vielmehr ist das tektonisch Liegende an Störungen hochgeschuppt. Da in den sandigen Mergeln der Buntmergelserie noch Eozän nachgewiesen ist, kann die Überschiebung der Kalkalpen nicht vor Ende Oligozän erfolgt sein.

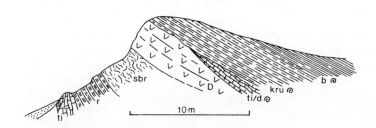

Abb. 9b Aufschluß im Flyschfenster am Wolfgangsee als Beispiel für eine Schichtfolge der Klippen-Zone. Nach PLÖCHINGER

ti rote Tithonflaserkalke, r Radiolarit, sbr Serpentin und Eruptivgesteinsbreccie; D Diabas, ti/d Tithonflaserkalk mit Konglomerat aus Diabasgeröllen; kru fleckige Mergel der höheren Unterkreide; b mitteleozäne sandige Buntmergel. Das Profil zeigt eine fossilbelegte Serie von Klippen- und Buntmergelgesteinen, die im Fenster von Strobl am Wolfgangsee inmitten der oberostalpinen Kalkalpen, ca. 10 km von deren Nordrand entfernt, auftreten. Der Aufschluß liegt etwa unter dem «s» von «Fenster» in Abb. 9a.

eher ostalpinen Charakter. Das gleiche gilt noch für die Unterkreide, während die Buntmergelserie ganz eigenständig ausgebildet ist. Gelegentlich sind basische Vulkanite eingeschaltet.

Bei dem allgemeinen tektonischen Transport nach Norden wurde auch hier und da die ursprüngliche Unterlage der Grestener-Schichten mitgeschleppt. Das gilt beispielsweise für den Granit von Waidhofen in Niederösterreich, aus dem ein Denkmal für den bekannten Geologen LEOPOLD VON BUCH (1774–1852) errichtet wurde. Das Gestein erinnert in mancher Hinsicht an die Granite der Böhmischen Masse, deren südliche Fortsetzung unter den Nordalpen zu erwarten ist (Abb. 7, S. 36; vgl. auch Abb. 5, S. 20/21).

Aufmerksamkeit verdienen ferner die den Klippengesteinen gelegentlich beigeordneten basischen und ultrabasischen Eruptivgesteine, wie sie beispielsweise in dem Klippenjura, der im Fenster am Wolfgangsee unter dem Flysch zum Vorschein kommt (Abb. 9a und 9b), angetroffen wurden. Die Aufschlüsse bei Strobl am Wolfgangsee zeigen auch die engen stratigraphischen Beziehungen zwischen Klippenjura und «Buntmergelserie».

Den tektonischen Bau des Helvetikums bestimmt im Westen ein zumindest oberflächlich verhältnismäßig ruhiger Faltenbau (Abb. 12, S. 52 und Falttafel II). Im übrigen wurde das Helvetikum und Ultrahelvetikum zusammen mit dem darübergeschobenen Flysch verschuppt und gefaltet und insgesamt noch weit über den Südrand der Molassesenke transportiert. Beweise dafür bieten neben den tektonischen Fenstern innerhalb der Flysch-Zone z. B. die Bohrung Urmannsau in Niederösterreich (Abb. 13, S. 53). Auch aus den Bohrungen in der Faltenmolasse (Abb. 82, S. 184) geht dies eindeutig hervor.

2. Die Flysch-Zone

Der Rhenodanubische Flysch

Der Nordrand der Ostalpen wird über seine ganze Länge von einer Flysch-Zone begleitet. Unter «Flysch» versteht man ganz allgemein eine Sedimentfolge mit bestimmten Merkmalen. Das wesentlichste Merkmal ist, daß sich Flysche in nahezu allen echten Faltengebirgen stets *während* der wesentlichen strukturbildenden Vorgänge in anderen Bereichen desselben Orogens bilden. So finden wir z. B. in den Südalpen Sedimente der Karbon-Zeit, die den «Flysch» zur variszischen Gebirgsbildung in den altpaläozoischen Schichtfolgen der Karnischen Alpen darstellen.

«Flysch» ohne nähere Bezeichnung bezieht sich in den Alpen indessen meist auf Sedimente der mittleren und höheren Kreide und des Alttertiärs, die zudem auf bestimmte tektonische Zonen beschränkt sind. Immerhin spricht man auch von einer «Flysch-Molasse» oder von «flyschartiger Gosau», in Bereichen, die mit der tektonisch festumrissenen Rhenodanubischen Flysch-Zone nicht in unmittelbarer Beziehung stehen.

Der Begriff «Flysch» (sprich «Flisch») stammt aus der Schweiz (Simmental) und bezeichnet schiefrig-tonige Gesteine, die zum Hangfließen neigen. Es erhebt sich zunächst die Frage nach der Herkunft der gewaltigen Sedimentmassen, mit denen die grabenartigen, langhinziehenden Flysch-Tröge in relativ kurzer Zeit gefüllt wurden. Strömungsmarken und Gleitspuren an der Unterseite der Gesteinsbänke geben Hinweis auf die Transportrichtung. Offenbar glitten die an den Beckenrändern aufgehäuften Ablagerungen, vielleicht durch Erdstöße in Bewegung gesetzt, hangabwärts und wurden als Trübeströme mit großer Geschwindigkeit trogparallel bis in ihren Ablagerungsraum verfrachtet.

Trübeströme oder Turbidite sind Ton-Wasser-Gemenge, die sich sehr rasch über den Boden der Flysch-Tröge hinwegbewegten und zwar meist parallel zur Trogachse. Dabei konnte auch gröberes Sediment über Hunderte von Kilometern transportiert werden. Bei Verringerung der Stromgeschwindigkeit sank das gröbere Material rascher zu Boden als das feinere. Auf diese Weise entstand eine gradierte Schichtung, in der von unten nach oben grobes Sediment allmählich in feineres übergeht (vgl. KOENIG 1972, S. 67).

Die typischen Flysch-Sedimente sind außerordentlich arm an Fossilien. Nur die Mergel enthalten z. T. reichlich Foraminiferen. Diese einzelligen Kleinlebewesen haben Kalkschalen, wie z. B. die Globotruncanen, oder Gehäuse aus verkitteten Sedimentkörnern: dies sind die sogenannten Sandschaler. Namentlich mit Hilfe der Foraminiferen ließ sich der Flysch der Ostalpen in den letzten Jahren stratigraphisch genauer gliedern. Typisch sind außerdem Kriech- und Weidespuren, z. B. Helminthoiden und Chondriten.

Charakteristische Flysch-Entwicklung zeigt z. B. die Zement-

Tab. 3 Helvetikum, Ultrahelvetikum und Flysch in Ostbayern und zum Vergleich der Wienerwald-Flysch (Beispiel: Kahlenberger Decke). Nach FREIMOSER, HAGN, PREY

mergelserie, der in Niederösterreich die Kahlenberger-Schichten entsprechen (Tab. 3, S. 48). Die rhythmisch geschichteten Trübestrom-Ablagerungen (Turbidite) zeigen folgenden Aufbau ihrer Gesteinsbänke (älteres unten, jüngeres oben):

usw.	*oben (jünger)*
Kalksandstein	
Feinbreccien	
Tonmergel	
Kalkmergel	
Kalksandstein	
Feinbreccie	
Tonmergel	
Kalkmergel	
Kalksandstein	
usw.	*unten (älter)*

Die Feinbreccien und die Kalksandsteine mit gradierter Schichtung, Wickelschichtung, Feinschichtung usw. sind kennzeichnend für Turbidite. Die ganze Abfolge wiederholt sich, wenn auch nicht immer vollständig, in Hunderten von Bänken, deren jede einem Trübestrom entstammt. Im Gegensatz dazu fehlt dem in der westlichen Flysch-Zone verbreiteten Reiselsberger Sandstein, einer vornehmlich aus Quarz, Muskovit und Gesteinsbruchstücken bestehende Grauwacke, eine rhythmische Bankfolge. Die Kalk-Tonmergel-Wechselfolge der Piesenkopf-Schichten, mit den Spuren (Fucoiden) sedimentfressender Organismen zeigen hingegen wieder die typischen Flyschmerkmale. In Tab. 3 und Abb. 10 ist versucht, die Gesteinsvielfalt des Flysch-Troges wiederzugeben.

◁

Im Helvetikum in Ostbayern sind tiefere Schichten als höhere Oberkreide nicht erschlossen, wahrscheinlich fehlen die tieferen Schichtglieder hier bereits von vornherein (vgl. Abb. 7). Der nördliche Faziesbereich ist durch eine bedeutende Schichtlücke gekennzeichnet. In die Buntmergel des Ultrahelvetikums greifen von Süden her konglomeratreiche Serien ein, der sogenannte Wildflysch (vgl. Abb. 11). Im Flysch unterscheidet sich die Nord- von der Südfazies vor allem durch die Mächtigkeit (vgl. Abb. 10). Der Wienerwald-Flysch ist teilweise anders ausgebildet als die westlichen Flysch-Serien, er läßt Anklänge an den Karpaten-Flysch erkennen.

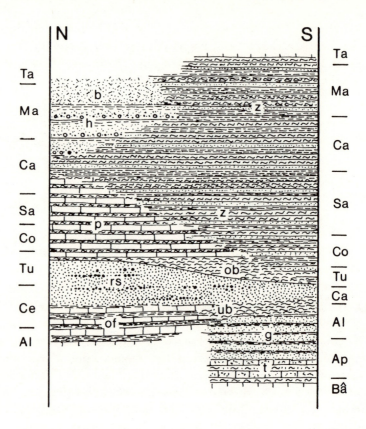

Abb. 10 Fazies und Stratigraphie der Flysch-Zone in Bayern. Die Mächtigkeitsunterschiede zwischen Nord- und Südfazies sind teilweise größer, als im Schema dargestellt

t Tristelschichten, g Flyschgault, of Ofterschwanger Schichten, ub Untere Bunte Mergel, rs Reiselsberger Sandstein, ob Obere Bunte Mergel, p Piesenkopf-Schichten, z Zementmergel, h Hällritzer Serie, b Bleicherhorn-Serie.
  Ba Barrême, Ap Apt, Al Alb, C Cenoman, Tu Turon, Co Coniac, Sa Santon, Ca Campan, Ma Maastricht, Ta Alttertiär.

Im Westen wie im Osten sind mehrere Faziesbereiche (Abb. 10) zu erkennen. Im Westen kann man eine nördliche (Sigiswanger) von einer südlichen (Oberstdorfer) Fazies abtrennen. Im Osten, im Wienerwald, folgen drei Decken mit verschieden entwickelten Gesteinsserien hintereinander: die Greifensteiner Decke, die Kahlenberger-Fächerzone und die Laaber-Faltenzone (Abb. 15, S. 54).

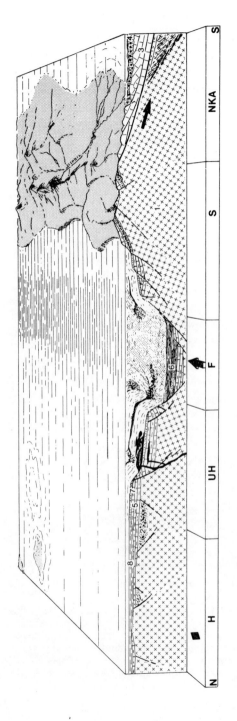

Abb. 11 Die Ablagerungsräume am Nordrand der Ostalpen im Blockbild. Zeit: Höhere Oberkreide (Maastricht). Nicht maßstäblich. In Anlehnung an FRISCH, HERM, HESSE, PREY, TOLLMANN u. a.

1 Kristallines Grundgebirge, 2 Perm und Trias in festländischer Fazies, 3 Mesozoikum der Nördlichen Kalkalpen, 4 Kalkalpine Gosau, 5 Jura der Klippen-Zonen und des Helvetikums, 6 Flysch-Kreide, 7 Buntmergel-Serie, 8 Helvetische Kreide. H Helvetikum, UH Ultrahelvetikum/Klippen-Zone, F Flysch-Zone, S Schwellen-Bereich, NKA Nördliche Kalkalpen.

Auf das flache helvetische Schelfmeer im Norden folgt der etwas tiefere Bereich des Ultrahelvetikums mit Buntmergeln und, an steileren Abbrüchen, Wildflysch-Sedimentation. Vulkanite (schwarz) kommen hier gelegentlich vor. Zuletzt folgt der Abbruch zum flachen Tiefsee-Boden (leicht gerastert) des Flysch-Troges. Der Pfeil deutet die trogparallele Haupttransport-Richtung an. – Die Schwelle, die den Flysch-Trog vom kalkalpinen Gosaumeer trennt, war sicherlich breiter, möglicherweise aber stellenweise auch unterbrochen. Ob die Kalkalpen bereits soweit nach Norden gewandert waren (an der Basis der Deckenbahn sind die nördlichsten Ausläufer der Zentralgneis-Massive mit auflagerndem Hochstegenkalk angedeutet; das Unterostalpin ist allerdings vernachlässigt), ist umstritten. Der Pfeil zeigt den relativen Bewegungssinn an: Das Vorland wird unter den ostalpinen Deckenkörper hinuntergeschleppt. Es ist deutlich, daß die gebirgsbildenden Bewegungen gleichzeitig mit Sedimentbildung ablaufen.

Hier zeigen sich schon deutliche Anklänge an den Flysch der Karpaten. Insbesondere reicht die Schichtfolge der Greifensteiner Decke bis weit in das Eozän hinauf, während die weiter im Süden und Westen gelegenen Flysch-Bereiche nur Sedimente der Oberkreide oder des Paleozäns enthalten.

Über den Wildflysch der Feuerstätter-Decke wurde bereits im Abschnitt über das Ultrahelvetikum berichtet.

Der Flysch der Ostalpen liegt heute völlig ortsfremd (Abb. 12). Seine tektonische Basis bilden Späne und Schuppen von Helvetikum und Ultrahelvetikum bzw. Gesteine der Klippenzonen, die im Osten vielfach streifenförmig hochgeschuppt sind (Abb. 13, 15 u. 87, S. 193). Im Allgäu und in Vorarlberg hingegen tritt das tektonisch Liegende als Halbfenster in Form einer breiten Aufwölbung helvetischer Faltenzüge hervor (Hoher Ifen, Canisfluh). Die Bohrung von Urmannsau in Niederösterreich schließlich ergab, daß unter Flysch, Klippengesteinen usw. noch die ungestörte Molasse des Vorlandes angetroffen wird (Abb. 14).

Ihrerseits wird die Flysch-Zone tektonisch überlagert von den Nördlichen Kalkalpen, die auch den ehemaligen Ablagerungsraum der Flysch-Gesteine verdecken. In mehreren Fenstern innerhalb der

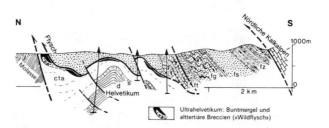

Abb.12 Flyschüberschiebung westlich von Tegernsee. Nach SCHMIDT-THOMÉ

Helvetikum: cta Oberkreide bis Alttertiär, s Schrattenkalk, d Drusberg-Schichten.
 Flysch: ft Tristel Schichten, fg Flysch-Gault, fs Reiselsberger Sandstein, fz Zementmergel.
 An der Basis der Flyschdecke tritt in einzelne Schollen aufgelöstes und zerwalztes Ultrahelvetikum hervor. Helvetikum und Flysch sind gemeinsam verfaltet und an jüngeren Störungen verschuppt. Die Schichten des Helvetikums und des Ultrahelvetikums reichen bis in das Eozän hinauf, so daß die Flyschüberschiebung nicht vor dem Oligozän erfolgt sein kann.

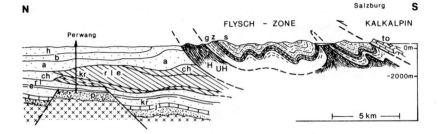

Abb. 13   Profil durch den Alpenrand bei Salzburg. Nach JANOSCHEK und PREY, etwas geändert

H UH Helvetikum und Ultrahelvetikum, to Obertrias, s Bleicherhorn- und Hällritzer Serie, z Zementmergel, g Flysch-Gault und Reiselsberger Sandstein; Molasse und Molasse-Untergrund: p Perm und Trias, festländisch, auf dem Kristallin des Vorlandes, j Jura, kr Kreide, e Eozän, l Latdorf, r Rupel-Tonmergel, ch Chatt, a Aquitan, b Burdigal, h Helvet (vgl. Abb. 83, S. 186).

Die Flysch-Zone zeigt den typischen, einfachen Faltenbau. Er ist nach der Decken-Überschiebung entstanden, denn das tektonisch Liegende ist mit eingefaltet. Die Kalkalpen sind hier ziemlich flach aufgeschoben.

Einen eigentümlichen Bau der Molasse erschloß die Bohrung Perwang. Ein «Schuppenkörper» (schraffiert) glitt nach Norden und wurde, gleichsam wie ein Riesengeröll, einsedimentiert. Vermutlich handelt es sich um ein sogenanntes Olisthostrom, eine Rutschmasse mit mehr oder weniger chaotischem Gefüge.

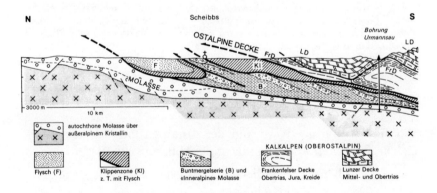

Abb. 14   Profil durch die Alpenrandzone im Gebiet der Bohrung Urmannsau in Niederösterreich nach KRÖLL und WESSELY, etwas vereinfacht

Im Bereich der Bohrung sind die oberostalpinen Kalkalpen, in die Frankenfelser- und die Lunzer Decke geteilt, über Klippenzone, Buntmergelserie mit eingeschalteter alttertiärer, inneralpiner Molasse und über miozäne, autochthone Molasse geschoben. Die Kristallinbasis der Molasse wurde bei 3033 m erreicht.

Kalkalpen, so am Wolfgangsee oder bei Windischgarsten (Abb. 9 u. 61, S. 145 u. 146), ist die Unterlage der Kalkalpen-Decke sichtbar.

So sehen wir heute von der ehedem breiten Flysch-Zone nur mehr einen schmalen, bis höchstens 25 km breiten Streifen, der örtlich, wie im Chiemgau, sogar ganz verschwindet (Abb. 3, S. 16). Dieser Zug zeigt im Westen einen nicht allzu verwickelten Faltenbau, der nach Osten zu allerdings komplizierter wird.

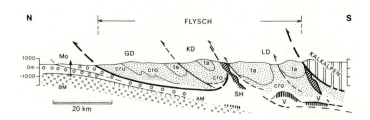

Abb. 15 Profil durch Flysch und Klippen-Zone im Wienerwald. Nach PREY, etwas vereinfacht und erweitert. Die Flysch-Zone selbst besteht aus mehreren Decken oder Schuppen

ta Alttertiär, cro Oberkreide, cru Unterkreide; Mo Molasse, BM Kristallin der Böhmischen Masse, AM autochthones Mesozoikum. – GD Greifensteiner Decke, KD Kahlenberger Decke, LD Laaber Decke.

Die nördliche oder Hauptklippen-Zone (Schottenhof-Zone, SH) ist als fensterartig hochgeschupptes «Ultrahelvetikum» anzusehen, die St. Veiter Klippen-Zone (V) kann dagegen als sehr stark verschuppte stratigraphische Basis der Flysch-Zone aufgefaßt werden.

Paläogeographischer Überblick

Wir finden also am Nordrand der Ostalpen folgende tektonisch-fazielle Einheiten übereinander (vgl. Abb. 5, S. 20/21):

(oben) Nördliche Kalkalpen
Flysch-Zone
Ultrahelvetikum + Klippen
Helvetikum (nur im Westen)
(unten) Molasse

Es gilt nun, die Anordnung der Meeresräume, aus denen diese Zonen hervorgegangen sind, die alte, die «Paläo»-Geographie wiederherzustellen. Für den Zeitraum der Oberkreide ist dieser Versuch in dem Blockbild der Abb. 11 (S. 51) unternommen. Bei einem solchen Schema ist zu berücksichtigen, daß uns die geologischen Beobachtungen keine sicheren Schlüsse über die ehemalige Breite dieser Meeresbecken erlauben. Schon bei einer Annahme von Mindestbreiten: 10 km für den Südteil der Molasse, je 20 km für Helvetikum und Ultrahelvetikum, 50 km für den Flysch-Trog, zeigt sich, daß man beim Zurückziehen der Decken, beim «Abwickeln», mit dem Nordrand der heutigen Kalkalpen in den Raum südlich der Tauern kommt.

Noch unsicherer ist das Bild über die Anordnung und die Morphologie der Inselzüge und Schwellen zwischen den einzelnen Becken. Kenntnisse über deren Aufbau lassen sich alleine aus dem Abtragungsschutt in den Sedimenten, z. B. aus Geröllen im Wildflysch (s. S. 43) gewinnen.

Die Nördlichen Kalkalpen waren zur Zeit der Oberkreide wohl bereits mehr oder weniger weit über die penninische Eugeosynklinale nach Norden vorgestoßen. Soll dieser Raum für die Abwicklung mitberücksichtigt werden, so müssen wir bis in den Oberjura zurückgehen (Abb. 7, S. 36). Zu dieser Zeit hat aber der Flysch-Trog noch gar nicht existiert: er brach erst in der Unterkreide grabenartig ein. – Dieses Schema entspricht etwa den Vorstellungen von Hesse und Tollmann. Es sind aber auch andere Anordnungen denkbar.

3. Das Penninikum

a) Verbreitung und Gliederung

Neben dem Helvetikum, Ultrahelvetikum und dem Flysch bezeichneten wir das Penninikum als die Fortsetzung der Westalpen in die Ostalpen (S. 16). Die penninische Zone ist in den Westalpen in breiter Front erschlossen und dort auch dementsprechend eingehend untersucht und gut bekannt (Koenig 1972). In den Ostalpen hingegen liegt sie weithin unter den ostalpinen Decken verborgen und wurde lediglich in tektonischen Fenstern der zentralen Ostalpen durch die Erosion freigelegt (Abb. 12, S. 52).

In den penninischen, heute stets metamorphen, mesozoischen Sedimenten und Vulkaniten liegt der Inhalt der alpidischen «Eugeosynklinale(n)» vor. Früher sah man in dieser einfach den innersten Teil der Tethys. Heute neigt man zur Annahme, daß die penninischen Ablagerungsräume mindestens teilweise echte «Ozeane» waren, d. h. als Boden eine «ozeanische», und keine kontinentale, Kruste hatten (vgl. S. 211).

Doch darf man diese Vorstellung nicht allzu schematisch anwenden. So muß man z. B. im Tauern-Penninikum eine Zweigliederung vornehmen. Ein nördlicher Teil mit Hochstegenkalk und klastischen Bündner Schiefern hatte einen breiten kontinentalen Sockel als ursprünglichen Untergrund – heute als Zentralgneis weite Teile der Hohen Tauern und der Zillertaler Alpen aufbauend. Erst südlich davon bildet sich im Mesozoikum ein «Ozean», in dem die Masse der «eugeosynklinalen» Sedimente abgelagert wurde. Aus ihnen entstanden die Bündner Schiefer – Kalkphyllite, Kalkglimmerschiefer, sandigen Phyllite usw. – denen zahlreiche in Grüngesteine umgewandelte Vulkanite eingelagert sind. Dazu kommen Radiolarite und die Ophiolithe, die man als die spärlichen Reste des ehemaligen Ozeanbodens betrachtet. Man muß annehmen, daß der weitaus größte Teil dieses alten Ozeanbodens bei der späteren Gebirgsbildung verschwunden ist (vgl. S. 211).

Solche Zonen zeichneten sich bei der anschließenden Gebirgsbildung durch besondere tektonische und thermische Aktivität aus. Das Penninikum in den Ostalpen zeigt daher die stärkste alpidische Metamorphose, von der auch die ältere kristalline Basis (vgl. S. 60) mitbetroffen wurde. Mesozoische Sedimente wurden hier zu Glimmerschiefern umgewandelt, während paläozoische Gesteine im benachbarten Ostalpin z. T. nur wenig, in den Südalpen sogar unverändert erhalten blieben. Die radiometrischen Daten weisen überdies darauf hin, daß der penninische Gebirgsstreifen am längsten im Bereich hoher Temperaturen verblieb. Die Abkühlung lief hier in den letzten 10–30 Mio. Jahren, also im Jungtertiär, ab.

In den Westalpen sind, wie schon S. 37 erwähnt (vgl. Abb. 7, S. 36), die Ablagerungsräume innerhalb der alpidischen Eugeosynklinale einfach zu gliedern. Man trennt einen nordpenninischen Bereich, den sogenannten Valais-Trog, von einem südpenninischen Ablagerungsraum, dem Piémontais-Trog, ab. Zwischen beiden Senken lag eine breite Schwellenzone, die nach der Stadt Briançon in den französischen Westalpen «Briançonnais» genannt wird. Der Valais-Trog der Westalpen hatte wahrscheinlich keinen echten ozeanischen Boden. Der kontinentale Sockel der Briançonnais-Schwelle ist allenthalben sichtbar. – Nach Osten zu verschwindet das Penninikum der Westalpen unter den Ostalpinen Decken (vgl. Abb. 2, S. 14).

Im Engadiner Fenster tauchen die Gesteine des nordpenninischen Troges unter der Ostalpinen Decke wieder auf. Sie lassen sich dann jedoch nach Osten nicht weiter verfolgen (Abb. 7, S. 36). Der Gesteinsinhalt des Tauernfensters würde somit dem Piémontais oder Südpenninikum entsprechen, während uns die Schwellenzone des Briançonnais in der ähnlich entwickelten Klippen-Zone und vor allem im Hochstegen-Zentralgneis-Bereich (s. u.) entgegentritt (FREIMOSER, FRISCH, HESSE). FRANK und THIELE sehen in den Zentralgneis- und Altkristallin-Anteilen des Tauernfensters ein Gegenstück zu den westalpinen Zentralmassiven.

Es ist aber auch nicht auszuschließen, daß der nordpenninische Trog doch nach Osten weiterzog und, im Verlauf der Gebirgsbildung, vollständig überdeckt wurde, oder aber, daß der Flysch der Ostalpen gleichsam seine Stelle einnimmt (CLAR, HESSE).

Endlich läßt sich denken, daß sowohl das Briançonnais wie auch das Südpenninikum nach Osten hin verschwinden, und die Tauern-Gesteine die Fortsetzung des Nordpenninikums bilden. Der Flysch wäre nach dieser Vorstellung das ursprüngliche, stratigraphische Hangende der Bündner Schiefer gewesen, vollständig von diesen abgeschert und dann weit nach Norden befördert worden (OBERHAUSER, TRÜMPY). Allerdings ergeben sich dabei zeitliche Probleme: Der Flysch, der völlig unmetamorph ist, reicht bis in das Eozän; zu der Zeit muß man jedoch annehmen, daß die Metamophose der Bündner Schiefer bereits in vollem Gange war. So bleibt für die Abscherung des Flysch nur ein ganz kurzer Zeitraum.

Es ist heute kaum möglich, entscheidende Argumente für die eine oder andere Auffassung vorzubringen, da das geologische Beweismaterial unter den ostalpinen Decken verborgen liegt. Es drängt sich aber der Eindruck auf, daß die alpidische «Eugeosynklinale», also die penninischen Ablagerungsräume, in den Ostalpen nicht die gleiche Bedeutung hatte wie in den Westalpen. Am Ostrand der Ostalpen ist sie zwar noch erkennbar, aber nur noch gering entwickelt (vgl. S. 74).

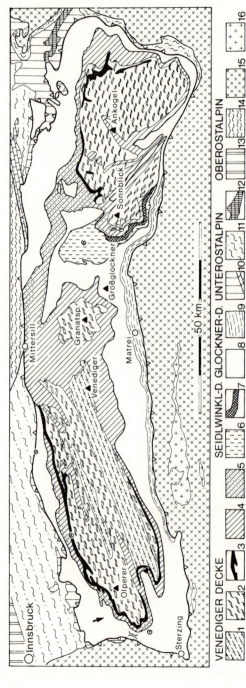

Abb. 16 Tektonische Skizze des Tauernfensters. Nach EXNER, FRISCH, MORTEANI u. a. Schematisch

1 Metatonalite, 2 Augenflasergneise, 3 autochthoner Hochstegenkalk, 4 Altpaläozoikum (Habachserie) und altes Kristallin, 5 mesozoische Anteile der Venediger Decke, 6 Seidlwinkl-Trias und Bündner Schiefer in Brennkogelfazies, 7 Gneislamelle der Roten Wand, 8 Bündner Schiefer und Permo-Trias der Glockner Decke (= Obere Schieferhüll-Decken), 9 Matreier Schuppen-Zone (Unterostalpin z. T.), 10 Permo-Mesozoikum und Klammkalk, 11 Innsbrucker und Radstädter Quarzphyllit, 12 Unterostalpines Kristallin, 13 Permo-Mesozoikum der Nördlichen Kalkalpen, 14 Altpaläozoikum der Nördlichen Grauwacken-Zone, 15 Altkristallin (Zentralalpines Mesozoikum nicht ausgeschieden), 16 Rensen-Granit und Rieserferner Tonalit (Tertiär). – Der Pfeil zeigt die Lage des Profiles Abb. 21; vgl. auch die Abb. 17, 19 und 20, ferner Falttafel II.

1 und 2 bilden die Hauptmasse der «Zentralgneise», 4 und 5 die teilweise allochthonen Schuppen der «Unteren Schieferhülle». Die Stellung der Seidlwinkl-Decke ist unklar (Abb. 20). Die Matreier Schuppen-Zone wird teilweise auch ganz zum Unterostalpinen Rahmen des Tauernfensters gestellt.

b) Das Tauernfenster

Umriß und Inhalt

Zwischen der Brenner-Furche und dem Katschberg-Paß treten in den Hohen Tauern die tektonisch tiefsten Gebirgsteile in einer breiten Aufwölbung an die Erdoberfläche. Hier erkannte TERMIER (1903) intuitiv den ostalpinen Deckenbau und leitete ein jahrzehntelanges, teils erbittertes wissenschaftliches Streitgespräch über das Grundprinzip des alpinen Baustils ein. Heute, nachdem die Abgrenzung des Tauern-Penninikums gegen seinen tektonischen Rahmen gelungen ist und Fragen der Gesteinsentstehung und der Gesteinsalter beantwortet werden konnten, ist aus dem «Schreckgespenst der Antinappisten» (KOBER 1955) von ehedem das allgemein anerkannte Tauernfenster von heute geworden. Es scheinen alle Voraussetzungen dafür erfüllt zu sein, von einem «tektonischen Fenster» zu sprechen, das zugleich das Kernstück des ostalpinen Baus darstellt. Durch das Zusammenwirken von tektonischer Hebung und Erosion wurden in den Tauern die ostalpinen Decken auf einer Länge von 160 km und etwa 30 km Breite durchschnitten, und die penninische Unterlage freigelegt (Abb. 16).

Gewisse Schwierigkeiten macht noch die Abgrenzung des westlichen Tauernfensters nach Norden. Allem Anschein nach sind Teile des Mesozoikums im Bereich von Gerlos (Abb. 16) nicht mehr wie bisher zum Unterostalpin, sondern zum Tauern-Penninikum zu rechnen (THIELE).

Seit längerem war es üblich, die Gesteine des Tauern-Penninikums zweizuteilen, und zwar in den – relativ – autochthonen Zentralgneis-Komplex und die autochthonen bis allochthonen Unteren und Oberen Schieferhüllen.

Ein einfacheres Bild ergibt sich allerdings, wenn man eine tiefere tektonische Einheit einer höheren gegenüberstellt: Die tiefere Venediger Decke besteht aus den Zentralgneis-Massen und den autochthonen bis allochthonen Schuppen der Unteren Schieferhülle. Ihr gegenüber steht die Obere Schieferhüll- oder Glockner-Decke, die im wesentlichen aus Bündner Schiefern besteht und (siehe oben) dem «ozeanischen» Bereich südlich der Zentralgneis-Schwelle (vgl. Abb. 7, S. 36) entstammt (FRISCH).

Die Zentralgneis-Massen bilden die tektonisch tiefsten Teile des Tauernfensters. Sie bauen von Osten nach Westen das Hochalm-

Ankogel-Massiv, die Granatspitz-Gruppe, den Tuxer-Zillertaler-sowie den Venediger-Kern auf und markieren einen großräumigen Sattel- und Gewölbebau im Innern des Fensters. Auf den Gneiskernen liegen örtlich noch die ursprünglichen Deckschichten aus permischen und mesozoischen Ablagerungen, wie beispielsweise die geringmächtige Schwellenfazies der Hochstegen-Serie (FRISCH) oder die Angertal-Marmore (EXNER).

Die Zentralgneise

Die Bezeichnung «Zentralgneis» ist ein Sammelbegriff für verschiedene Gesteinstypen, beispielsweise Augen- und Flasergneise mit migmatitischen und magmatischen Anteilen. Unter ihnen verbergen sich Äquivalente des ostalpinen Altkristallins und verschiedenartige Intrusivgesteine wie Quarzdiorite, Tonalite und Granite. Die Schmelzen drangen gegen Ende der variszischen Gebirgsbildung ein und wurden im Verlauf noch der*selben* Orogenese mehr oder weniger zu Gneisen umgewandelt. Die alten Gneise in der unmittelbaren Umgebung und zwischen den Plutonen bildeten sicher teilweise das alte Dach der Plutone, teilweise dürften es die Gesteine sein, aus deren Aufschmelzung die Magmatite, Anatexite und Schmelzen hervorgegangen sind. Prachtvoll erschlossene Migmatite (Tafel II, 4) gewähren einen Blick in die ehemaligen Zonen der Aufschmelzung. Die Tonalite der südlichen Zillertaler Alpen und des Venediger Massives wurden noch bis vor kurzem für alpidisch gehalten und den periadriatischen Intrusivgesteinen gleichgestellt. Inzwischen lassen radiometrische Altersbestimmungen keinen Zweifel daran, daß auch sie dem spätvariszischen Magmen-Zyklus angehören (JÄGER). Ihre Vergneisung ist der Tauernkristallisation zuzuschreiben (vgl. S. 70).

An die Zentralgneise ist auch das berühmte Tauerngold gebunden. Die Goldvorkommen im westlichen Ankogel-Massiv (Rauris, Bad Gastein) und im Gebiet des Sonnblicks erlangten früh bergmännisches Interesse. Es handelt sich um Goldquarz-Arsenkiesgänge, in denen Freigold, teilweise aber auch goldführender Arsenkies und Pyrit auftreten. Die Goldgewinnung reicht wohl bis in die Bronzezeit (2000–1000 v.Chr.) zurück und war in der Römerzeit in vollem Gange. Urkundlich ist der Bergbau erstmals aus dem 14. Jahrhundert belegt. Der spätmittelalterliche Gletschervorstoß beeinträchtigte dann den hochgelegenen Abbau und brachte ihn schließlich zum Erliegen (DAMM und SIMON).

Die Tauern-Schieferhüllen

Sowohl die stratigraphische als auch die tektonische Gliederung der Tauern-Schieferhüllen stieß seit eh und je auf große Schwierigkeiten, da die intensive Durchbewegung und Metamorphose nahezu jeden Fossilinhalt und auch die ursprünglichen Gesteinsverbände zerstört hat. Zudem wurden die Bezeichnungen «Untere» und «Obere» Schieferhülle teils stratigraphisch, teil tektonisch gebraucht.

In den letzten beiden Jahrzehnten gelang es EXNER in den östlichen und FRASL (FRASL und FRANK) in den mittleren Tauern durch Serienvergleiche eine stratigraphische Gliederung zu erarbeiten. Diese Gliederung ist zwar noch nicht auf das gesamte Tauernfenster übertragbar, doch kann man nunmehr einen älteren, vorvariszischen Anteil von einem jüngeren, permo-mesozoischen abtrennen. Innerhalb der älteren Serien finden sich Gneise und Amphibolite, die ganz gut mit dem ostalpinen Altkristallin vergleichbar sind und von KARL als «Serie der alten Gneise» bezeichnet wurden. Ein berühmter Mineralfundpunkt ist der Serpentinit des Totenköpfls im Glockner-Gebiet. Außerdem gehört hierher die Habachserie, deren schwarze Phyllite, Grüngesteine, Porphyroide und Porphyrgneise – das sind verschieferte saure Vulkanite – in etwa dem Altpaläozoikum der nördlichen Grauwackenzone entsprechen. Gesteine der Habachserie führen bei der Stockeralm im Untersulzbachtal, als Seltenheit in den Ostalpen, Topas. In Epidotamphiboliten dieser voralpidischen Folgen liegt das berühmte Epidotvorkommen der Knappenwand im Untersulzbachtal; Biotit- und Talkschiefer an der Grenze zum Zentralgneis schließen die Smaragde der Legbachrinne im Habachtal ein. Und schließlich liegt in der Habachserie die Scheelit-Lagerstätte Felbertauern (FRUTH).

Zu den permo-mesozoischen Gesteinsfolgen gehören die permoskythische Wustkogel-Serie FRASL's (in den östlichen Tauern von EXNER Silbereck-Serie genannt), die Trias im Seidlwinkltal und vor allem die Bündner Schiefer mit ihren Ophiolithen (Jura bis Unterkreide).

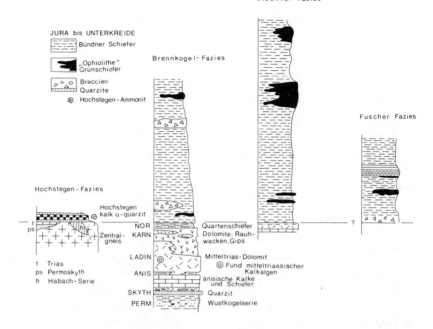

Abb. 17 Vergleichende Schichtsäulen des penninischen Permo-Mesozoikums aus den Tauern

Die Faziesentwicklungen sind entsprechend der ursprünglichen Abfolge von N nach S im Ablagerungsraum angeordnet (vgl. Abb. 18). Die Mächtigkeitsunterschiede sind nicht maßstäblich gezeichnet. Entwurf nach FRASL & FRANK, aus MEDWENITSCH, SCHLAGER & EXNER. Bezeichnend sind, vor allem für die Glockner-Fazies, leicht verwitternde Kalkschiefer, die sogenannten «Bratschen». Die durch Metamorphose zu Grüngesteinen umgewandelten Ophiolithe bilden häufig Felsstufen und schärfer ausgeprägte Gipfel (siehe Tafel II, 3).

Das Bild kann nur eine gewisse Vorstellung vermitteln; eine sichere Gliederung der Bündner Schiefer-Serien ist in Ermangelung von Fossilien und infolge der intensiven Verfaltung bis heute nicht möglich.

Die Wustkogel-Serie transgrediert über den eingeebneten Sockel des variszischen Gebirges, vor allem also über die Zentralgneis-Bereiche (Abb. 17), ist aber nicht überall ausgebildet. Sie bestand ursprünglich aus Sandsteinen und Konglomeraten sowie sauren Ergußgesteinen, entspricht also der postvariszischen Transgressions-Serie des Ostalpins (vgl. S. 117). Durch die alpidische Metamorphose wurden daraus Quarzite, Arkose- und Geröllgneise usw. Die Seidlwinkel-Trias ist, was die Mitteltrias betrifft, derjenigen des

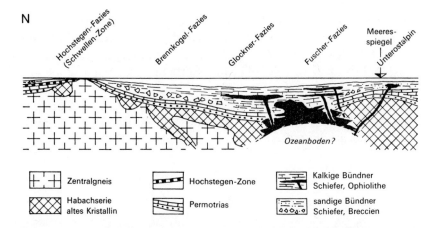

Abb. 18 Mögliche Anordnung der Faziesbereiche des Tauern-Penninikums etwa zur Unterkreide-Zeit. In Anlehnung an FRASL und FRANK. Schematisch und ohne Maßstab (vgl. Abb. 17)

Das Schema gilt im wesentlichen für die mittleren Hohen Tauern, etwa im Bereich der Abb. 20. Der «Ozeanboden» wurde nachträglich in das Bild von FRASL und FRANK eingefügt.

Ostalpins vergleichbar, in der Obertrias hingegen sind tonig-klastische Sedimente, vergleichbar den Quartenschiefern der Westalpen («Keuper») zur Ablagerung gekommen.[3]

In den darüber folgenden Jura-Unterkreide-Serien lassen sich nach FRASL und FRANK vier Faziesbereiche erkennen: die Hochstegen-Entwicklung, die Brennkogel-, die Glockner- und die Fuscher-Fazies, die von Norden nach Süden hintereinander anzuordnen seien (Abb. 17 u. 18). Nach FRISCH hingegen gehören Brennkogel-, Glockner- und Fuscher-Fazies einer einzigen Folge an.

Die Glockner-Fazies kommt den Bündner Schiefern (schistes lustrés) der Westalpen am nächsten. Ihre aus kalkreichen Mergeln hervorgegangenen mächtigen Kalkphyllite und Kalkglimmerschiefer bauen heute unter anderem große Teile des Wiesbachhorn-Kammes auf. Der Großglockner selbst besteht jedoch aus Grüngesteinen (Taf. II, 3). Die Förderung basaltischer Laven und die

---

[3] Merkwürdigerweise ist die Wustkogel-Serie auch an der Basis der Glockner-Decke (=Obere Schieferhüll-Decke) verbreitet; dies steht in einem gewissen Widerspruch zur Vorstellung, daß die Masse der Bündner Schiefer auf ozeanischer Kruste abgelagert sei (s. S. 217).

Intrusionen ultrabasischer Schmelzen spielten sich vermutlich im oberen Jura oder in der unteren Kreide ab. Insgesamt wurden diese Ophiolithe von der alpidischen Metamorphose in Grünschiefer, Prasinite, Amphibolite und Serpentinite umgewandelt.

Der Bündner-Schiefer-Entwicklung als eigentlicher Eugeosynklinal-Fazies steht der Schwellenbereich des Hochstegenkalkes gegenüber. Die in Marmore umgewandelten Kalke und Dolomite liegen nahezu unmittelbar auf dem Zentralgneis. Durch den glück-

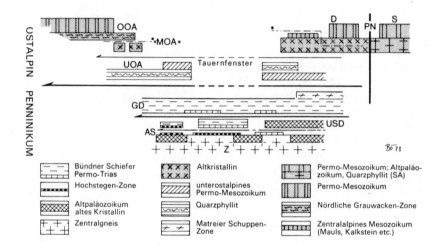

Abb. 19 Diagramm des tektonischen Baus im Tauernfenster

Z Zentralgneis-Kerne, AS autochthone, USD parautochthone Schieferhülle der Venediger-Decke, GD Glockner- oder Obere Schieferhüll-Decke, M Matreier Schuppen-Zone, UOA Unterostalpin und Innsbrucker Quarzphyllit, D Drau-Zug, PN Periadriatische Naht, S Südalpin.

* Trennlinie zwischen «Mittelostalpin» («MOA») und «Oberostalpin» (OOA) nach TOLLMANN.

Über dem Zentralgneis und seinem alten Dach folgt die z. T. verschuppte autochthone bis parautochthone Schieferhülle und die in Schuppen und Schollen gelegte, früher so bezeichnete, Untere Schieferhüll-«Decke». Weithin überschoben liegt darüber die Glockner- oder Obere Schieferhüll-Decke, zu der man die Matreier Schuppen-Zone als höchste Einheit rechnen kann. In die Schuppentektonik der tieferen Einheiten ist vielfach auch noch der Zentralgneis selbst miteinbezogen (in der Zeichnung nicht dargestellt).

Nach oben folgt dann der Stapel der ostalpinen Decken, an die sich im Süden das Südalpin anschließt.

lichen Fund eines Ammoniten konnte das Alter dieser Gesteine auf Oberjura festgelegt werden. Neuerdings konnte SCHÖNLAUB gleichalte Mikrofossilien, THIELE einen Belemniten-Rest auffinden (Abb. 17 u. 18). Die möglichen Beziehungen der Hochstegen-Schwelle zum Briançonnais einerseits und zu den Klippen-Zonen andererseits gehen aus Abb. 7 (S. 36) hervor.

Tektonischer Bau

Das Schema der Abb. 19 und die Abb. 20a und b sollen eine Vorstellung vom Bau des Tauernfensters und seines tektonischen Rahmens vermitteln.

Im allgemeinen kann man die Zentralgneismassen gegenüber den Schieferhüllen als relativ autochthon, als ortsfest, ansehen. Über die tektonische Gliederung der Schieferhüllen, die überwiegend in Schuppen und Decken zerlegt sind, bestehen naturgemäß Meinungsverschiedenheiten (CLAR, FRASL & FRANK, TOLLMANN u. a.). Für eine großräumige Beschreibung kann man die Trennung in eine autochthone Sedimentauflagerung (Hochstegen-Entwicklung), in eine nur teilweise allochthone Untere Schieferhülle und in die völlig vom Untergrund gelöste Obere Schieferhüll-Decke (= Glockner Decke) als gegeben ansehen.

Beginnen wir mit den mittleren Hohen Tauern (Abb. 20a und b). Die große, Nord–Süd verlaufende Quermulde der Großglockner-Depression bildet das beherrschende tektonische Element der mittleren Hohen Tauern. Gesteine der Oberen Schieferhüll-Decke nehmen hier die gesamte Breite des Fensters ein, da sie nach der Deckenüberschiebung um eine Nord-Süd-Achse eingemuldet wurde. Nach Osten und Westen hin steigen die tieferen Decken an die Oberfläche, bis schließlich die Zentralgneis-Massive angeschnitten sind.

Westlich der Großglockner-Depression taucht zunächst der von metamorphen, paläozoischen Gesteinen und Gneislagen umgebene Granatspitzkern auf (CORNELIUS & CLAR, FRASL & FRANK). Die Untere Schieferhülle steht hier z. T. noch im ursprünglichen Verband mit den Zentralgneisen und wird dann als autochthon bis parautochthon bezeichnet. Andere Teile sind tektonisch abgetrennt und gehen in Schuppenstrukturen, liegende Falten oder Decken über. Ihr gehören verschiedene Gesteine von Altkristallin bis hin-

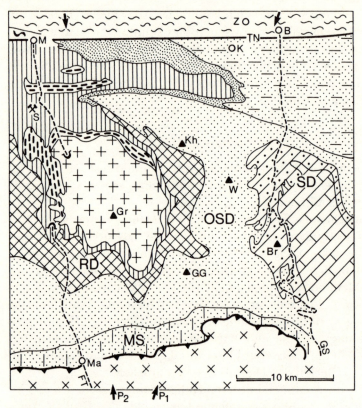

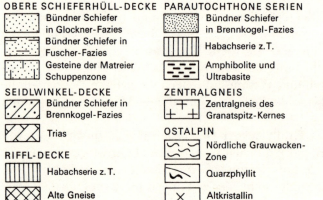

OBERE SCHIEFERHÜLL-DECKE
- Bündner Schiefer in Glockner-Fazies
- Bündner Schiefer in Fuscher-Fazies
- Gesteine der Matreier Schuppenzone

SEIDLWINKEL-DECKE
- Bündner Schiefer in Brennkogel-Fazies
- Trias

RIFFL-DECKE
- Habachserie z.T.
- Alte Gneise

PARAUTOCHTHONE SERIEN
- Bündner Schiefer in Brennkogel-Fazies
- Habachserie z.T.
- Amphibolite und Ultrabasite

ZENTRALGNEIS
- Zentralgneis des Granatspitz-Kernes

OSTALPIN
- Nördliche Grauwacken-Zone
- Quarzphyllit
- Altkristallin

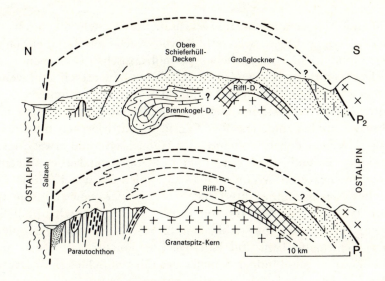

Abb. 20b   Erläuterung siehe Abb. 20a

◁

Abb. 20a   Vereinfachte Strukturkarte und Profilskizzen aus den mittleren Hohen Tauern im Bereich der Großglockner Quereinmuldung. Die Abbildungen sind nach FRASL & FRANK entworfen und etwas vereinfacht

M Mittersill, Z Zell am See, B Bruck, K Kaprun, Ma Matrei in Osttirol, S Scheelitlagerstätte Felbertauern, FT Felbertauern Straße, GS Glockner Straße, Kh Kitzstein Horn, Gr. Granatspitze, W Wiesbach Horn, GG Großglockner, Br Brennkogel, TN Tauern-Nordrand-Störung, RD Riffl-Decken, SD Seidlwinkl-Decke, OSD Obere Schieferhüll-Decke = Glockner Decke, MS Matreier Schuppenzone (z. T. unterostalpin).

An den Zentralgneiskern der Granatspitze legt sich im Norden eine aus Amphiboliten, Habachserie, Permo-Trias und wenig Bündner Schiefern bestehende autochthone bis parautochthone Schieferhülle an. Darüber wölben sich die Riffl-Decken, die weiter im Westen jedoch mit dem Parautochthon verbunden sind. Über alles legen sich die Decken der Oberen Schieferhülle (vor allem Bündner Schiefer in Glockner- und Fuscher Fazies), die infolge der Quereinmuldung östlich des Granatspitzkernes bis zum Nordrand des Tauernfensters reichen. Weiter östlich kommt unter ihr die Brennkogel- oder Seidlwinkl-Decke mit einem mächtigen Triaskern hervor, die im Westen kein Gegenstück besitzt.

Profil 1 zeigt einen Schnitt durch die Granatspitze mit der autochthonen bis parautochthonen Schieferhülle und den Riffl-Decken.

Profil 2 ist durch die Großglockner-Querdepression gelegt, wobei die liegende Falte der Seidlwinkl-Decke von Osten her in die Zeichnung einprojiziert ist.

auf zum Mesozoikum an. Im Gegensatz dazu besteht die durchweg deckenförmige Obere Schieferhülle vorwiegend aus Bündner Schiefer, Ophiolithen und spärlichen permotriassischen Gesteinen.

Der Zentralgneis des Granatspitzkernes, ein örtlich nur wenig umgewandelter Granit bis Granodiorit, ist von einer schmalen Zone altpaläozoischer Gesteine und Amphibolite umgeben, die fest mit ihm verbunden sind. Darüber folgen die Riffl-Decken mit Gneislagen, verschiedenen Gesteinen der Habachserie und etwas Mesozoikum. Sie sind jedoch nur östlich des Granatspitzkernes als echte Decken entwickelt. Wenn man sie im Süden um den Kern herum weiter verfolgt, nimmt ihre Deckennatur immer mehr ab bis sie auf der Westseite des Massivs von ihrer Unterlage überhaupt nicht mehr abzutrennen sind (Abb. 20a, S. 66). Der gesamte Komplex, also Zentralgneiskern und Riffl-Decken, taucht nach Osten und Süden unter die Bündner Schiefer der Oberen Schieferhüll-Decke, der Glockner Decke ab, wie dies auf einer Fahrt vom Südportal des Felbertauern-Tunnels nach Matrei (Osttirol) hinunter sehr schön zu beobachten ist.

Nur wenig östlich des tiefsten Teiles der Großglockner-Querdepression tritt unter der höheren Glockner Decke ein neues Element hervor: Die Brennkogel-Decke (Abb. 20b, oberes Profil), die mit einem Kern mächtig entwickelter Trias, der sogenannten Seidlwinkl-Trias (Abb. 17, S. 62), eine große liegende Falte bildet. Vermutlich handelt es sich um ein abgespaltenes tieferes Element der Glockner Decke.

Weiter im Westen, in den Zillertaler Alpen gliedern verschiedene Schieferhüllmulden die Zentralgneise in den Tuxer-, Zillertaler- und Venediger Kern. Das Profil vom Tuxertal über den Wolfendorn gilt seit TERMIER als klassisches Beispiel für den Aufbau des westlichen Tauernfensterrandes.

Im Westen ändert sich der Gesteinsverband der Schieferhüllen auffallend: Hier vermissen wir z. B. ein Äquivalent der altpaläozoischen Habachserie. Die Greiner Schiefer, als tieferer Anteil der Schieferhüllen, sind möglicherweise jüngeres Paläozoikum. So liegen in dem von FRISCH gezeichneten Profil des Wolfendorns (Abb. 21, S. 69) über der autochthonen Hochstegenkalk-Auflagerung eine Untere Schieferhüll-Decke, die ebenfalls aus Hochstegenserien besteht: die Wolfendorn-Decke. Sie ist also mit der Unteren Schieferhüll-Decke der mittleren Hohen Tauern, etwa den Riffl-

Decken, nicht direkt vergleichbar. Erst die Glockner Decke ist im Osten wie im Westen gleich entwickelt.

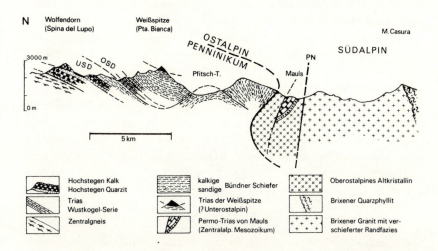

Abb. 21 Profil durch den Südwestteil des Tauernfensters, das Ostalpine Altkristallin und das nördlichste Südalpin (Lage des Schnittes: siehe Abb. 16). Nach SANDER und dem Blatt Bressanone der geol. Karte 1:100 000 von Italien, Wolfendorn nach FRISCH

USD Untere Schieferhüll- oder Wolfendorn-Decke, OSD Glockner Decke, PN Periadriatische Naht

Am Südrand des Tauernfensters ist der Fensterinhalt auf seinen, an sich tektonisch höheren Rahmen hinaufgepreßt. Das Oberostalpine Altkristallin (nach TOLLMANN «Mittelostalpin») wirkt dadurch tief versenkt. Die Zuordnung der Weißspitz-Trias zum Unterostalpin ist nicht gesichert.

Merkwürdigerweise ist am Westende des Tauernfensters eine Tendenz zu südgerichteten Bewegungen zu beobachten. Die Fenstergesteine scheinen förmlich über ihren Rahmen hinausgequollen zu sein (Abb. 21).

Östlich der Großglockner-Querdepression bauen die Zentralgneise das Hochalm-Ankogel-Massiv auf. Die Silbereck-Mulde mit Tauern-Hüllgesteinen trennt davon im Nordosten die Mureck-Scholle ab, während im Südwesten die Mallnitzer-Mulde, der Sonnblick-Kern und Schieferhüllgesteine mit der Modereck-Gneislamelle anschließen. Hier wurden die Zentralgneise in den Deckenbau mit einbezogen und teilweise zu großen Walzen geformt.

Als höchstes tektonisches Element des Tauernfensters ist die früher zum Unterostalpin (S. 87) gerechnete Matreier-Schuppenzone anzusehen. In ihr sind penninische (Bündner Schiefer) und ostalpine Elemente eng miteinander verschuppt (FRANK). Man spricht daher von einer «penninisch-ostalpinen» Schuppenzone.

Wann der Falten- und Deckenbau des Tauern-Penninikums entstanden ist, läßt sich nicht genau festlegen. Wir wissen auch nicht, wie alt die jüngsten von der Faltung noch betroffenen Schichtfolgen sind. Vermutlich gehören sie der unteren Kreide an. Nach dem Alter der Gesteine in der Rechnitzer Schiefer Serie (s. S. 74) und im Engadiner Fenster (Maastricht) kann die vollständige tektonische Bedeckung des Penninikums nicht vor dem Alttertiär erfolgt sein. Das Tauernfenster könnte jedoch schon früher zugeschoben worden sein.

Die Metamorphose

Die alpidische Metamorphose, die sogenannte Tauernkristallisation (B. SANDER), überdauerte die Faltung und Hauptdecken-Bildung im Penninikum. Allenthalben ist zu beobachten, daß die Mineralneubildung nach der Durchbewegung der Gesteine noch anhielt. Lediglich Mylonite an Störungen, die Phyllonitisierung des Zentralgneises in den «Weißschiefer-Zonen» und ähnliche Vorgänge sind jünger (MORTEANI).

Nach dem Vorkommen einer schmalen Zone von Glaukophanschiefern und Eklogiten südlich des Tauern-Hauptkammes unterlagen die Tauern-Gesteine einer sogenannten Hochdruck-Tieftemperatur-Metamorphose. Dazu müssen die betroffenen Gesteinskomplexe rasch in die Tiefe und ebenso schnell wieder nach oben transportiert worden sein. Die Temperaturen lagen bei 400–650°, die Drucke bei 5–8 Kilobar – das bedeutet eine Überdeckung durch ein Gesteinspaket von weit mehr als 10 km Dicke.

Die Intensität der Metamorphose nimmt innerhalb des Tauernfensters von Norden (Grünschiefer-Fazies) bis zum Hauptkamm (tiefere Amphibolit-Fazies) zu und dann wieder etwas ab. Dies wird sehr deutlich in einer Karte der Isograden und Isothermen (Abb. 22). Isograden sind Linien, die Bereiche gleicher Metamorphose abgrenzen. Um solche Linien zu gewinnen, sammelt man Mineralien, die als Anzeiger für bestimmte Metamorphose-Grade dienen können. Besonders geeignet sind hierzu die Plagioklase. Plagioklase sind Mischkristalle aus Natriumfeldspat (Albit) und Calciumfeldspat (Anorthit). Enthält ein Gestein zunächst Albit und gleichzeitig ausreichend Calcium durch die Anwesenheit Calcium-führender Minerale wie Epidot oder Strahlstein, so bilden sich aus dem Albit mit der Metamorphose zunehmend Calcium-reiche Plagioklase. Somit kann man aus dem Calcium-Gehalt der Plagioklase auf die Intensität der Metamorphose, des Druckes und auf die Temperatur zurückschließen. Ferner kann man mit Hilfe eines komplizierten Verfahrens aus dem Gehalt an Sauerstoff-Isotopen die Temperatur, die bei der Metamorphose wirksam war, direkt ermitteln.

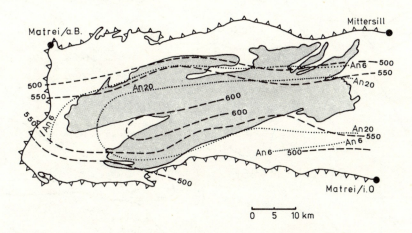

Abb. 22   Karte der Isograden und Isothermen im westlichen Tauernfenster.
         Aus Angenheister, Bögel & Morteani

Gerastert: Zentralgneis, weiß: Schieferhüllen. Die Zahlen bedeuten die Temperatur in Grad, An_6, An_{20} den %-Gehalt der Plagioklase an Anorthit. Näheres siehe Text.

Der Verlauf der Isothermen und Isograden im Tauernfenster zeigt, daß die Heraushebung des Penninikums hier nicht einfach blockartig erfolgte, sondern als Aufwölbung zu verstehen ist: ursprünglich tiefere Teile sind jetzt im Zentrum des Fensters am höchsten aufgestiegen. Entsprechendes zeigen auch die radiometrisch ermittelten Mineralalter, die das Abkühlungsalter der be-

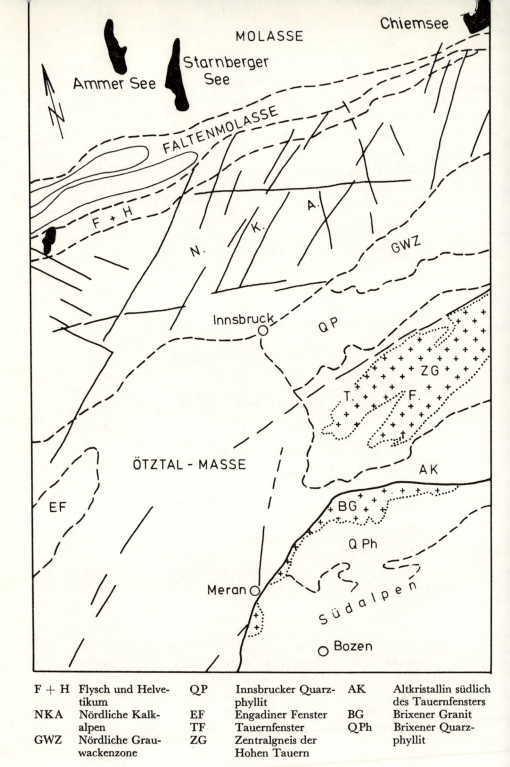

Tafel I, 1   Satellitenaufnahme der mittleren Ostalpen. Der Westrand des Bildes schneidet das Engadiner Fenster, der Ostrand das Westliche Tauernfenster. Aufnahme mit multispektralem Scanner, Kanal 7, nahe Infrarot. ERTS-1 (NASA) 6. Okt. 1972, Höhe 915 km.

◁ Wiedergabe der im Satellitenbild erkennbaren geologischen Strukturen.

Tafel III, 3 Blick (Schrägluftbild) auf den Großglockner und das Schwerteck von Südosten. Die gesamte Glocknergruppe wird aus Gesteinen der Oberen Schieferhülle aufgebaut. Der Großglockner selbst besteht aus harten Grüngesteinen (ehedem basischen Vulkaniten), das Schwerteck, einer der typischen «Bratschenberge», aus Kalkglimmerschiefern. In der Karnische des Schwertecks, dem sog. «Eiskeller», ist der scharf ausgeprägte Moränenwall von 1860 zu sehen. Der kleine Restgletscher endet heute weit oberhalb (Foto Franz Thorbecke).

◁ Tafel II, 2 Blick (Schrägluftbild) von Nordwesten auf die Allgäuer Alpen um Oberstdorf. Die bewaldeten Hügel im Vordergrund bestehen aus den nach Osten abtauchenden Falten des Helvetikums. Am Fuße der Berge östlich und südlich vom Ort treten Flyschgesteine hervor. Darüber und südlich davon erheben sich die Decken der oberostalpinen nördlichen Kalkalpen (Foto Franz Thorbecke).

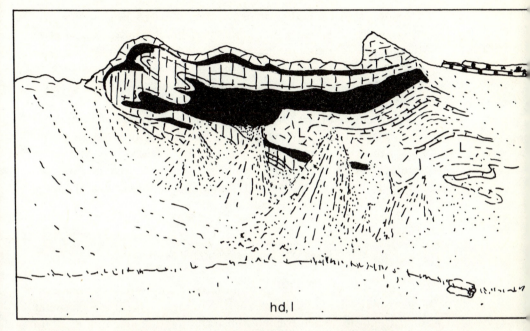

◁ Tafel IV, 5 Die Schwarze Wand in den Radstätter Tauern von Westen. Der Berg besteht aus einer großen, nach Norden überschlagenen Falte mit einem Kern aus Arlberg-Dolomit. Darüber folgen schwarze Tonschiefer, helle Dolomite und ein schmales Band aus Tonschiefern der Raibler Schichten. Zuoberst liegt Hauptdolomit. Der Liegendschenkel ist ausgewalzt, z. T. auch durch Schutt verdeckt (Foto Prof. A. Tollmann).

◁ Tafel IV, 4 Schollenmigmatit im Zentralgneis der Hohen Tauern. Intrudierende Granite der Tonalit-Familie haben in ihrem Nebengestein eine unterschiedliche Aufschmelzung hervorgerufen. Die einzelnen Schollen lassen den Charakter der Ausgangsgesteine noch erkennen, während zwischen ihnen die Auflösung und Granitisierung weitgehend fortgeschritten ist. Stilluppkees – Nordtirol – Zillertaler Alpen (Foto Prof. G. Morteani)

treffenden Mineralien bezeichnen (also nicht das Entstehungsalter der Gesteine). Sie liegen bei 10 bis 30 Millionen Jahre, das ist etwa Miozän. Die Tauerngesteine können als nicht vor Ende des Miozäns die Erdoberfläche erreicht haben. Tatsächlich finden sich in einem miozänen Konglomerat in unmittelbarer Nähe des Fensterrandes noch keine Gerölle penninischer Gesteine.

Nirgends ist im Bereich des Tauern-Penninikums das Stadium der Gesteinsaufschmelzung erreicht worden: die Migmatite und Anatexite der Zentralgneise sind alle der variszischen Metamorphose zuzuweisen. – Merkwürdigerweise war übrigens auch die variszische Metamorphose am Nordrand des heutigen Tauernfensters schwächer als im Zentrum.

c) Das Penninikum am Ostrand der Ostalpen

Über die Fortsetzung der penninischen Zone östlich des Tauernfensters herrschte lange Unklarheit. Nunmehr scheint jedoch sicher zu sein, daß in verschiedenen Fenstern am Alpenostrand, z. B. im Wechselfenster (Abb. 31, S. 88) das Penninikum noch einmal zum Vorschein kommt. Dafür sprechen auch die von SCHÖNLAUB in metamorphen, Grünschiefer führenden Serien der Rechnitzer Schieferinsel gefundenen, wenn auch spärlichen Mikrofossilien, die Kreide-Alter angeben. Die penninische Eugeosynklinale dürfte aber kaum weiter nach Osten gereicht haben. Im Gegensatz dazu zieht die Flysch-Zone aus dem Wienerwald nahezu ohne Unterbrechung in die Karpaten weiter (Abb. 2, S. 14) und gewinnt dort noch an Bedeutung. Auch ostalpine Elemente, beispielsweise permo-mesozoische Schichtfolgen, wie sie aus den Nördlichen Kalkalpen und Südalpen bekannt sind, tauchen in den Karpaten und im Bakony in der ungarischen Tiefebene auf.

d) Das Penninikum am Westrand der Ostalpen

Am Westrand der Ostalpen bricht das Ostalpin mit steilen Erosionsrändern gegen die Schieferlandschaft des Prätigaus ab und hebt sich tektonisch über die penninischen Baueinheiten der Schweizer Alpen heraus. Im Osten und Nordosten von Chur öffnet sich das Halbfenster des Prätigaus (Abb. 23, S. 76), in dem eine gegen 4000 m mächtige Serie von Bündner Schiefern und Flysch-Sedimenten erschlossen ist. Diese «Prätigau-Schiefer» reichen von der Unterkreide bis ins Alttertiär (NÄNNI). Darüber liegt der Schollenteppich der tieferen Falknis- und der höheren Sulzfluh-Decke (Abb. 24 u. 28, S. 81). Im schematischen Profil der Abb. 25 (S. 78) sind beide zusammengefaßt und mit der ähnlich aufgebauten Tasna-Decke des Unterengadiner Fensters vereinigt. Der Tithon-Kalk der Sulzfluh-Decke durchzieht als weithin sichtbares Gesteinsband die Steilabbrüche gegen das Prätigau (Taf. III, 6). Darüber folgen die Arosa- und die Platta-Decken mit ihren Ophiolithen. Das Ganze wird vom ostalpinen Kristallin und dem ihm aufliegenden Mesozoikum überlagert.

Etwa 3 km östlich des Prätigau-Halbfensters erscheint inmitten der Silvretta-Scholle das kleine Fenster von Gargellen, in dem erneut die penninische Unterlage der oberostalpinen Silvretta-Masse sichtbar wird.

Im Diagramm Abb. 25 (S. 78) ist eine tektonische Gliederung der Überschiebungsmassen versucht. Unter den ostalpinen Decken liegt die Gruppe der mittel- und südpenninischen Einheiten. Zuunterst erscheint das Nordpenninikum mit den Prätigau-Schiefern (Unterkreide bis Alttertiär). Der ganze Komplex ist nach Norden auf die helvetischen Decken überschoben. Diese tektonische Abfolge wird überhaupt nur deshalb sichtbar, weil die dachziegelartig übereinandergeschichteten Strukturen von Osten nach Westen abtauchen.

Diese Darstellung schließt sich an die von STREIFF und TRÜMPY entwickelte Vorstellung an. CADISCH (1953) und KOENIG (1972) weisen dagegen die Falknis-Sulzfluh-Einheit dem Unterostalpin zu. Die unterschiedlichen Auffassungen ergeben sich, da das übliche Prinzip der tektonischen Abwicklung in den Alpen, nach dem das tektonisch Höhere weiter im Süden als das tektonisch Tiefere abgelagert wurde, nicht immer anwendbar ist (Abb. 26, S. 79). Im Verlauf der Deckenbewegungen können nämlich die zunächst höher liegenden Einheiten beim weiteren Vorstoß unter ihre eigene tektonische Basis geraten und diese schließlich einwickeln. Außerdem ist denkbar, daß südlichere Teileinheiten beim Vorschub nach Norden ursprünglich nördlicher gelegene Decken überholten. In solchen Fällen gibt es keine Möglichkeit, sicher zu entscheiden, was

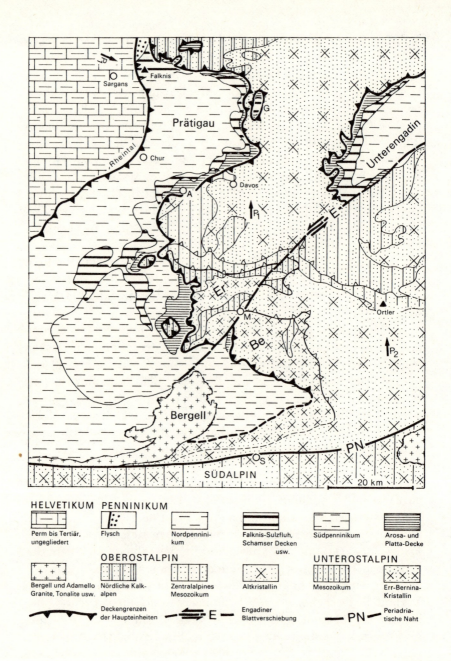

Abb. 23 Tektonische Übersicht des Grenzgebietes zwischen West- und Ostalpen. Nach Trümpy (vgl. Abb. 24 = P1 und Abb. 28 = P2)

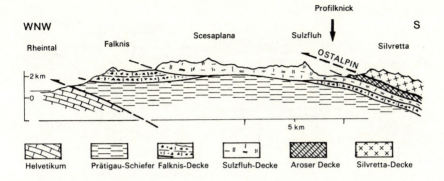

Abb. 24 Stark schematisierte Profilskizze (P_1 in Abb. 23), z. T. als Ansichtsprofil, durch den Nordteil des Prätigau-Halbfensters. Nach LEUPOLD

Im Südteil des Profils ist das Abtauchen der penninischen Prätigau-Schiefer unter das Oberostalpine Altkristallin zu erkennen; ein Äquivalent der Unterostalpinen Err-Bernina-Decke fehlt hier (vgl. im Gegensatz dazu Abb. 28).

oben und was unten bzw. was ursprünglich weiter südlich oder weiter im Norden gelegen hat. An der Ost/Westalpengrenze ist dieser verwickelte Bau weit verbreitet und überdies noch dadurch kompliziert, daß zumindest örtlich nicht nur mit nach Norden, sondern auch mit west- und südwärts gerichteten Bewegungen zu rechnen ist (Abb. 25a, S. 78).

◁

A Arosa, M Sankt Moritz, S Sondrio; G Fenster von Gargellen, Er Err-Masse, Be Bernina-Masse.

Die beiden westalpinen Großeinheiten, das «Helvetikum» und das «Penninikum» verschwinden unter der Ostalpinen Decke (vgl. Diagramm, Abb. 25). Im Engadiner Fenster kommt das Penninikum noch einmal unter dem Ostalpin zum Vorschein. Im Süden grenzt mit der Periadriatischen Naht (hier meist als Insubrische oder Tonale Linie bezeichnet) das Südalpin an.

Die helvetische Deckengruppe ist ungegliedert dargestellt. Das Penninikum ist in Anlehnung an TRÜMPY unterteilt (vgl. Diagramm Abb. 25). Innerhalb der ostalpinen Decke ist das Unterostalpin dem Oberostalpin gegenübergestellt. Im Oberostalpin macht sich eine jüngere südgerichtete Überschiebung bemerkbar; der tiefere Teil, z. B. die Languard- und die Campo Decke, wird daher auch als «Mittelostalpin» abgetrennt. «Mittelostalpin» in diesem Sinne darf nicht mit dem viel weiter gefaßten Mittelostalpin TOLLMANNS verwechselt werden (vgl. Abb. 19). – Wo zwischen den Kristallinmassen die «Deckenscheider» (eingefaltete Sedimentauflagerungen), fehlen, wird die Abgrenzung der großen Einheiten unsicher (gestrichelte Grenzlinien).

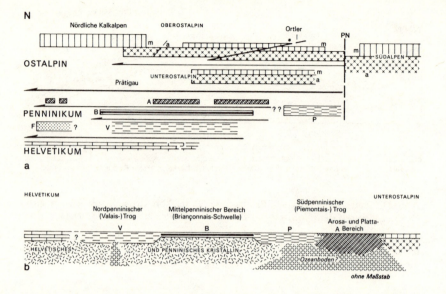

Abb. 25 Diagramm des tektonischen Baus im Grenzbereich West-Ostalpen. m Perm bis Alttertiär des Ost- und Südalpins, a Altkristallin des Ost- und Südalpins; F Flysch

a) Heutige Lage der einzelnen tektonischen Einheiten. Bei * ist die Südüberschiebung innerhalb des Oberostalpins im Ortler-Gebiet angedeutet. Zur Vereinfachung sind die Kristallinkerne des Penninikums nicht eingezeichnet.
b) Anordnung der penninischen Teilablagerungsbereiche vor Beginn der Überschiebungen, etwa zur Unterkreidezeit. In Anlehnung an TRÜMPY. Näheres siehe Text.

Die Rekonstruktion der penninischen Geosynklinale birgt daher noch viele Unsicherheiten in sich. Nach den Vorstellungen TRÜMPYs und STEIFFs folgen von Norden nach Süden aufeinander (Abb. 25b): Der Valais-Trog (Nordpennin) mit Bündner Schiefern und dem Prätigau-Flysch, die Briançonnais-Plattform (Mittelpennin) mit den Falknis- und Sulzfluh-Serien, und der Piémontais-Trog mit dem Bildungsraum der Platta- und Arosa-Ophiolithe (Südpennin).

Offenbar haben die penninischen Sediment- und Ophiolith-Komplexe ihr Basis-Kristallin beim Vorstoß nach Norden weitgehend im Süden zurückgelassen, sofern sie nicht auf einer ozeanischen Kruste abgelagert waren. Ähnliches gilt ja auch für die Nördlichen Kalkalpen des Ostalpins, die ihre ehemalige Unterlage ebenfalls im Verlauf ihrer Wanderung nach Norden verloren haben.

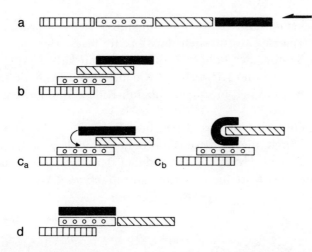

Abb. 26 Möglichkeiten des Ablaufes von Deckenbewegungen

a) Anordnung von Teileinheiten vor der Überschiebung. Der Pfeil deutet die Richtung der späteren Deckenbewegungen an.
b) «Einfache» Überschiebung. Die Einheiten sind entsprechend ihrer ursprünglichen Reihung übereinandergestapelt.
ca) die höchste Einheit überholt ihre Unterlage.
cb) Die höchste Einheit «wickelt» ihre Unterlage bei deren weiterem Vorstoß «ein».
d) Die höchste Einheit überholt die vor ihr liegende ganz und läßt sie hinter sich zurück.

Man muß sich vorstellen, daß solche Überschiebungsvorgänge im Penninikum des West-Ostalpen-Grenzgebietes unter der gewaltigen Masse der darüber gleitenden ostalpinen Decken vor sich gegangen sind. Wird ein solcher Bau dann von der Erosion – naturgemäß verschieden tief – angeschnitten, so ist verständlich, daß die ursprüngliche Anordnung der Einheiten sehr schwierig zu rekonstruieren ist. Zudem ist zu beachten, daß die Decken im «Streichen», in unserem Falle in West-Ost-Richtung, nicht aushalten müssen, sondern einander vertreten können. So entspricht z. B. im Engadiner Fenster den im Prätigau wohl zu trennenden Falknis- und Sulzfluh-Decken nur noch eine Einheit, die Tasna-Decke. Schließlich kommt hinzu, daß gerade im West-Ostalpen-Grenzgebiet auch west-, südwest- und südgerichtete Überschiebungen zu beobachten sind.

Betrachten wir die Schichtfolgen im einzelnen. Der Valais-Trog enthält die üblichen penninischen Serien mit Bündner Schiefern und Ophiolithen. Etwas anders ist die Folge im Prätigau entwickelt: über Bündner Schiefer ohne Ophiolithe folgt ein sogenannter Präflysch – das sind Geosynklinal-Sedimente ohne Flysch-Merkmale – und zuoberst ein Flysch von Maastricht- bis Eozän-Alter.

Die lückenhaften Falknis- und Sulzfluh-Serien der Briançonnais-Schwelle zeigen eine spärlich entwickelte Trias. Der tiefere Jura ist kalkig-sandig, der höhere Jura vorwiegend kalkig ausgebildet. Berühmte Gipfel und Kletterberge wie die Sulzfluh und die Drusenfluh bestehen aus den massigen Sulzfluh-Kalken des Tithons (Abb. 27, Tafel V, 6).

In der höheren Unterkreide erscheinen der Gault-Flysch und die Tristelschichten, die wir bereits aus dem Flysch der Ostalpen (Tab. 3, S. 48) kennen. HESSE verbindet daher den Flysch-Trog der Ostalpen mit dem Mittelpenninikum Graubündens (Abb. 7, S. 36).

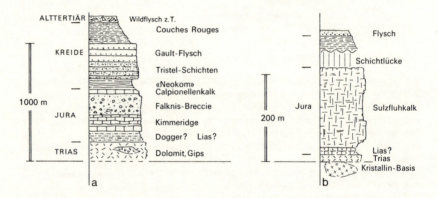

Abb. 27   Die Schichtfolge der Falknis- (a) und der Sulzfluh-Decke (b)

Das charakteristische Gestein der Falknis-Decke ist die Falknis-Breccie, das der sehr viel geringer mächtigen Sulzfluh-Decke der harte Sulzfluh-Kalk. Er bildet markante Gipfel, z. B. die Sulzfluh und die Drusenfluh, sowie die auffallende Wandstufe über den Prätigauschiefern unter dem Ostalpinen Kristallin (vgl. Tafel V). Namentlich die Falknis-Schichtfolge enthält außerdem typische Flyschgesteine, so daß versucht wird, hier den Unterkreide-Flysch der Ostalpen paläogeographisch anzuhängen (HESSE).

Die Falknis-Breccie des Malms enthält kubikmetergroße Granit- und Quarzporphyrblöcke. Foraminiferenreiche, hochmarine Ablagerungen, die sogenannten couches rouges, vertreten die höhere Kreide. Über ihnen folgt das Paleozän in Flysch- und in Wildflyschfazies (Abb. 27).

Der Piemont-Bereich enthält wiederum Bündner Schiefer, an die sich im Süden die Sedimente der Platta-Decke und der Arosa-

Schuppenzone mit hohem Ophiolithanteil anschließen. Es handelt sich bei den letzteren um Serpentinite und andere Ultrabasite, die als Relikte eines ehemaligen Ozeanbodens angesehen werden (Abb. 25).

e) Das Unterengadiner Fenster

Halbwegs zwischen dem Prätigau und den Hohen Tauern erscheinen im oberen Inntal des Unterengadins zwischen der Silvretta- und der Ötztal-Scholle erneut Gesteine, die den Bündner Schiefern entsprechen und auffallende Ähnlichkeit mit der Oberen Schieferhüll-Decke der Tauern besitzen. Sie bildeten seinerzeit ein wichtiges Beweisstück in der Theorie des Tauernfensters.

Die tektonische Überlagerung jüngerer Gesteine durch ältere ist hier so klar, daß schon TERMIER das Unterengadiner Fenster als Musterbeispiel eines tektonischen Fensters bezeichnete. Die Fensterumrahmung wird im Nordwesten und Nordosten von Silvretta-Gneisen, zwischen Nauders und Prutz durch Gneise und Glimmerschiefer der Ötztal-Decke gebildet. Die Ötztal-Gesteine liegen teilweise auf der Silvrettadecke, so daß beide Kristallinschollen wie die

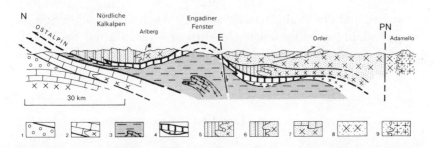

Abb. 28 Schematisches Übersichtsprofil durch das Engadiner Fenster. Vereinfacht nach STAUB und TRÜMPY (P_2 in Abb. 23)

1 Molasse, 2 Helvetikum mit Kristallin, 3 Nordpenninikum, 4 Tasna-Decke, Champatsch, Arosa-Platta-Decke usw., 5 Unterostalpin, 6 Oberostalpin: Nördliche Kalkalpen + Silvretta Kristallin, 7 Oberostalpin: Zentralalpines Mesozoikum + Ötztal-Kristallin, Campo- und Languard-Kristallin usw., 8 Südalpines Kristallin, 9 Adamello-Pluton.

E Engadiner Blattverschiebung, PN Periadriatische Naht. Das oberostalpine Altkristallin wird von TOLLMANN bis etwa zu der mit * bezeichneten Störung als «Mittelostalpin» bezeichnet (vgl. Abb. 25).

Schneiden einer Schere übereinanderglitten. SANDER sprach daher von einem «Scherenfenster».

Das teils sehr komplizierte tektonische Übereinander von Fensterinhalt und Rahmen ähnelt sehr den Gesteinsverbänden am Ostalpen-Westrand. Vermutlich handelt es sich um die Fortsetzung des Valais-Trogs.

Die Sohle des Inntales und die tieferen Talflanken des Fensters werden von grauen Bündner Schiefern (Kalkschiefer, Tonschiefer, Sandsteine, Quarzite und Kalkbreccien) gebildet. Foraminiferen belegen ein Oberkreide-Alter. Die Bündner Schiefer werden von einem Cenoman-Flysch überlagert (OBERHAUSER).

Höher folgt die Schuppenzone von Champatsch, die unter anderem flyschartige Serien enthält, darüber eine Ophiolith-Decke, vor allem im Südteil des Fensters. Die nächsthöhere Einheit, die Tasna-Decke, bildet, mit Resten von Kristallin an der Basis, einen zusammenhängenden Komplex und wird der Falknis-Sulzfluh-Decken-Gruppe gleichgesetzt. Wie erwähnt, stellt TRÜMPY diese ganze Gruppe in das Mittelpennin, CADISCH hingegen in das Unterostalpin. Zuoberst stellt sich noch eine weitere Ophiolithzone ein, die der Platta-Arosa-Einheit des Westens entspricht.

Am Südwestrand des Fensters zieht, nicht immer deutlich erkennbar, die Engadiner Linie entlang, eine Störung, an der der Nordwestteil etwas abgesenkt erscheint. Auch eine gewisse Seitenverschiebung – Südostteil nach Nordost, Nordwestteil nach Südwest – scheint an dieser Trennfläche vor sich gegangen zu sein (Abb. 28, S. 81).

B) Das Ostalpin

Wie bereits hervorgehoben, bildet das sogenannte «Ostalpin» das wesentliche tektonische Element im Ostalpenbau. Seine tektonische Unterlage tritt in Graubünden, im Unterengadin, im nordwestlichen Allgäu, am ganzen Nordrand der Ostalpen und vor allem in den Zillertaler Alpen und in den Hohen Tauern zutage (vgl. Abb. 3, S. 16).

Das «Ostalpin», besser gesagt die «Ostalpine Decke», kann, wie S. 18 schon erwähnt, tektonisch in zwei Untereinheiten, das «Unterostalpin» und das «Oberostalpin», zerlegt werden. Gesteinsmäßig kann man drei Bereiche unterscheiden: ein hochmetamorphes, altes Kristallin, ein weitgehend durch Fossilien belegtes, meist geringmetamorphes älteres Paläozoikum und schließlich die Serien der Nördlichen Kalkalpen, des zentralalpinen Mesozoikums und des Drauzuges und die unterostalpinen Schichtfolgen, die im Oberkarbon einsetzen und meist bis in die Kreide, örtlich auch in das Tertiär hinaufreichen.[4]

1. Das Unterostalpin

Zum Unterostalpin gehören die Err-Bernina-Decke im Südwesten der Ostalpen, Teile der Umrandung des Tauernfensters und Gesteine im Semmering-Gebiet. Es darf aber als sicher gelten, daß diese Schollen niemals einer gemeinsamen Deckenmasse angehört haben.

Die mesozoischen Schichtfolgen dieser Gebirgsteile liegen auf einer altkristallinen Basis oder auf Quarzphylliten und besitzen manche Gemeinsamkeiten mit dem Oberostalpin. Die Trias und der Jura sind allerdings oft geringmächtiger. Außerdem tritt im Semmering-Mesozoikum an die Stelle des Hauptdolomits der sogenannte «Bunte Keuper», der an die penninische Trias und auch an die Trias der Karpaten erinnert. Als örtliche Besonderheit findet man auch Serpentinite. Besonders auffallend sind die sedimentären Breccien des Juras und der Unterkreide. Es handelt sich dabei um Grobschutt, der vermutlich an submarinen Böschungen entstand und wohl schon «orogene» Veränderungen des Meeresbodens anzeigt. Oberkreide-Sedimente fehlen sowohl im Tauern-Rahmen als auch im Semmering. Es ist nicht auszuschließen, daß schon damals das nordwärts vorrückende Oberostalpin die unterostalpinen Sedimentationsräume abdeckte. Dies gilt auch für das Err-Bernina-Unterostalpin, dessen Schichtsäule nicht über das Cenoman hinaufreicht.

Der Gesteinsfazies nach nimmt das Unterostalpin eine vermittelnde Stellung zwischen dem ursprünglich südlich davon gelegenen Oberostalpin und dem Penninikum im Norden ein (vgl. auch Abb. 5c, S. 20).

[4] Über das Mittelostalpin im Sinne TOLLMANNS vgl. S. 19.

Die Vorstellung, daß die mächtigen oberostalpinen Decken über das Unterostalpin hinwegglitten, wird durch die starke Deformation der unterostalpinen Schichtverbände gestützt. Enge Falten, Quetsch- und Schuppenzonen sind häufig. Das Kristallin ist zonenweise diaphthoritisiert, d. h. stark zerrieben, geschiefert und teilweise rekristallisiert. Selbst die überlagernden Sedimente erlitten eine, wenn auch schwache, Metamorphose. Bestimmbare Fossilien sind daher ziemlich selten.

a) Die Err-Bernina-Decke

Am Südwestende der Ostalpen wurde die Err-Bernina-Deckengruppe seit jeher dem Unterostalpin zugewiesen, da sie über den penninischen Decken der Ostschweiz liegt und selber mit nach Osten einfallenden Achsen unter höher-ostalpinen Deckensystemen verschwindet. Der höchste Berg der Ostalpen, der Piz Bernina (4052 m), gehört also dem Unterostalpin an. – Die Decken der Err-Bernina-Gruppe haben Kerne aus mächtigen variszischen Kristallinschollen, in denen sich vielleicht noch ältere Metamorphosen auswirkten. Dieses Altkristallin bildet einen Komplex aus Migmatiten, verschiedenartigen Ortho- und Paragneisen, Glimmerschiefern und Phylliten und enthält Tiefengesteine, wie Diorite, Tonalite, Granite, Alkaligranite und Syenite. Auffallend sind die roten, bläulichen oder grünlichen Gesteinsfarben wie beim Err- und Julier-Granit. Nach den vorliegenden radiometrischen Alterszahlen (260–295 Mio. Jahre) sind diese Magmatite spät- bis postvariszische Plutone, die durch die alpidische Gebirgsbildung z. T. nur wenig deformiert wurden.

Die ursprünglich auf dem Kristallin abgelagerten Sedimente bilden ein zusammenhängendes Profil vom Oberkarbon bis in die mittlere Kreide. Die permischen Konglomerate und Quarzite enthalten andesitische und rhyolithische Ergußgesteine. Unter- und Mitteltrias sind nur spärlich ausgebildet, der Hauptdolomit der Obertrias hingegen wird bis 500 m mächtig. Besonders bezeichnend sind die sedimentären Jurabreccien mit Kristallin- und Sedimentkomponenten. Sie dürften wenigstens z. T. unmittelbar im Gefolge synsedimentärer tektonischer Bewegungen entstanden sein. Teilweise haben die jüngeren Gesteine, wie etwa die Saluver Schichten des Dogger flyschähnlichen Charakter, ohne daß Beziehungen zum echten Flysch bestünden (zur Schichtfolge des Bernina-Unterostalpins siehe HEIERLI, Tab. 24, S. 104). Die beschriebenen Hüllsedimente wurden beim Deckenschub teilweise in ihre Unterlage eingefaltet, teilweise aber auch vom Kristallin abgeschürft und an den Deckenstirnen zusammengeschoben. Sie übernehmen die Rolle von «Deckenscheidern» und gestatten, die sonst nicht zu unterscheidenden kristallinen Deckschollen gegeneinander abzugrenzen. Es sei daran erinnert, daß CADISCH auch die Falknis-Sulzfluh-Dek-

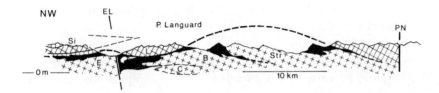

Abb. 29a   Profil durch das Bernina-Unterostalpin. Nach TRÜMPY

Höheres Ostalpin: Si Silvretta-Decke, L Languard-Decke; Unterostalpin: E Err-Decke, C Corvatsch-Decke, B Bernina-Decke i. e. S., Str Stretta-Decke, EL Engadiner Linie, PN Periadriatische Naht.
  Kreuze und Kreuzschraffur: Kristallin; schwarz und Vertikalschraffur: Sedimente.

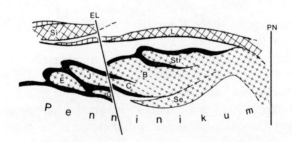

Abb. 29b   Schema zu Abb. 29a. Nach TRÜMPY

Si Silvretta-Decke, L Languard-Decke; E Err-Decke, J Julier-Decke, G Grevasalvas-Decke, C Corvatsch-Decke, Str Stretta-Decke, Se Sella-Decke. Sonstige Signatur wie 29a.
  Die einzelnen Einheiten keilen nach West und Ost aus, überlagern einander also etwa wie Fischschuppen. An der Engadiner Linie ging außerdem eine Seitenverschiebung vor sich (vgl. Abb. 23, S. 75), so daß in dem Profil die Decken-Stapel zu beiden Seiten der Störung scheinbar nicht aneinander passen.

ken aus dem unterostalpinen Ablagerungsraum der Err-Bernina-Sedimente herleitet, während TRÜMPY diese Einheiten als Penninikum betrachtet (vgl. S. 75; HEIERLI, 1974, vertritt die Ansicht von CADISCH).

Die tiefste Einheit der Err-Bernina-Decke bildet das Mesozoikum der Carungas-Decke; darüber folgt die Err-Corvatsch-Masse und dann die Julier-Bernina-Decken-Gruppe. Die dazwischen liegenden Sedimente enthalten u. a. die Saluver-Schichten. Das Mesozoikum des Piz Alv schließlich scheidet die Bernina-Decke von der aus Kristallin bestehenden Stretta-Masse. Der gesamte komplizierte Bau ist in einem Profil und einem Diagramm in Abb. 29 veranschaulicht. – Das tektonisch Hangende schließlich bildet ein verschupptes Oberostalpin, dessen tiefere Einheiten z. B. die Campo- und die Languard-Decke auch als «Mittelostalpin» bezeichnet werden (nicht zu verwechseln mit dem «Mittelostalpin» im Sinne von TOLLMANN, vgl. S. 19).

Offenbar keilen die unterostalpinen Schollen der Err-Bernina-Masse nach Osten hin bald aus. Äquivalente dieses unterostalpinen Kristallins kommen jedenfalls weder im Prätigau noch im Unterengadiner- noch im Tauern-Fenster zum Vorschein.

b) Die Umrahmung des Tauernfensters

Eine wichtige tektonische Rolle spielt das Unterostalpin als innerer tektonischer Rahmen des Tauernfensters.

Im Westen, an der Brennerlinie, sind nur einzelne Reste unterostalpiner Gesteinsverbände erhalten. Im Norden dagegen liegen auf dem breit ausstreichenden Innsbrucker Quarzphyllit (Abb. 41, u. 42, S. 110 u. 112) in den Tarntaler Bergen permo-mesozoische Sedimente des Unterostalpins. Sie enthalten auch den Serpentinstock des Reckners. Im unterostalpinen Deckensystem der Radstädter Tauern liegt im Gegensatz dazu der Quarzphyllit als höchste Schuppe über dem Mesozoikum. Im Osten sind die unterostalpinen Schollen der Katschberg-Zone zwischen dem Tauerngewölbe und der östlich vorgelagerten altkristallinen Masse der Muralpen eingeklemmt (EXNER). Die ehedem als Unterostalpin eingestufte Trias am Gerlos-Paß, bei Krimml und an anderen Orten wird heute (FRISCH, THIELE) als penninisch angesehen.

In den höheren Teilen des Innsbrucker Quarzphyllites setzt die Magnesitlagerstätte von Lanersbach auf. In begleitenden Karbonatgesteinen konnten HÖLL und MAUCHER mit Hilfe von Conodonten höheres Silur bis Unterdevon erkennen. Vergleichbare Gesteine, die ebenfalls Conodonten enthielten, fand MOSTLER auch weiter östlich (Abb. 41, S. 110), so daß nunmehr im Innsbrucker Quarzphyllit ein altpaläozoischer Gesteinsverband zu sehen ist (vgl. S. 28). – Conodonten sind bis 1 mm große Mikrofossilien in Form von einzelnen Zähnchen, Plättchen, die mit Zähnen besetzt sind, kammartigen Gebilden usw., von denen man nicht weiß, welcher Tiergruppe sie angehören. Bei der ungeheuren Vielfalt von Formen eignen sie sich sehr gut für die stratigraphische Einstufung paläozoischer und triassischer Karbonatgesteine; im Jura werden sie nicht mehr angetroffen.

Am Tauern-Südrand wird dem Unterostalpin gelegentlich noch die «Matreier Schuppenzone» zugerechnet, deren völlig zerscherte Kalke und Dolomite, Grüngesteine, Quarzite und Phyllite stratigraphisch kaum einzuordnen sind. Vielleicht sind unterostalpine Sedimentreste hier bis zur weitgehenden Unkenntlichkeit mit dem Penninikum und Schubspänen des Altkristallins verknetet. Die

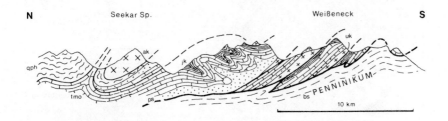

Abb. 30 Profil durch die Radstädter Tauern nach TOLLMANN

ak Altkristallin, uk Unterostalpines Kristallin, qph Quarzphyllit (?Altpaläozoikum), ps Permoskyth, tmo Mittel- und Obertrias, jk Jura und Unterkreide, bs Bündner Schiefer etc.

Das Unterostalpin der Radstädter Tauern ist in eine Reihe von Schuppen zerlegt, die nur sehr spärliche Kristallinspäne enthalten. Dies steht im Gegensatz zum Unterostalpin der Err-Bernina-Decke (Abb. 29, S. 85). Die höchste Schuppe bildet die Quarzphyllit-Decke, der noch eine Scholle aus Altkristallin aufliegt. Dieses Altkristallin wird von TOLLMANN in das Mittelostalpin gestellt. Charakteristisch sind die liegenden, z. T. ausgewalzten Falten, ein Baustil, der dem Oberostalpin im allgemeinen fremd ist (siehe Tafel II, 5).

Hauptmasse besteht aus Kalkschiefern, die von den Bündner Schiefern nicht zu unterscheiden sind (vgl. S. 63).

Den besten Einblick in die Gesteinsentwicklung und die Tektonik des Unterostalpins bieten die Radstädter Tauern. Das Radstädter Mesozoikum reicht stratigraphisch bis in das Neokom und ähnelt in seiner Entwicklung weitgehend gleichalten Schichten der Nördlichen Kalkalpen, also dem Oberostalpin. Beim tektonischen Transport über das Tauernfenster zersplitterte die verhältnismäßig geringmächtige Sedimenttafel und wurde in mehrere Decken und Deckfalten gelegt (Abb. 30). Besonders eindrucksvoll sind die Be-

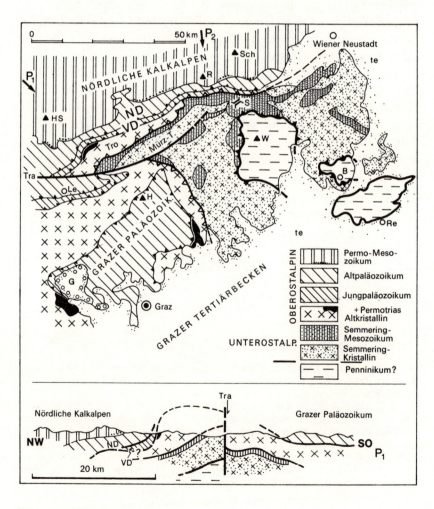

wegungsbilder in der Schwarzen Wand (Tafel II, 5), in der neben liegenden Falten von Kilometergröße dünn ausgewalzte Gesteinslamellen erscheinen.

Die höchste Decke der Radstädter Tauern besteht aus einem Quarzphyllitkomplex, der verkehrt liegt und nach SCHÖNLAUB gleichfalls altpaläozoisches Alter hat. Er entspricht dem Innsbrucker Quarzphyllit.

c) Das Semmering-Halbfenster

An der Nordostecke der Zentralalpen öffnet sich nach Osten das Semmering-Halbfenster, in dem unter oberostalpinem Altkristallin und Altpaläozoikum unterostalpine Gesteine sichtbar werden. Sie überlagern wiederum die nächst tiefere tektonische Einheit, das Wechsel-System (Abb. 31).

Das Semmering-Gebiet ist ein klassisches Gebiet der Alpengeologie und außerordentlich kompliziert gebaut. Der Semmering-Paß (985 m) verbindet die Mur-Mürz-Furche mit dem Alpenvor-

◁

Abb. 31 Vereinfachtes tektonisches Übersichtskärtchen des Semmering-Unterostalpins und seiner Umgebung. Nach TOLLMANN, etwas verändert

S Semmering-Paß, L Leoben, W Wechsel, B Bernstein, R Rechnitz, HS Hochschwab, R Rax, Sch Schneeberg, H Hochlantsch, ND Norische Decke, VD Veitscher Decke, Tro Troiseck Kristallin, Tra Trafoiach Störung, G Kainacher Gosau, te Tertiär (+Quartär); P_1 Lage des Profiles, P_2 Profil Abb. 44.

Unter dem Unterostalpin soll im Wechsel-Fenster, bei Bernstein und in der Rechnitzer Schieferinsel «Penninikum», gleichsam als Fortsetzung der Tauern, auftauchen. Diese lang unbewiesene Annahme gewann erheblich an Wahrscheinlichkeit, als in Rechnitzer Gesteinen für Kreide-Alter sprechende Schwamm-Nadeln (Spiculae) aufgefunden wurden (SCHÖNLAUB). Überlagert ist das Semmering-System von Altkristallin. Darüber folgt die Grauwackenzone, die hier in eine untere oder Veitscher Decke mit Jungpaläozoikum und eine obere oder Norische Decke (P_2, Abb. 44), aufgeteilt ist. Auf der oberen Grauwacken-Decke ruht transgressiv das Permo-Mesozoikum der Nördlichen Kalkalpen.

Zwischen dem oberostalpinen Grazer Paläozoikum und dem «Altkristallin» ist verschiedentlich Zentralalpines Mesozoikum (in der Karte schwarz) eingeschaltet; demzufolge wurde von H. FLÜGEL und TOLLMANN zwischen dem Paläozoikum – als Oberostalpin im engeren Sinne – und dem Unterostalpin ein eigenes «Mittelostalpines» Stockwerk eingeschoben.

land und wird von der Semmeringbahn, der ältesten (1848–1859) Gebirgsbahn Europas, gequert. Das unterostalpine Semmering-System besteht hier aus einer Reihe nordtauchender, teils zerrissener, liegender Falten mit kristallinen Kernen, die nach Westen rasch an Breite zunehmen. Die Landschaftsformen zeichnen sehr klar den geologischen Bau nach, so daß vom Sonnwendstein das Abtauchen des Unterostalpins unter höher ostalpine Gebirgsschollen mit einem Blick zu erfassen ist.

Das Kristallin der Faltenkerne besteht aus phyllitischen Glimmerschiefern, Quarzphylliten, Amphiboliten und vor allem den sogenannten Grobgneisen, von denen man annehmen kann, daß sie alpidisch umgeformte variszische Granite sind (WIESENEDER). Die ursprüngliche permo-mesozoische Sedimenthülle kann von ihrer kristallinen Basis teilweise abgeschert sein. Sie umfaßt permische Quarzite, Arkosen und Konglomerate mit Porphyroiden, also geschieferten vulkanischen Gesteinen, und Trias-Sedimente. In die Obertrias gehört der «Bunte Keuper» mit mächtigen Gipslagern, der hier an die Stelle des Hauptdolomits tritt, und die fossilführenden Rätkalk-Schiefer. Ablagerungen des Juras fehlen. Während die tieferen Schichtglieder dem Unterostalpin der Radstädter Tauern gleichen, weist der «Bunte Keuper» auf paläogeographische Beziehungen zu den Karpaten hin. Hier macht sich im Gegensatz zur normalen Entwicklung der ostalpinen Obertrias ein deutlicher Landeinfluß geltend.

Weiter östlich, in der Buckligen Welt und im Rosaliengebirge südlich des Wiener Beckens, scheint das Unterostalpin eine große liegende Faltendecke zu bilden, deren Grobgneis-Kern über weite Strecken von einer phyllitischen Glimmerschiefer-Hülle unter- und überlagert wird.

Unter dem unterostalpinen Gesteinsstapel erscheint als das tektonische Liegende die Wechselserie. Über Albitgneisen liegt eine Hülle aus Phylliten, Grünschiefern und Amphiboliten. Nach Serienvergleichen könnten die Hüllgesteine z. T. dem Altpaläozoikum angehören, doch enthalten sie wohl auch Mesozoikum. Die Wechselserie insgesamt ist mit Gesteinen der Tauern-Schieferhülle zu vergleichen und dürfte daher penninisch sein. Ähnliche Schwierigkeiten bereitete bis vor kurzem die Einstufung der weiter im Südosten gelegenen Bernstein-Rechnitzer-Schieferinsel. Sie wurde teils als Ostalpin betrachtet, gehört aber, da sie Gesteine der Kreide enthält (SCHÖNLAUB), höchstwahrscheinlich ebenfalls zum Penninikum. Ob der penninische Trog ursprünglich noch weiter nach Osten reichte, ist nicht sicher festzustellen, doch wenig wahrscheinlich. Sein Ende dürfte nicht allzuweit vom östlichen Alpenrand zu suchen sein (vgl. Abb. 7, S. 36).

Das Leithagebirge, jenseits des Wiener Beckens, kann mit seinen Grobgneisen, phyllitischen Glimmerschiefern und permo-mesozoischen Schichten dem Unterostalpin des Semmerings und des Rosaliengebirges zugerechnet werden.

2. Das Oberostalpin

Während das Unterostalpin nur in Form räumlich begrenzter Schollen an der Basis des Oberostalpins erscheint, kann die gewaltige, in mehrere Teile zerlegte oberostalpine Deckenmasse selbst untergliedert werden. Sie besteht aus dem sogenannten Altkristallin, das noch vereinzelt Reste seiner mesozoischen Bedeckung trägt, aus dem Altpaläozoikum der verschiedenen Grauwacken-Zonen, dem Grazer Paläozoikum und aus den Nördlichen Kalkalpen, deren schroffe Kalkmauern die teils vergletscherten Kristallinmassive der Zentralalpen im Norden begrenzen.

a) Das Oberostalpine Altkristallin

Das oberostalpine Kristallin der Silvretta, der Ötztaler Alpen und der Muralpen hat eine vielfache Metamorphose erlebt und sein Gepräge in sehr tiefen Zonen der Erdkruste erhalten. Es steht fest, daß die Phyllite, Glimmerschiefer, Gneise, Migmatite und Amphibolite von oberkarbonisch-permischen und mesozoischen Sedimenten diskordant überlagert werden, ihre letzte gefügeprägende Metamorphose also im tieferen Oberkarbon abgeschlossen gewesen sein muß (Tab. 1, S. 10). Soweit zu erkennen ist, gingen die metamorphen Gesteine aus Ablagerungen und Vulkaniten des Altpaläozoikums und des Jungpräkambriums hervor. Viele Geologen sind der Meinung, daß sich die Gesteinsumwandlungen im Zusammenhang mit der variszischen Gebirgsbildung vollzogen. Radiometrische Altersbestimmungen bestätigen, daß weite Teile des Altkristallins ihre letzte Metamorphose und Mineralneubildung vor 350–280 Mio. Jahren, also im Karbon, erlebten. Alterszahlen zwischen 480 und 420 Mio. Jahren zeigen aber, daß bereits im Altpaläozoikum, also im Ordovizium und Silur, Gesteinsaufschmelzungen stattfanden und granitische Schmelzen aufgedrungen sind («Kaledonisches Ereignis», Tab. 1, S. 10).

In manchen Zonen ergaben Messungen an Biotiten Alterszahlen von 120 bis 70 Mio. Jahren. Sie beweisen, daß auch die alpidische Gebirgsbildung nicht spurlos am altkristallinen Fundament vorübergegangen ist. Man kann diese Daten als «Abkühlungsalter» deuten. Sie bezeichnen dann das Ende des Zeitraumes, in dem das variszisch-metamorphe Altkristallin noch einmal auf über 300° erhitzt wurde, und den Beginn der Abkühlung beim Wiederaufstieg an die Erdoberfläche.

Die Ötztal-Masse

Die Ötztal-Masse bildet die größte ortsfremde Kristallinscholle der Ostalpen. Im Osten durch die Brennerlinie begrenzt, reicht sie im Norden bis an das Inntal und ist offenbar den Nördlichen Kalkalpen aufgeschoben. Im Westen bildet sie den Rahmen des Engadiner Fensters und wird im Süden von Störungen und Trümmerzonen durchschnitten. Da penninische Gesteine im Osten wie im Westen unter der Kristallinmasse hervortreten, muß diese in ihrer ganzen Breite als Decke das Penninikum überfahren haben. Graue Biotit-Plagioklasgneise, die aus mächtigen Grauwacken- und Tonschiefer-Serien hervorgingen, bilden die Hauptmasse der Gesteine. Sie gehen in Granat-, Staurolith-, Disthen-führende Glimmerschiefer über und sind mit Amphiboliten, Eklogiten und Granitgneisen durchsetzt.

Die Abkömmlinge magmatischer Gesteine bilden meist steilwandige, schroffe Felsgrate, die die Bergkämme aus Glimmerschiefern und Sedimentgneisen deutlich überragen. Im Süden erscheinen die bunteren Gesteinsfolgen des Schneeberger Zuges. Es sind granatführende Glimmerschiefer, Amphibolite, Marmore, Hornblende-Garbenschiefer und Quarzite, deren interessante Mineralführung (Amphibole, Granate) von den Sammlern geschätzt wird. Der Mineralbestand der Ötztal-Gneise zeigt, daß sich die paläozoische Metamorphose bei etwa 600–700°C und Drucken zwischen 5–7

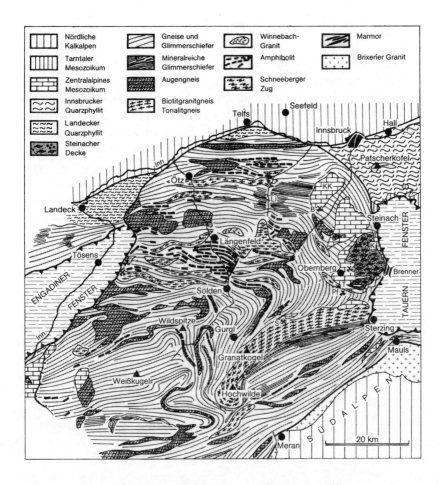

Abb. 32 Geologische Übersichtskarte des Altkristallins der Ötztaler und Stubaier Alpen. Nach PURTSCHELLER, aus FRUTH

B Burgstall, K Oberkarbon der Steinacher Decke, KK Kalkkögel, Li Lisenser Alpe, Pf Pflersch, S Lagerstätte Schneeberg, Se Serles, T Tribulaun. Der verschlungene Verlauf der Gesteinszüge ist eine Folge der «Schlingentektonik», bei der die Achsen der Falten steil oder senkrecht stehen.

Unter dem Altkristallin tritt im Engadiner und im Tauernfenster das tiefere tektonische Stockwerk heraus, auf dem Altkristallin liegt transgressiv das Zentralalpine Mesozoikum. Über diesem liegt südlich Steinach eine noch höhere tektonische Einheit, das Paläozoikum der Steinacher Decke mit kohleführendem Oberkarbon.

Die merkliche Metamorphose des Zentralalpinen Mesozoikums im Brennergebiet und die Überlagerung durch die Steinacher Decke scheinen für die Einordnung der Ötztal-Masse in das «Mittelostalpin» zu sprechen (vgl. Abb. 5d, S. 21).

Kilobar vollzog. Das sind Bedingungen, unter denen die Gesteinsaufschmelzung beginnt und die eine Tiefe von 10–15 km voraussetzen. Dem entsprechen auch die komplizierten inneren Strukturen der Gneismasse. In den nördlichen Teilen der Ötztaler Alpen liegen die Faltenachsen ziemlich flach und verlaufen annähernd Ost–West. Nach Süden hin richten sie sich aber unter gleichzeitiger Änderung ihres Streichens bis zur Steilstellung auf. Das geologische Kartenbild gleicht daher hier dem Profilschnitt durch eine riesige Falte (Abb. 32, S. 94). Ganze Bündel vertikaler Falten mit typischen Schieferungen sind beispielsweise im Ventertal erschlossen (Tafel VI, 7). SANDER und SCHMIDEGG führten für diese Tektonik die Bezeichnung «Schlingentektonik» ein (Abb. 33). Die Bewegungen während der alpidischen Gebirgsbildung haben diese alten

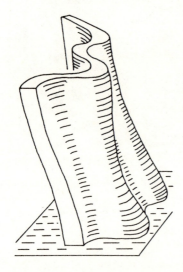

Abb. 33 Modell einer steilstehenden Falte. Aus SCHMIDT-THOMÉ
Vgl. Tafel VI, 7

Bauformen kaum berührt. Sie äußern sich lediglich in schmalen, lang hinziehenden Bruchlinien, an denen die Gesteine mylonitisiert, d. h. weitgehend zerrieben wurden.

Auf der Kristallinmasse liegen im Osten und Westen noch Reste der ehemaligen permisch-triadischen Decksedimente, das sogenannte Zentralalpine Mesozoikum (Abb. 34). Die Dolomite des Brenner Mesozoikums und der Jaggl-Trias überragen hier mit kahlen Graten ihren dunklen begrünten Gneis- und Glimmerschiefersockel. Der markante erdgeschichtliche Schnitt im Werdegang des Gebirges kommt also auch im Landschaftsbild deutlich zum Ausdruck.

Das Zentralalpine Brenner Mesozoikum (Perm bis Malm) unterscheidet sich vom Mesozoikum der Nördlichen und Südlichen Kalkalpen nicht allzusehr. In den Sedimenten macht sich von Norden nach Süden zunehmend eine alpidische Mineralneubildung bemerkbar. Diese etwa 80 Mio. Jahre alte «Schneeberger Kristallisation» zeigt, daß wenigstens die südlichen Teile der Ötztal-Scholle alpidisch aufgeheizt wurden.

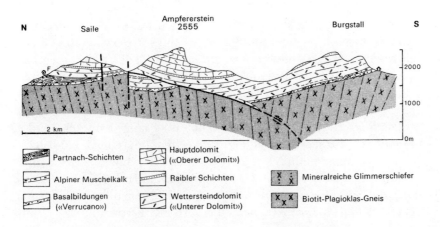

Abb. 34 Profil durch das Zentralalpine Mesozoikum der Kalkkögel, Stubaier Alpen. Nach GEYSSANT, geändert

Während die nördlichen Anteile des Brenner Mesozoikums dem Altkristallin mehr oder weniger flach aufgelagert sind (Abb. 34), sind die südlichen Partien z. T. sehr tief in ihre Unterlagen eingefaltet oder eingeschuppt, so etwa die Telfser Weiße. Entsprechend der Zunahme der Metamorphose von Norden nach Süden sind z. B. die Raibler Schichten in den Kalkkögeln unverändert erhalten. Am Tribulaun sind sie zu phyllitischen Schiefern, an der Telfser Weißen gar zu glimmerschieferartigen Gesteinen umgewandelt. Das tiefste Glied der Schichtserie, der Verrucano, ist stets verschiefert (PURTSCHELLER). Den südlichen Teilen des Brenner Mesozoikums ist das

Paläozoikum der Steinacher Decke aufgeschoben (Abb. 32, S. 93; vgl. S. 118).

Am Burgstall enthält der Verrucano kleine Magnetitlagerstätten, die dereinst Grundlage der Stubaitaler Eisenindustrie bildeten.

Im Vergleich zum Penninikum der Hohen Tauern und der Zillertaler Alpen ist das Altkristallin der Ötztal-Masse arm an Mineralfundstellen zu nennen. Eine Ausnahme ist das Andalusit-Fundgebiet im Lisenser Tal und die erwähnten mineralreichen Schiefer des Schneeberger Zuges mit großen Granatkristallen (FRUTH).

Die Silvretta-Masse

Im Westen des Engadiner Fensters werden weite Teile der zentralen Ostalpen bis an den Ostalpen-Westrand von der Silvretta-Masse eingenommen. Das Silvretta-Kristallin und Ötztal-Kristallin stimmen in ihrer Gesteinsentwicklung und ihrer tektonischen Stellung völlig überein (GRAUERT & ARNOLD). Beide Schollen sind, bildhaft gesprochen, «variszische Zwillinge» im alpidischen Gebirge.

Die Silvretta-Decke grenzt im Osten über lange Strecken an das Engadiner Fenster und endet im Westen mit einem eindrucksvollen Erosionsrand über den Kalkwänden der Sulzfluh-Decke und dem Prätigau-Flysch (Taf. III, 6, Abb. 24, S. 77). Im Norden scheinen die Silvretta-Gesteine über eine Folge von diaphthoritischen Gneisen und Sedimenten des Oberkarbons, Perms und des Buntsandsteins in einem direkten stratigraphischen Verband mit der Trias der Nördlichen Kalkalpen zu stehen.

Auch auf dem Silvretta-Kristallin liegen im Landwasser- und Hochducan-Gebiet Reste der ursprünglichen sedimentären Bedeckung (Perm-Trias). Es fällt auf, daß am Westrand der Decke das Basiskristallin unter den Sedimenten ausdünnt. Offenbar wurde an großen Abscherungen das Dach vom Sockel getrennt, so daß die permisch-triadischen Schichten auch auf tiefere tektonische Einheiten abglitten. Der Südwestrand der Silvretta-Masse ist in Schuppen- und Teildecken aufgesplittert. Da mit den Prätigau-Schiefern noch alttertiäre Gesteine unter die Silvretta-Decke gerieten, müssen die letzten Deckenbewegungen im Tertiär erfolgt sein.

Am Nordende der Silvretta-Masse erscheint ein breiter Streifen schwächer metamorpher Gesteine, der Landecker Quarzphyllit. Er wurde meist mit dem Innsbrucker Quarzphyllit verglichen. Wahrscheinlich handelt es sich jedoch um diaphtoritisches, d. h. durch starke tektonische Durchbewegung nachträglich verschiefertes Altkristallin (PURTSCHELLER).

Die Südwestecke der zentralen Ostalpen besteht aus einem Übereinander zerscherter Sediment- und Kristallinschollen (Abb. 23, S. 76). Die Silvretta-Gneise tauchen im Südosten unter die Scarl-Decke und erscheinen im Val Müstair als Münstertaler Kristallin noch einmal an der Oberfläche. Der grobkristalline Münster-Granit gehört dem Kristallinsockel der Scarl-Decke an, der die Unterlage permo-mesozoischer Schichtfolgen bildet. Diese Sedimente bilden die Engadiner Dolomiten, die aus östlicher Richtung in breiter Front von der Ötztal-Masse überschoben worden sind.

Am Südrand der Scarl-Decke steigt am Umbrailpaß die tektonisch tiefere Umbrail-Quattervals-Decke mit dem Braulio-Kristallin und permo-triassischen Sedimenten aus dem Untergrund auf. Sie überlagert ihrerseits die Ortler-Decke, deren Sedimente den Schichtfolgen der Engadiner Dolomiten entsprechen. Die Ortler-Sedimente reichen als schmales Band weit nach Westen und schieben sich, als Aela-Zone, zwischen die Silvretta- und die Err-Bernina-Decke. Vom Umbrailpaß und vom Stilfser Joch aus ist ein Teil dieser tektonischen Strukturen gut zu überblicken.

Hier, ganz im Südwesten der Ostalpen, ist also die große Altkristallin-Platte intensiv in die alpidische Gebirgsbildung miteinbezogen und, wie die zwischen das Kristallin eingeschalteten Sedimentgesteine erweisen, intensiv verfaltet und verschuppt. Im allgemeinen herrschen hier west- bis südgerichtete Bewegungen vor, ganz im Gegensatz zu den übrigen Ostalpen. – Als jüngstes durchschneidet die große Engadiner Störung den gesamten Komplex (Abb. 23, S. 76).

Das Altkristallin im Süden des Tauernfenster

Auf dem Meridian des Brenner-Passes nähert sich die Nordspitze der keilförmig nach Norden vordringenden Südalpen dem Tauernfenster bis auf 2 km, so daß alle südlichen Züge des Ötztal-Kristallins abgeschnitten werden. Lediglich die marmorführende Laaser Serie tritt in den Engpaß von Mauls (Eisack-Tal) ein, wo in den steilgestellten und teilweise mylonitisierten Gneisen die Schollen der Maulser Trias eingeklemmt sind (Abb. 21, S. 69).

Östlich des Eisack-Tales erweitert sich die Gneiszone erneut und zieht, im Norden vom Tauernfenster, im Süden von der Periadriatischen Linie begrenzt, weiter ostwärts bis an die Verschiebungszone der Mölltal-Linie. In der Schobergruppe und Kreuzeckgruppe tauchen die Gneise, Glimmerschiefer und Amphibolite allmählich nach Osten ein. Die Gesteine, wie auch der tektonische Bau und die radiometrischen Alterszahlen lassen keinen Zweifel daran, daß hier das gleiche Altkristallin vorliegt wie im Westen. Selbst die Schlingentektonik ist im Defereggengebirge wiederzufinden.

Der Pluton des Rieserferner Tonalits durchbricht die kristallinen Gesteinsverbände. Er erreicht bei stromlinienförmigem Umriß eine Länge von 30 km und ist ein insgesamt tektonisch unversehrter Tiefengesteinskörper mit basischen Schlieren und Nebengesteinseinschlüssen. In dem etwa 100 m breiten Kontakthof führen die Gneise Andalusit und Sillimanit; außerdem sind Kalksilikatfelse vorhanden. Altersbestimmungen liegen neuerdings vor. Es gilt als sicher, daß der Tonalit, wie auch der Adamello-Pluton, im Tertiär eingedrungen ist.

Das Altkristallin östlich der Hohen Tauern

Östlich des Tauernfensters greift das Altkristallin im östlichen Salzburg, in der Steiermark und in Kärnten wiederum weit nach Norden vor. Der Bau des östlichen Rahmens des Tauernfensters zeigt, daß auch diese Altkristallin-Masse von Süden her eingeschoben ist und das Penninikum überdeckt.

Vergleicht man den West- und den Ostrand des Tauernfensters, so ergibt sich eine bemerkenswerte Symmetrie. Ebenso wie die Tauernschieferhülle im Westen unter die Ötztal-Masse eintaucht, verschwindet sie auch im Osten unter dem Altkristallin der Niederen Tauern und dem Bundschuh-Kristallin. Dem Brenner-Mesozoikum im Westen entspricht im Osten wenigstens teilweise das Stangalm-Mesozoikum. Darüber folgt in Analogie zur Steinacher Decke die allerdings viel größere Gurktaler Decke mit fossil-belegtem Altpaläozoikum und dem postvariszischen Oberkarbon von Turrach.

Eine breite Altkristallin-Masse, die örtlich, wie es scheint, untrennbar in altpaläozoische Serien übergeht, liegt zwischen den Gurktaler Phylliten und dem Grazer Paläozoikum. Gneise und

Glimmerschiefer bauen im Süden die Saualpe und die Koralpe auf, setzen sich nach Nordosten in die Gleinalpe, nach Nordwesten in die Seetaler Alpen und in die Wölzer Tauern fort (Abb. 35). Zwischen beiden Altkristallin-Bögen liegen die Seckauer Tauern. Der beschriebene Strukturverlauf wird auf der geologischen Karte besonders durch die lang hinziehenden Marmorzüge unterstrichen. Die Marmore bilden in den Wölzer Tauern die Rettenstein-Serie, umfließen das Amering-Massiv und sind in der Almhaus-Serie der Gleinalpe wiederzufinden. Bruchzonen wie die Pöls-Lavanttal-Linie und die Noreja-Linie zerlegen die Kristallinblöcke, die im Norden gegen die Faltenzüge der Grauwacken-Zone stoßen.

Wie im Westteil der zentralen Ostalpen stellt sich auch hier im Osten die Frage nach dem Alter des Ausganggesteins und der Metamorphose des Altkristallins.

Die Saualpe wurde in den letzten Jahren besonders eingehend untersucht. In ihrem Kern ist hochmetamorphes Kristallin angeschnitten, das von mesozonalen Serien umhüllt wird, über denen, vor allem im Süden, phyllitische und anchimetamorphe, d. h. schwachmetamorphe, Gesteine mit Resten paläozoischer Fossilien folgen. In den Biotit-Plagioklas-Gneisen, Granat-Staurolith-Glimmerschiefern, Granat-Amphiboliten, prasinitischen Hornblendeschiefern und Marmoren werden Gesteine des Ordoviziums, Silurs und Devons vermutet, ohne daß hierfür ein strenger stratigraphischer Beweis zu führen wäre. Flache Bewegungsbahnen zerlegen das heute 6000 m mächtige Saualpe-Kristallin in Schuppen und Teildecken, in denen sich gleichartige Gesteinsverbände wiederholen. Die ursprüngliche Mächtigkeit der Serien muß also weit geringer gewesen sein und wurde durch die Faltung und Zerscherung tektonisch vervielfacht. Dieser Überschiebungsbau erfolgte während der Metamorphose. Zur Zeit kann noch nicht sicher entschieden werden, ob die Deckenbewegungen alpidisch oder variszisch sind, da keine mesozoischen Sedimente von den Bewegungsbahnen geschnitten werden. Vieles spricht für die Existenz variszischer Deckenüberschiebungen.

Es ist anzunehmen, daß alpidische Deckentransporte die Gurktaler Decke samt der Magdalensberg-Serie (siehe S. 118) über das Saualpe-Kristallin schoben. Zwischen beiden Einheiten sind zwar stratigraphische und fazielle Übereinstimmungen zu erkennen, doch werden beide durch eine Deckenbahn voneinander getrennt. Da

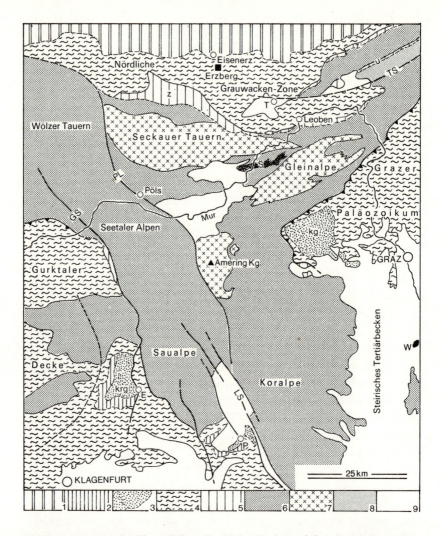

Abb. 35 Das Altkristallin zwischen Gurktaler Decke und dem Steirischen (Grazer) Tertiärbecken. Unter Verwendung von THIEDIG u. WEISSENBACH (in PILGER & WEISSENBACH), H. W. FLÜGEL, A. TOLLMANN u. a.

PL Pölser Linie, GS Görtschitztal-Störung, LS Lavanttaler Störungssystem, TS Trafoicha-Störung; kg Kainacher Gosau, krg Krappfeld-Gosau, E Eberstein, P St. Paul, T Trafoiach; W Basalt von Weitendorf.

1 Nördliche Kalkalpen, 2 Permo-Trias von Eberstein und St. Paul, 3 Gosau, 4 Altpaläozoikum ungegliedert, 5 Zentralalpines Permo-Mesozoikum (z), 6 Altkristallin: ungegliedert, 7 Altkristallin: Granitgneise und granitähnliche Gesteine, 8 Unterostalpines Kristallin (u Unterostalpines Permo-Mesozoikum), 9 Tertiär.

andererseits hochmetamorphes Saualpe-Kristallin im Kliening-Fenster mesozonale Gesteine vom Typ der Gleinalpe überlagert, nehmen PILGER und andere an, daß die Saualpe-Koralpe-Masse während der alpidischen Gebirgsbildung mindestens 25 km weit über das Gleinalpe-Kristallin geschoben wurde.

Die Nordost-Südwest gestreckte Gleinalpe besteht aus einem zentralen Granodioritgneis-Kern, um den sich metamorphe Hüllgesteine von mehreren 1000 m Mächtigkeit legen. Kern und Hülle wurden gemeinsam deformiert und von der variszischen Gleinalp-Kristallisation betroffen, die die Bewegungen überdauerte. Granatglimmerschiefer, Amphibolite, basische und ultrabasische Gesteinskörper bilden die tieferen Teile der vielleicht vorpaläozoischen oder altpaläozoischen Hüllserien, die durch Intrusionskontakte und Migmatitzonen mit dem Kern-Granodiorit verbunden sind. Darüber folgen phyllitische Glimmerschiefer mit Marmoren, über denen an der Südflanke der Gleinalpe die Almhaus-Serie mit Quarziten Kalksilikatschiefern, Marmoren und Amphiboliten liegt. Vermutlich gehören die marmorführenden kristallinen Schiefer ins Paläozoikum. Über die Beziehungen Altkristallin–Altpaläozoikum vgl. S. 106.

In den Wölzer Tauern und in den westlich anschließenden Schladminger Tauern sind vor allen Dingen Granatglimmerschiefer verbreitet. Sie bilden aber keine Einheit, sondern bestehen aus einzelnen, von Süden herangeschobenen Gleitmassen. Auch hier spielen Marmore eine große Rolle. Sie wurden zur Brettstein-Serie zusammengefaßt.

Junge Bruchlinien zerschneiden das Altkristallin. An ihnen lassen sich tertiäre und jüngere Vertikalbewegungen bis zu 1000 m ablesen. Die Gesamthebung einzelner Schollen kann jedoch mehrere 1000 m betragen.

Der Nordsaum des Muralpen-Kristallins wird von den Seckauer Tauern einschließlich des Bösenstein-Massivs gebildet. Feinkörnige Biotitgneise sind hier durch fließende Übergänge mit granitisch-tonalitischen Orthogneisen verbunden und werden von der permotriadischen Rannach-Serie, einer mächtigen Folge aus Serizitquarziten, -schiefern, Arkosen und Konglomeraten überlagert. Die Sedimente wurden mit den Gneisen zusammen deformiert und zeigen wie diese Mineralneubildungen der alpidischen Seckauer Kristallisation, mit einem Alter von 80 Millionen Jahren.

Die Rannach-Serie, die zum Zentralalpinen Mesozoikum gehört, läßt sich nach Osten bis an den Nordrand des Troiseck-Kristallins verfolgen (Abb. 31, S. 88). Dies ist ein etwa 20 km langer Gneisspan, der die tektonische Überlagerung des Semmering-Unterostalpins bildet und seinerseits unter der Unteren Grauwacken-Decke verschwindet. Hier liegen in der Tat mehr als 2 ostalpine Teildecken übereinander: das Troiseck-Kristallin wäre «Mittelostalpin» im Sinne von TOLLMANN.

b) Der Drauzug und die Nordkette der Karawanken

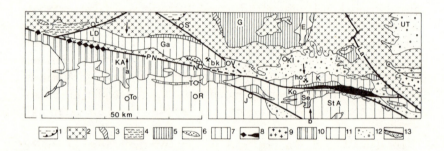

Abb. 36 Tektonische Karte des Drauzuges, der Karawanken und der nordöstlichen Südalpen

L Lienz, S Spittal, N Nötsch, V Villach, Kl Klagenfurt, To Tolmezzo, T Tarvisio, R Raibl, J Jesenice, LD Lienzer Dolomiten, Ga Gailtaler Alpen, G Gurktaler Alpen, D Dolomiten, KA Karnische Alpen, K Karawanken, Ko Koschuta, S Seeberger Aufbruch, StA Steiner Alpen, E Ebersteiner Trias + Krappfeld Gosau, La Lavantaler Störung, PN Periadriatische Naht, UT Ungarische Tiefebene. Pfeil a: Profil Abb. 37, Pfeil b: Profil Abb. 38.
1 Tauernfenster, 2 Ostalpines Altkristallin, Quarzphyllit z. T., 3 Zentralalpines Mesozoikum, 4 Thurntaler Quarzphyllit, 5 Oberostalpines Altpaläozoikum, 6 Karbon von Nötsch, 7 Oberkarbon-Perm-Mesozoikum des Drauzuges und der Karawanken, 8 Granit, Tonalitgneis etc. längs der Periadriatischen Naht, 9 Bacher-«Granit», 10 Paläozoikum der Südalpen, 11 Mesozoikum der Südalpen, 12 Tertiär (+ Quartär), 13 Smrekovec-Andesit; Rauten: Tonalitgneis-Späne im Gailtal; Bergbaue: bk Pb-Zn-Grube Bleiberg-Kreuth, ho Pb-Zn-Bergbaue Hochobir.

Folgt man der Felbertauernstraße nach Süden, so tauchen am Ausgang des Iseltales in Kontrast zu den dunklen Glimmerschieferhängen die hellen Kalkmauern der Lienzer Dolomiten auf. Sie bilden zusammen mit den Gailtaler Alpen den etwa 15 km breiten

«Drauzug», der von Sillian im Drautal bis an die Mölltal-Linie bei Villach im Osten reicht und sich östlich dieser Störung in der Nordkette der Karawanken fortsetzt (Abb. 36). Die permo-mesozoischen Schichtfolgen dieses isolierten Gebirgszuges unterscheiden sich recht deutlich von dem Zentralalpinen Mesozoikum, sie scheinen zwischen den Nördlichen Kalkalpen und den Südalpen zu vermitteln.

Am Südrand des Drauzuges erscheint ein schmaler Streifen aus altkristallinen Gesteinen und Quarzphylliten mit dem tektonisch eingeklemmten Karbon von Nötsch, das neben Diabasbreccien und unterkarbonischen Kalken auch Sandsteine und Konglomerate des tieferen Oberkarbons umfaßt (vgl. S.113). Unweit davon ist in einem schmalen Zug der Nötscher Granit aufgeschlossen. Dem Nordrand des Drauzuges folgt ein weiterer Streifen altpaläozoischer Gesteine.

Die Nordkette der Karawanken, die dem Drauzug entspricht, wird im Süden von altpaläozoischen Schiefern und Diabasen, spärlichen altkristallinen Gesteinen und den Graniten und Tonaliten von Eisenkappel begleitet. Im Norden ist den Karawanken das mit tertiären und quartären Sedimenten gefüllte Klagenfurter Becken (vgl. S. 195) vorgelagert.

Über den variszischen Sockel transgredierte zunächst pflanzenführendes höheres Oberkarbon, dann folgen Sandsteine und Konglomerate des tieferen Perm mit sauren Tuffen und Quarzporphyren. Darüber liegen Quarzsandsteine, Arkosen und Konglomerate mit Quarzporphyrgeröllen, die zu den Werfener Schichten überleiten und daher die Bezeichnung Permoskyth-Sandstein erhielten.

Die mächtigen Karbonatgesteine der Mittel- und Obertrias über dem Skyth bilden die steilaufragenden Gipfel der Lienzer Dolomiten und den Klotz des Dobratsch bei Villach. Sie stimmen ihrer Ausbildung nach weitgehend mit gleichaltrigen Serien der Nördlichen Kalkalpen überein, zeigen aber auch Anklänge an die südalpine Entwicklung.

Ähnliches gilt für die weiter nördlich in den Gurktaler Alpen erhaltene Ebersteiner Trias und die Trias der St. Pauler Berge (Abb. 35, S. 100).

Lang hinziehende Störungen, an denen die etwa 4000 m mächtigen permo-mesozoischen Serien tief in ihre variszische Unterlage eingesenkt sind (Abb. 37), bestimmen den tektonischen Bau des

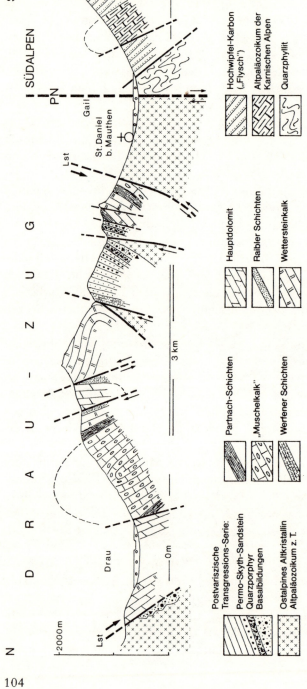

Abb. 37 Profil durch die mittleren Gaitaler Alpen (Drauzug). Nach NIEDERMAYR

Das intensiv verfaltete und verschuppte Permo-Mesozoikum des Oberostalpinen Drauzuges ist an ausgeprägten Längsstörungen tief in das Grundgebirge (Ostalpines Altkristallin + Altpaläozoikum) eingesunken. Trotzdem ist der Transgressionsverband an vielen Stellen noch zu erkennen.

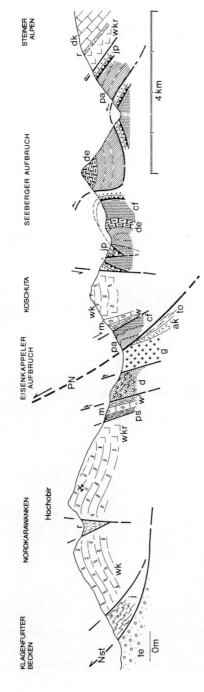

Abb. 38 Profil durch die Nordkarawanken, die Südkarawanken (Koschuta), den Seeberger Aufbruch und die Steiner Alpen (Kamske pohorie). Nach F.K. BAUER, etwas vereinfacht

Ostalpin: te Tertiär, j Jura, r Raibler Schichten, wk, wkr Wettersteinkalk, Wettersteinriffkalk, ps Partnach-Schichten, m Muschelkalk, w Werfener Schichten, d altpaläozoischer Diabas von Eisenkappel, g Granit, ak Altkristallin, to Tonalitgneis; PN Periadriatische Naht.

Südalpin: dk Dachsteinkalk, r Raibler Schichten, wk Wettersteinkalk, wkr Wettersteinriffkalk, m Muschelkalk, jp postvariszisches Jungpaläozoikum (Zackenlinie: Transgression des Jungpaläozoikums auf Karbonflysch und Altpaläozoikum), cf Karbonflysch, de Devonkalk, pa Altpaläozoikum (ungegliedert).

In den Karawanken und den südlich anschließenden Gebieten herrscht ein intensiver, junger, nordgerichteter Schuppenbau, in den auch die variszische Basis mit einbezogen wurde. Wie jung diese Tektonik ist, zeigt die Beobachtung, daß die Nordkarawanken an der Nordrandstörung (Nst) weit auf das Miozän des Klagenfurter Beckens überschoben sind. Offenbar war dieser junge Nordschub schon im Drauzug nicht mehr wirksam. – Details durch den Eisenkappeler Diabas s. Abb. 46, S. 119.

Drauzuges. Die bis in jüngste Zeit anhaltende Überschiebungstektonik in den Karawanken bewirkte dagegen eine intensive, gegen das Klagenfurter Becken gerichtete Schuppung, von der noch miozäne Sedimente betroffen wurden (Abb. 38, S. 105).

Die Wetterstein-Kalke im Drauzug, in den Karawanken und in den östlichen Südalpen führen örtlich, wie auch in den Nördlichen Kalkalpen, Bleiglanz und Zinkblende. Neben der bedeutenden Lagerstätte Bleiberg sind eine Reihe von Vorkommen aus den Karawanken, zum Beispiel im Hochobir-Gebiet und bei Mežica in Slowenien bekannt. Das altberühmte Blei-Zink-Revier von Raibl (Cave di Predil), nachdem die Raibler Schichten ihren Namen erhielten, liegt hingegen bereits in den Südalpen.

Neben Bleiglanz und Zinkblende, oft als Schalenblende ausgebildet, findet man Pyrit, Calcit («Kanonenspat»), Schwerspat, Coelestin, Flußspat, blauen körnigen Anhydrit und eine Reihe sekundärer Minerale wie Weißbleierz, Zinkblüte, Descloizit und Wulfenit ($PbMoO_4$), den der Kärntner Naturforscher F. X. WULFEN im Jahr 1785 erstmals von hier beschrieben hat.

c) Das Oberostalpine Paläozoikum

Ein nicht unbedeutender Teil der Ostalpen besteht aus Gesteinen des Paläozoikums, vorwiegend des Altpaläozoikums. Die altpaläozoischen Schichten sind, einschließlich des örtlich vorhandenen Unterkarbons, während der variszischen Gebirgsbildung gefaltet worden und heute unterschiedlich metamorph. Sie bilden weithin die Basis des Permo-Mesozoikums der Nördlichen Kalkalpen und unterlagern einzelne Reste mesozoischer Gesteine im Gebiet der Zentralalpen, wie z. B. die Geisberg-Trias bei Kitzbühel, die Ebersteiner und St. Pauler Trias in Kärnten, sowie Teile des Drauzuges (Abb. 39, S. 107).

Die Lagerungsbeziehungen zum oberostalpinen Altkristallin sind recht kompliziert. Teilweise liegt das Altpaläozoikum deckenartig auf Altkristallin und zwar so, daß sich das sogenannte Zentralalpine Mesozoikum dazwischenschiebt (Abb. 32, S. 93).

Örtlich scheint das Altpaläozoikum in das Altkristallin überzugehen. Zumindest lassen sich in einem Teil der altkristallinen Gesteine höher metamorphe altpaläozoische Anteile wiedererkennen.

Einzelne Mikrofossilfunde in «altkristallinen» Marmoren bestätigen dies (SCHÖNLAUB). Teilweise jedenfalls dürften die heutigen Gesteinsverbände bereits durch die variszische Gebirgsbildung geschaffen worden sein. So greift das Mesozoikum des Drauzuges mit permischen, örtlich auch oberkarbonischen, Transgressionsserien auf altpaläozoische Gesteine, auf das Karbon von Nötsch wie auch auf das Gailtaler Altkristallin über. An der Existenz eines voroberkarbonen, also variszischen Deckenbaus ist daher nicht zu zweifeln, umsomehr, als das Altpaläozoikum einen vom Altkristallin deutlich verschiedenen Grad der Metamorphose zeigt (Abb. 39).

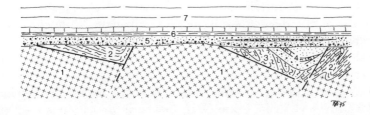

Abb. 39 Der variszische Schuppenbau unter der Transgressionsbasis des Drauzuges

1 Oberostalpines Altkristallin, 2 Altpaläozoikum, 3 quarzphyllit-ähnliche Schiefer (Altpaläozoikum), 4 Karbon von Nötsch (Konglomerate, flyschartige Sandsteine, Visé-Kalk; s. S. 120), 5 Postvariszische Transgressionsserie mit Quarzporphyrlage, 6 Werfener Schichten, 7 Mitteltrias.
Die Schichtfolge des Drauzuges transgrediert, manchmal beginnend mit höchstem Oberkarbon (Stephan) stellenweise auf Altpaläozoikum, stellenweise auf Altkristallin und örtlich auf das Karbon von Nötsch. Die entscheidende Schichtlücke zwischen variszischem und alpidischem Zyklus läßt sich auf das höhere Westfal einengen (KAHLER).

Die wichtigsten Verbreitungsgebiete paläozoischer Gesteine in den Ostalpen sind:

a) Die Nördliche Grauwacken-Zone
b) Die Steinacher Decke
c) Das Gurktaler und das Kärntner Paläozoikum
d) Das Grazer Paläozoikum

An und für sich sind auch die Quarzphyllit-Komplexe hierher zu rechnen. Der Innsbrucker und der Radstädter Quarzphyllit, die beide durch Fossilien stratigraphisch als Altpaläozoikum gesichert sind, wurden bereits im Abschnitt Unterostalpin kurz besprochen. Die stratigraphische Einstufung weiterer Vorkommen, wie des Thurntaler Quarzphyllits oder vergleichbarer Gesteine im Gailtal ist z. Zt. noch nicht sicher möglich.[5] – Bei den Landecker und den Steinacher Quarzphylliten handelt es sich sehr wahrscheinlich um diaphthoritisch verändertes Altkristallin (PURTSCHELLER).

In Tab. 4 (S. 17) sind verschiedene altpaläozoische Serien der Ost- und Südalpen sowie die Quarzphyllite zusammengestellt.

Die nördliche Grauwacken-Zone

Von Schwaz im Unterinntal bis zum Wiener Becken erstreckt sich längs des Südrandes der Nördlichen Kalkalpen die Nördliche Grauwacken-Zone. Sie erhielt ihren Namen durch das Vorkommen dunkler, an Feldspat und Gesteinsresten reicher metamorpher Sandsteine, die man früher als Grauwacken bezeichnete. Der Begriff «Grauwacken-Zone» blieb erhalten, obwohl neben der Vielfalt andersartiger Gesteine echte Grauwacken in dieser Zone eher zurücktreten. Er wurde zu einem festen tektonisch-faziellen Begriff in den Ostalpen. – Ähnliche Schichtfolgen südlich des Alpen-Hauptkammes werden gelegentlich auch als «Südliche Grauwacken-Zone» bezeichnet.

Das Landschaftsbild der Grauwacken-Zone zeigt infolge der leichteren Zerstörbarkeit ihrer Gesteine des öfteren Mittelgebirgscharakter und steht mit seinen weichen Bergformen in auffälligem Gegensatz zu den schroffen Felsmauern der nördlichen vorgelagerten Kalkalpen. Nur die Karbonatgesteine des Silurs und Devons bilden gelegentlich steile Bergflanken wie etwa am Rettenstein.

Im Norden verschwindet das Altpaläozoikum unter der «Postvariszischen Transgressionsserie» (siehe S. 117) der Nördlichen Kalkalpen. Doch ist der ursprüngliche Verband meist tektonischen Vorgängen zum Opfer gefallen. Ursache sind vor allem jüngere Südbewegungen am Südrand der Nördlichen Kalkalpen (S. 145).

Verschiedenartige tektonische Elemente begrenzen die Nördliche Grauwacken-Zone im Süden. Von Westen nach Osten folgen aufeinander: der Innsbrucker Quarzphyllit, die Tauernnordrand-

---

[5] Mit größter Wahrscheinlichkeit handelt es sich bei diesen Gesteinen gleichfalls um Altpaläozoikum.

Störung, altkristalline Gesteine bzw. die ihnen auflagernde Rannach-Serie und das Semmering-Unterostalpin.

Die stratigraphische Gliederung der stark gestörten, meist auch schwach metamorphen Sedimente und Vulkanite der Grauwacken-Zone war lange Zeit nur sehr unvollkommen möglich, da ganz wenige Fossilfundstellen bekannt waren (Graptolithenschiefer, Orthoceras-Kalke). Mit der Entdeckung der Conodonten (vgl. S. 87) änderte sich das grundlegend. Heute ist die stratigraphische und fazielle Gliederung der gesamten Nördlichen Grauwacken-Zone in

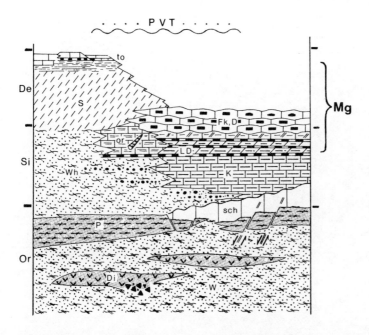

Abb. 40 Stratigraphisch-fazielles Schema des Altpaläozoikums der Nördlichen Grauwacken-Zone. Nach MOSTLER

PVT Postvariszische Transgressionsserie; to Karbonat-Gesteine, Kieselschiefer und Tonschiefer des Oberdevon, s Schwazer Dolomit, Spielberg Dolomit, FK, D Flaserkalke und -dolomite, LD Lydite und Dolomite, Or Orthoceras-Kalk, K Kalke des Silur, Wh höhere Wildschönauer Schiefer, Dientner Schiefer (mit Konglomeratlagen z. T.), P Porphyroide, Di Diabase mit vulkanischen Breccien, W Wildschönauer Schiefer, Grauwacken etc., Mg Bereich, in dem die Karbonat-Gesteine teilweise in Magnesit umgewandelt sind, sch Schichtlücken.

Die Schichtlücken und das Zerbrechen der Porphyroid-Platte, etwa im höheren Ordovizium und im tieferen Silur könnten dem «kaledonischen Ereignis» entsprechen (Tab. 1, S. 10).

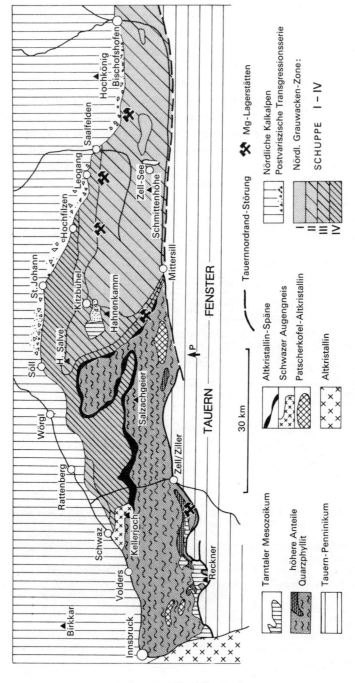

Abb. 41 Tektonische Übersichtskarte der Tuxer und der Kitzbüheler Alpen. Nach MOSTLER

ihren Grundzügen weitgehend geklärt (MOSTLER, SCHÖNLAUB u. a.; Abb. 40, S. 109).

Im Westabschnitt der Nördlichen Grauwacken-Zone herrschen die bis 1000 m mächtigen Wildschönauer Schiefer vor, in denen sich örtlich größere Mengen basischer Ergußgesteine häufen. In der östlichen Steiermark und in Niederösterreich entsprechen dieser Gesteinsfolge die Quarzite, Schiefer und Grünschiefer der Silbersberg-Serie. Kristallineinschlüsse in den Vulkaniten zeigen, daß die Schiefer auf einer heute nicht mehr erschlossenen kristallinen Basis abgelagert wurden.

Die basischen Ergußgesteine (Diabase) haben basaltische Zusammensetzung und müssen zum Teil unter dem Meeresspiegel ausgeflossen sein, da sie charakteristische Pillow-Strukturen zeigen (LOESCHKE, RIEHL-HERWIRSCH; Abb. 46, S. 119). Die in den Laven steckenden Lagergänge können in sich differenziert sein und sind z. B. in den oberen Partien als Quarzkeratophyr, an der Basis als Augitit entwickelt (MOSTLER, HOSCHECK).

Insgesamt kennzeichnen die beschriebenen Gesteine ihren Ablagerungsraum als geosynklinale Senkungszone.

Ein auffallendes Leitgestein der Nördlichen Grauwacken-Zone, ja des alpinen Altpaläozoikums überhaupt, sind die ordovizischen Porphyroide, die in der Steiermark und in Niederösterreich als Blasseneck-Porphyroid bezeichnet werden. Sie haben etwa rhyolithische Zusammensetzung. Durch tektonische Vorgänge im hohen Ordovizium wurden diese Porphyroid-Platten in einzelne Teilschollen zerlegt und später von verschiedenalten Sedimenten überlagert.

◁

Das Penninikum wird im Westen vom Unterostalpinen Innsbrucker Quarzphyllit flach überlagert, während östlich von Mittersill die Oberostalpine Grauwacken-Zone mit einer jüngeren, steilen Störung an das Tauernfenster grenzt. Die Grauwacken-Zone liegt flach auf dem Quarzphyllit, die Grenze zwischen beiden ist durch Späne von Altkristallin und den Schwazer Augengneis markiert (vgl. Abb. 43). Die Grauwacken-Zone ist selbst wieder in vier tektonische Schuppen zerlegt (Abb. 42); darüber transgrediert das Permo-Mesozoikum der Nördlichen Kalkalpen und des Gaisberges bei Kitzbühel. Die Grenze zwischen Innsbrucker Quarzphyllit und Kalkalpen steht wohl steil. Sie ist nirgends erschlossen, da sie stets im Inntal verläuft und dort von mächtigem Quartär bedeckt ist. Das Unterostalpine Tarntaler Mesozoikum scheint transgressiv auf dem Quarzphyllit zu liegen.

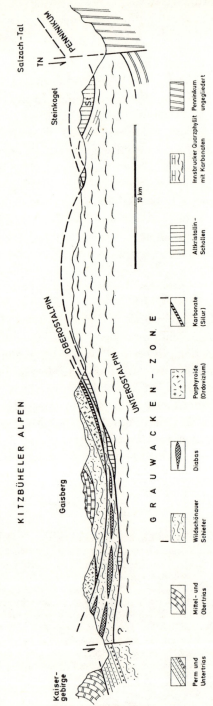

Abb. 42 Profil durch die Kitzbüheler Alpen (Lage siehe Abb. 41). Nach MOSTLER aus ANGENHEISTER, BÖGEL und MORTEANI. Schematisch und nicht maßstäblich

St Steinkogel-Decke, TN Tauern-Nordrand-Störung

Das schwach metamorphe Altpaläozoikum der Nördlichen Grauwacken-Zone ist durch die variszische Tektonik in mehrere Schuppen zerlegt. Eine der Schuppen liegt verkehrt, darauf transgrediert die Permo-Trias des Gaisberges. Dadurch ist erwiesen, daß die interne Tektonik der Grauwacken-Zone tatsächlich voralpidisches Alter hat.

In den höheren Partien des Innsbrucker Quarzphyllites finden sich örtlich Karbonatlagen (siehe auch Abb. 41). Conodontenfunde ergaben, daß diese Gesteine silurisches bis devonisches Alter haben (HÖLL, MOSTLER). Vermutlich hat der Quarzphyllit insgesamt gleiches Alter wie die Grauwacken-Serien, ist faziell jedoch etwas anders entwickelt und außerdem höher metamorph.

Die Transgression der Permo-Trias der Nördlichen Kalkalpen auf das Altpaläozoikum ist oft durch Störungen unkenntlich gemacht, an einigen Stellen aber doch noch zu beobachten.

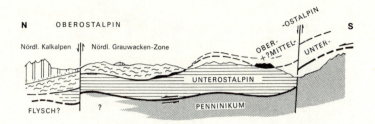

Abb. 43 Übersichtsschema zu Abb. 42. Ohne Maßstab, überhöht

Wenigstens drei Großeinheiten, das Oberostalpin (Kalkalpen, Grauwacken-Zone), das Unterostalpin (Innsbrucker Quarzphyllit) und das Penninikum liegen flach übereinander. Die Beziehungen des Penninikums zum Flysch sind unklar. Die Schollen (schwarz) aus diaphthoritischem Altkristallin könnten eine vierte Einheit, das «Mittelostalpin» repräsentieren, können aber auch primär zur Grauwacken-Zone oder zum Innsbrucker Quarzphyllit gehören. Jüngere, steile Störungen versetzen den (älteren) Deckenbau.

Das Silur zeigt eine beachtliche Faziesmannigfaltigkeit. Nach Conodonten-Funden vertreten Kalke, Dolomite, Flaserkalke, Kieselschiefer und Lydite im Westen der Grauwacken-Zone nahezu das gesamte Silur. Der karbonatischen Fazies steht eine tonig feinklastische Entwicklung gegenüber, der die Dientener und die höheren Wildschönauer Schiefer angehören.

Im Devon bildeten sich vor allen Dingen mächtige Dolomite, wie der durch seine Lagerstätten bekannte Schwazer Dolomit, der Spielberg Dolomit in den Kitzbüheler Alpen und Flaserkalke, wie der Sauberger Kalk (MOSTLER, H. FLÜGEL).

Ablagerungen des Karbons sind im Westen der Grauwacken-Zone nur selten erhalten geblieben und reichen bis in das tiefere Westfal. In der Steiermark und in Niederösterreich hingegen treten neben pflanzenführenden Sandsteinen des tieferen Oberkarbons in größerer Verbreitung auch Brachiopoden führende Kalke des Visé auf. Sie lassen sich mit den Productuskalken des Visé im Nötscher Karbon vergleichen (S. 103). Mit den Ablagerungen des tieferen Oberkarbons (unteres Westfal) endet die Sedimentfolge des variszischen Zyklus in den Ostalpen (vgl. Tab. 1, S. 10).

Geröllbuntersuchungen in den Konglomeraten der Postvariszischen Transgressionsserie (siehe unten) lassen erkennen, daß die

	OSTALPINE DECKEN						PERIOD	SÜDALPIN	
	Innsbrucker Quarzphyllit	Nördliche Grauwacken-Zone		Kärnten		Grazer Paläozoikum		Karnische Alpen	Dolomiten
		Obere Grauwacken-Decke	Untere Grauwacken-Decke	Gaital	Magdalens-berg	Eisen-kappel			
Perm	Postvariszische			Transgressionsserie			P E R M	Marine Schichtfolgen im Osten – allmähliche Zunahme terrestrischer Serien nach Westen hin	
Ober-Westfal karbon				Karbon von Nötsch			A		
Unter-karbon		Kalke Magnesit				Schiefer Kalke	D R	Hochwipfel-Flysch	
Devon	Kalke Dolomite Magnesit	Flaserkalke Kalke Dolomite Lydite usw. Magnesit			Tonschiefer Kalke usw.	Kalke usw. basische Vulkanite	I A	Korallenkalke Riffkalke Crinoiden-kalke usw.	Lydite Grapto-lithen-Sch. usw. Schiefer
Silur	Quarz-phyllit	Schiefer				Schiefer usw.	T S		
Ordoviz.	Porphyroide basischeVulk. Quarzphyllit	Porphyroide Schiefer basische Vulk. Schiefer			Porphyroide Magdalensbg. S. basische Vulk. Schiefer	dass.	Schiefer usw. basische Vulk.	I N A H	Tonschiefer Sandsteine usw. Schiefer u. Vulkanite	Kalk Schiefer Porphyroide Quarzphyllit basische Vulk. Quarzphyllit
Kambr.	L i e g e n d e s	d e r z e i t	n i r g e n d s			s i c h e r	T	b e k a n n t	

Tab. 4 Vergleich einiger paläozoischer Schichtfolgen in den Ostalpinen Decken und im Südalpin

Metamorphose des Altpaläozoikums am Ende der variszischen Orogenese weitgehend abgeschlossen gewesen ist. Auch der Schuppenbau der westlichen Grauwacken-Zone (MOSTLER, Abb. 41 u. 42) bestand bereits zu Beginn des höheren Oberkarbons.

In der Steiermark und in Niederösterreich ist die Grauwacken-Zone durch die «Norische Überschiebung» zweigeteilt. Die südliche, tiefere Veitscher Decke besteht nur aus Karbon (Visé-Kalk, Sandsteine des tieferen Oberkarbons u. a.) und wird von der höheren, aus altpaläozoischen Serien zusammengesetzten Norischen Decke überlagert (Abb. 31, S. 88 u. Abb. 44).

Die Nördliche Grauwacken-Zone ist reich an Mineral-Lagerstätten. Mindestens seit der Bronzezeit wurde auf der Kelchalpe bei Kitzbühel und bei Mitterberg Kupfer gewonnen. Die Kupferkiesvorkommen in der weiteren Umgebung von Kitzbühel sind wohl primär an die ordovizischen Wildschönauer Schiefer gebunden

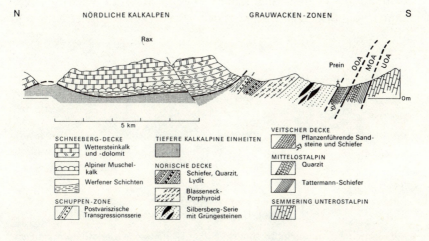

Abb. 44 Profil durch die untere und obere Grauwacken-Decke und den Südteil der Kalkalpen in den östlichen Alpen. Nach CORNELIUS, geändert nach TOLLMANN, vereinfacht. Lage P_2 in Abb. 31, S. 88

Das Profil zeigt die Zweiteilung der Grauwacken-Zone in eine höhere «Norische» und eine tiefere «Veitscher» Decke. Die höhere Einheit zeigt die übliche Schichtfolge (vgl. Abb. 40, S. 109), die tiefere besteht nur aus Karbon. – Das «Mittelostalpin», zu dem nach TOLLMANN wenig westlich des Profilschnittes die ganze, breite Masse des Altkristallins zählen würde, besteht hier nur aus einem schmalen Band permischer Gesteine, der Tattermann-Schuppe. Darunter tauchen die Trias-Kalke und Dolomite des Semmering-Unterostalpins hervor.

(SCHULZ). Der Mitterberger Hauptgang am Fuß des Hochkönigs dagegen durchschneidet die «Violetten Schiefer» der Postvariszischen Transgressionsserie, die diskordant auf dem Altpaläozoikum liegt. Nachdem die Mitterberger Lagerstätte bis Anfang des 19. Jahrhunderts in Vergessenheit geraten war, ist der Bergbau später wieder aufgenommen worden und blieb bis heute in Betrieb (FRUTH).

Zahlreiche kleine Kupfer-Nickel-Kobalt-, seltener auch Blei-und Zink-Lagerstätten wurden zeitweilig abgebaut oder zumindest beschürft. – Eine der berühmtesten Erzlagerstätten der Alpen überhaupt ist an den devonischen Schwazer Dolomit gebunden. Die Silberfahlerzgänge (FRUTH) von Schwaz und Brixlegg im Unterinntal, die seinerzeit bis zu 1000 m tief abgebaut wurden, haben den Reichtum des Handelshauses Fugger mitbegründet.

Große Bedeutung kommt dem Eisenspat von Eisenerz zu, der im Tagebau gewonnen wird und Erzreserven von etwa 100 Mio. t beinhaltet. – Die Eisernen Hüte – so nennt man die Verwitterungszonen von Eisenlagerstätten – der «Erzberge» in Steiermark und

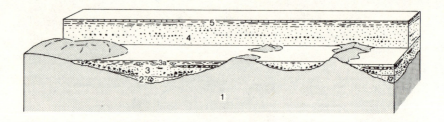

Abb. 45 Ablagerungsschema der Postvariszischen Transgressionsserie. Nach RIEHL-HERWIRSCH, vereinfacht

1 variszisches Grundgebirge (ungegliedert), 2 höheres Oberkarbon: pflanzenführende Sandsteine, 3 Rotliegendes: Basisbreccien, Sandsteine, Tonschiefer, Quarzporphyre und saure Tuffe, 3a Magnesit-Konkretionen, 4 Permoskyth-Sandstein, mit Quarz- und Quarzporphyr-Konglomeraten, 5 Skyth: Werfener Sandsteine, Tonschiefer und Karbonate.

Der variszische Gebirgsrumpf wird zu Beginn des alpidischen Zyklus allmählich eingedeckt; so beginnt die alpidische Schichtfolge mit verschieden alten Sedimenten. Zudem machen sich während der Rotliegend-Zeit Nachläufer der variszischen gebirgsbildenden Bewegungen bemerkbar (im Bild nicht dargestellt). Die permo-skythischen Salinar-Bildungen (vgl. Abb. 50) sind nicht in das Schema aufgenommen. – Vergleichbare Basisbildungen sind auch im Unterostalpin und im Penninikum ausgebildet.

Kärnten wurden schon in der Römerzeit abgebaut und in Windöfen verhüttet. Dabei gelang es, infolge des Mangangehalts (2%) der Erze, teilweise echten Stahl herzustellen («Norisches Eisen»). Auf dem Magdalensberg nördlich von Klagenfurt bestand in der Zeit zwischen 35 v. Chr. und 45 n. Chr. ein römisches Großhandelszentrum für Eisen und Stahl.

Die Magnesite der Grauwacken-Zone entstanden vermutlich durch die metasomatische Verdrängung paläozoischer Kalke (Obersilur bis Mitteldevon, Visé). Zu den älteren Magnesiten zählen die Vorkommen Hochfilzen, Leogang, Entachen Alm, Spießnägel in der westlichen Grauwacken-Zone, sowie die Lagerstätte Lanersbach/Tux in den unterostalpinen Innsbrucker Quarzphylliten. Die Magnesite von Veitsch, von Sunk bei Trieben und von Arzbach setzen hingegen in Visé-Kalken auf. Von hier stammen auch die als Ziersteine geschätzten Pinolith-Magnesite und der berühmte Kugelmagnesit. – Der Magnesitbergbau in Österreich erreichte zeitweilig eine Monopolstellung, nachdem im Jahre 1881 in Veitsch das erste Werk der Welt für feuerfeste Magnesiterzeugnisse errichtet wurde.

Die Postvariszische Transgressionsserie

Nach Abschluß der variszischen Orogenese und der Abtragung der entstandenen Gebirgsketten setzte mit mannigfaltigen Transgressionsbildungen die Sedimentationsfolge des alpidischen Zyklus ein (vgl. Abb. 45, S. 116). Für diese Ablagerungen ist eine Fülle teils irreführender Bezeichnungen in Gebrauch, wie Gainfeld-Konglomerat, Violette Serie (Mitterberg), Verrucano (vor allem in den westlichen Ostalpen), alpiner Buntsandstein (bei Schwaz und südlich des Kaisergebirges), Prebichl-Schichten (Steiermark), Werchzirm-Schichten, Grödener Sandstein und Griffener Schichten (Kärntner Paläozoikum). Sie werden hier unter dem von RIEHL-HERWIRSCH eingeführten Begriff «Postvariszische Transgressions-Serie» zusammengefaßt.

Die Serie beginnt mit basalen Konglomeraten des tieferen Rotliegenden oder des Oberkarbons: Höheres Westfal oder Stefan sind gelegentlich durch Pflanzenfunde[6] nachgewiesen. Nach der Abla-

---

[6] Neuerdings sollen die Pflanzenreste für Perm sprechen.

gerung von Sandsteinen und Tonschiefern (in denen südlich des Kaisers Magnesitkonkretionen zu finden sind), schließen saure Vulkanite und Tuffe den tieferen Teil dieser Serie ab.

Die darüber folgenden Quarzkonglomerate, Sandsteine und Tonschiefer faßt man als «Permoskyth» zusammen. In ihre Bildungszeit fällt auch die Entstehung von Evaporiten, das sind salinare Ablagerungen mit Gips, Anhydrit und lokal auch Haselgebirge (vgl. Abb. 49, S. 124 u. S. 123). Ohne erkennbare lithologische Grenze gehen die Permoskyth-Sandsteine allmählich in die marinen Werfener Schichten über.

Die Postvariszische Transgressionsserie ist in der gesamten Ostalpinen Decke recht gleichförmig entwickelt, wenn auch im Detail verschieden. Auch in den Südalpen finden sich, allerdings nur westlich der Judikarien-Linie, ähnliche Sediment- und Vulkanit-Folgen.

In jüngster Zeit werden in den Postvariszischen Transgressionsserien auch Uranvorkommen gesucht.

Die Steinacher Decke

Westlich des Brenners liegt auf dem Tribulaunmesozoikum (Abb. 32, S. 93) die Steinacher Decke. Hauptgestein sind Quarzphyllite (Diaphthorite), neben die, vermutlich altpaläozoische, Dolomite treten. Transgressiv auflagernde Sandsteine und Konglomerate mit geringmächtigen Anthrazitflözen können durch Pflanzenreste in das höhere Oberkarbon (Stefan) eingestuft werden.

Die Gurktaler Berge und das Kärntner Paläozoikum

Die etwa 60 km breite Phyllitscholle der Gurktaler Berge besteht aus Granatphylliten, Granatglimmerschiefern, Marmoren, Diabasen, aber auch schwächer metamorphen Schiefern, Sandsteinen und Tuffen. In diesen Gesteinen, aber auch in ähnlich aufgebauten Metamorphiten der Saualpe und den schwach metamorphen Serien am Magdalensberg südlich von Klagenfurt («Magdalensberg-Serie») gelang es im Verlauf des letzten Jahrzehntes in zunehmendem Maße Altpaläozoikum zu erkennen. Die Schichtfolgen sind jenen der Nördlichen Grauwacken-Zone vergleichbar, wenn auch Karbonatgesteine zurücktreten.

Basische Vulkanite, vermutlich ordovizischen Alters, wurden vom Magdalensberg und aus dem Gebiet von Eisenkappel in den Karawanken beschrieben, wo auch sogenannte Pillow-Laven beobachtet werden konnten (Abb. 46, LOESCHKE, RIEHL-HERWIRSCH). Silurische und devonische Karbonatgesteine erbrachten an einigen Stellen Fossilien, vor allem Conodonten, die ihre stratigraphische Einordnung erlaubten.

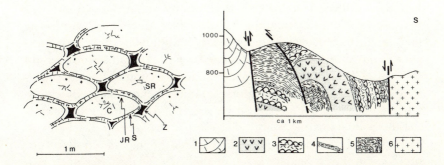

Abb. 46 Profil-Skizze durch den Diabas von Eisenkappel in Kärnten. Links senkrechter Schnitt durch eine Pillow-Lava. Nach LOESCHKE

1 Trias der nördlichen Karawankenkette, 2 Diabas-Lagergang (nach Erstarrung der Pillow-Laven eingedrungen), 3 Pillow-Lava, 4 vulkanische Tuffe, 5 Kalke, Schiefer und Grauwacken des Altpaläozoikums, 6 Granit von Eisenkappel. Lage des Profils siehe Abb. 38, S. 105.
SR Schrumpfungs-Risse im Kern C eines Pillows, JR Innenrand, S äußerer Saum, Z Zwickelfüllung (Hornstein).
Die eigentümliche Erstarrungsform der Pillow-Laven ist die Folge der raschen Abkühlung basischer, am Meeresboden austretender Gesteinsschmelzen durch Berührung mit dem Meerwasser.

Wie in der Nördlichen Grauwacken-Zone, so greift auch hier über das variszisch gefaltete Altpaläozoikum die Postvariszische Transgressionsserie hinweg, die ihrerseits eine Folge triassischer Gesteine trägt, etwa in der Ausbildung des Drauzuges oder der Nördlichen Kalkalpen. Hierher gehört die Ebersteiner Trias am Krappfeld, auf die, mit einer erheblichen Schichtlücke, die Gosau-Schichten transgredieren. Darüber folgt zuletzt noch ein Alttertiär. Auf der Gurktaler Decke liegt das kohleführende Oberkarbon, das völlig dem Karbon der Steinacher Decke entspricht.

Die tektonischen Verhältnisse sind kompliziert: Die Phyllite der Gurktaler Decke liegen im Norden und Nordwesten auf einem völlig zerscherten Mesozoikum, das nur teilweise dem Zentralalpinen Mesozoikum zu entsprechen scheint. Darunter folgt Altkristallin. Innerhalb der Decke kommt in einzelnen Fenstern gleichfalls Altkristallin zum Vorschein, ohne daß ein Mesozoikum zwischengeschaltet ist. Es ist fraglich, ob die «Gurktaler Decke» wirklich eine freischwimmende Decke ist (CLAR).

Die Magdalensberg-Serie liegt anscheinend tektonisch auf Altkristallin, während das Altpaläozoikum der Saualpe so intensiv mit dem Altkristallin verschuppt ist, daß die Abtrennung bis heute noch nicht mit Sicherheit möglich ist. Lang hinziehende Phyllonitzonen (das sind verschieferte und teilweise rekristallisierte Zerreibsel auf Überschiebungsbahnen) trennen Gesteinsfolgen unterschiedlichen Metamorphosegrades. Hierin könnte sich ein alpidischer, aber auch ein alter, also variszischer Deckenbau verbergen.

Eine Sonderstellung nimmt das kompliziert gebaute Karbon von Nötsch ein. Das tiefste Schichtglied bildet die sogenannte Badstubbreccie, ein durch Schieferlagen gegliederter Diabas, der nach Korallen- und Brachiopodenfunden in das Visé gehört. Lagenweise sind diese Kalke ganz erfüllt mit den Schalen des Productus, eines großen Brachiopoden. Die höheren Schiefer, Sandsteine und Konglomerate reichen bis ins tiefere Westfal. Darüber folgt diskordant die Postvariszische Transgressionsserie des Drauzuges (Abb. 36, S. 102).

Das Grazer Paläozoikum

Das im Nordwesten von Graz über etwa 1000 km^2 weit erschlossene Grazer Paläozoikum zeichnet sich durch eine besondere fazielle Vielfalt aus. Die tieferen Teile der Schichtprofile sind kaum mit gleichalten Serien der Nördlichen Grauwacken-Zone zu vergleichen. Ähnlichkeiten bestehen allenfalls mit dem Karbon der Veitscher Decke (Visé-Kalk). Als jüngstes Glied der Schichtfolge transgredieren die Tonschiefer der Dult (tieferes Westfal) über ältere Gesteine (Abb. 47).

Die Schichtfolgen bilden anscheinend mehrere liegende Falten, doch läßt sich der tektonische Bau wegen des raschen Fazieswechsels nur schwer aufklären (H. W. FLÜGEL; Abb. 47). Zwischen dem Paläozoikum und dem unterlagernden Altkristallin besteht

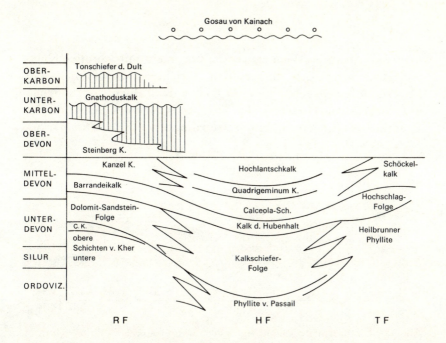

Abb. 47 Die Schichtfolgen des Grazer Paläozoikums und ihre fazielle Verzahnung. Nach H. W. FLÜGEL

RF Rannach-Fazies, HF Hochlantsch-Fazies, TF Tonschieferfazies; c.k. Crinoidenkalk.

Über das Grazer Paläozoikum transgrediert, ohne Zwischenschaltung älterer mesozoischer Gesteine, die Gosau von Kainach (s. Abb. 35).

ein tektonischer Kontakt. Da sich auf der Grenzfläche stellenweise die vermutlich triadischen Kalke und Dolomite der Raasberg-Serie einschieben (vgl. Abb. 31, S. 88), sahen sich FLÜGEL und MAURIN erstmals zur Annahme eines «mittelostalpinen» Altkristallins veranlaßt. Dieser Gedanke wurde dann von A. TOLLMANN aufgegriffen und auf die gesamten Ostalpen übertragen.

Auf das Grazer Paläozoikum transgrediert, ohne Zwischenschaltung von Trias, die Gosau von Kainach (Abb. 31, S. 88). Merkwürdigerweise führen die Konglomerate dieser Gosau keine Gerölle altkristalliner Gesteine, sondern nur Altpaläozoikum und Mesozoikum. Demnach war zur Kreidezeit das Altkristallin noch weithin unter mesozoischen und paläozoischen Gesteinen verborgen.

d) Die Nördlichen Kalkalpen

Von Vorarlberg bis Wien erstrecken sich, meist mit schroffen Kalk- und Dolomitwänden hinter den weicheren Bergformen der Flyschzone aufsteigend, die Nördlichen Kalkalpen. Sie bestehen überwiegend aus Gesteinen der Trias, teils auch des Juras und der Unterkreide. Jüngere Schichten treten zurück. Die klastischen Se-

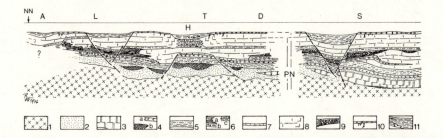

Abb. 48 Die Faziesentwicklung vom Oberkarbon bis in den mittleren Jura in den Nördlichen Kalkalpen und den Südalpen. Schematisch, nicht maßstäblich

1 Kristallin, Quarzphyllit und Altpaläozoikum der Grauwacken-Zone (ungegliedertes Grundgebirge), 2 klastische Sedimente, überwiegend terrestrisch, 3 Quarzporphyr, 4 Evaporite: a Gips, Rauhwacken, Dolomite, b Haselgebirge, 5 klastische Sedimente, marin, 6 Beckenfazies in der Trias: a Tonschiefer und Mergel, b Hornsteinknollenkalke, c bunte Ammoniten-Kalke («Hallstätter Fazies»), 7 Kalke tieferen Wassers, 8 Plattform- und Riffkalke, 9 basische Vulkanite, Tuffe, Tuffite, 10 Schwellenfazies des Jura mit Spaltenfüllung, 11 Beckenfazies des Jura mit Rutschmassen.

A Allgäu-Decke, L Lechtal-Decke, T Tirolikum, H Hallstätter Bereich, D Drauzug, S Südalpen (etwa nördliche Dolomiten und östliche Bergamasker Alpen).

Das Bild gibt die Verhältnisse im tieferen Oberjura wieder, ungefähr zur Zeit der Radiolarit-Sedimentation. Man sieht, daß die Entwicklung in den Nordalpen im wesentlichen gleich verläuft wie in den Südalpen, Unterschiede ergeben sich nur im Detail.

Deutlich ist der Zerfall der Obertrias-Plattform zu Beginn des Jura erkennbar. Auf den höheren Bereichen bilden sich dünne Lagen roter Schwellenkalke mit Spaltenfüllungen, in den Becken dagegen mächtige graue Mergel und Kalke; Sedimentumlagerungen sind häufig. «Schwelle» ist in diesem Zusammenhang nicht gleichbedeutend mit Flachwasser – Einzelheiten siehe Tab. 5, Abb. 49, 50 und 54, 64 und 65, sowie 67.

Die Bedeutung der Periadriatischen Naht als Faziestrenner scheint in diesem Profilschnitt nicht sehr groß gewesen zu sein. Das Zentralalpine Mesozoikum wäre in dieser Darstellung im Sinne TOLLMANNS nördlich der Nördlichen Kalkalpen zu suchen (vgl. Abb. 5d u. e, S. 21).

dimente der Postvariszischen Transgressionsserie (S. 117) verbinden die Kalkalpen im Süden stratigraphisch mit dem variszisch gefalteten Altpaläozoikum der Nördlichen Grauwacken-Zone (Abb. 43, S. 113, 45, S. 116, 60, S. 144). Beide bilden zusammen den tektonisch höchsten Teil der Ostalpen und damit des Oberostalpins und liegen vollkommen allochthon, d. h. ortsfremd, auf z. T. erheblich jüngeren Gesteinen, wie etwa dem Flysch (vgl. S. 25 u. Abb. 5).

Die ursprüngliche Unterlage des Komplexes Nördliche Kalkalpen + Nördliche Grauwacken-Zone ist bis heute unbekannt. Es muß sich um eine Kristallinmasse handeln, die heute gänzlich in der Tiefe verschwunden ist. Das oberostalpine Altkristallin kommt als Unterlage nicht in Betracht, da es ja weithin Reste des transgressiven Zentralalpinen Mesozoikums trägt bzw. mit dem Drauzug bedeckt ist. Die Suche nach der «Verschluckungszone» («Subduktionszone», früher auch «Wurzelzone» genannt), in der diese Kristallinmasse verschwand, bildet eines der großen tektonischen Probleme der Ostalpen.

Die Schichtfolge

Die Schichtfolge der Kalkalpen beginnt mit der auf S. 117 bereits beschriebenen Postvariszischen Transgressionsserie. Diese ist jedoch nur am Südrand, kaum im Inneren der Nördlichen Kalkalpen bekannt. Lediglich die Salzgesteine des Perms, das Haselgebirge, die altersmäßig etwa den Salzen des norddeutschen Zechsteins entsprechen, sind infolge ihrer leichten Beweglichkeit hier und dort tektonisch aufgepreßt worden (Abb. 60, S. 144).

Das Haselgebirge besteht aus einem Gemenge feinsandiger Salztone, Anhydrit, Gips und Steinsalz, und kann bis zu einer Mächtigkeit von 1000 m anschwellen. Die Schichten sind übertags «ausgelaugt» und machen sich in Form bunter, gipsreicher Tone bemerkbar. Untertags bergen sie jedoch reiche Salzlager, denen auch eine Reihe von Solquellen entspringt, z. B. bei Bad Reichenhall. Größere Salzkörper sind oder waren auch im Abbau, z. B. bei Hall im Inntal, bei Berchtesgaden, Hallein bei Salzburg und im Salzkammergut, vor allem aber bei Hallstatt. Salze wurden bei Hallstatt und Hallein bereits im ersten vorchristlichen Jahrtausend im Untertagebau gewonnen. Reste des vorgeschichtlichen Bergbaues fanden sich in neuzeitlichen Abbauen im sogenannten «Heidengebirge»:

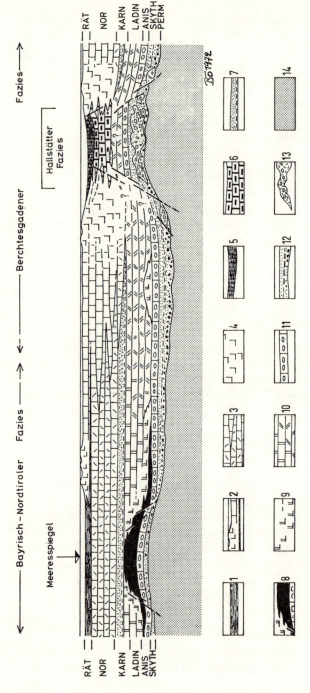

Abb. 49 Schematisches Fazies-Profil für die Trias der westlichen und mittleren Nordalpen. Aus ANGENHEISTER, BÖGEL und MORTEANI

1 Kössener Schichten, 2 Oberrätkalk, 3 Hauptdolomit, Plattenkalk, Dachsteinkalk (lagunäre Fazies), 4 Dachstein-Riffkalk, 5 Zlambach-Schichten, 6 Hallstätter Kalke, 7 Raibler Tonschiefer und Sandsteine, 8 Partnach-Schichten, 9 Wetterstein-Riffkalk, 10 Wettersteinkalk und Ramsau-Dolomit (lagunäre Fazies), 11 «Alpiner Muschelkalk», 12 Postvariszische Transgressionsserie, 13 Oberpermische Evaporite mit Steinsalz, 14 variszisches Grundgebirge ungegliedert.

124

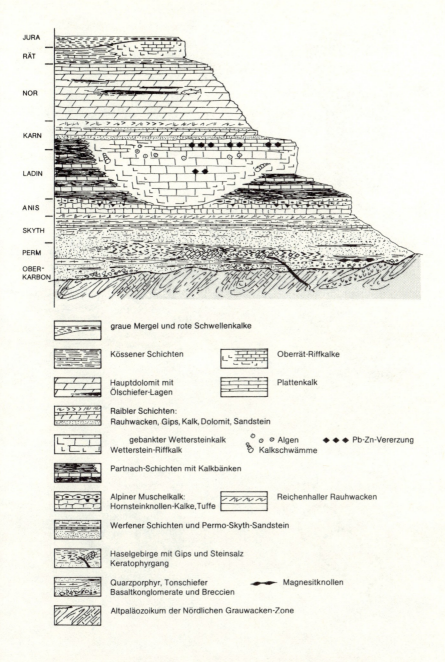

Abb. 50 Säulenprofil der Oberkarbon-Perm-Trias-Schichtfolge der Bayerisch-Nordtiroler Fazies. Aus Fruth

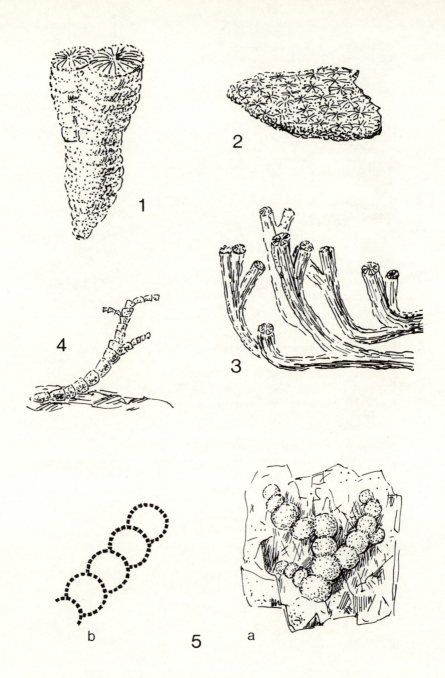

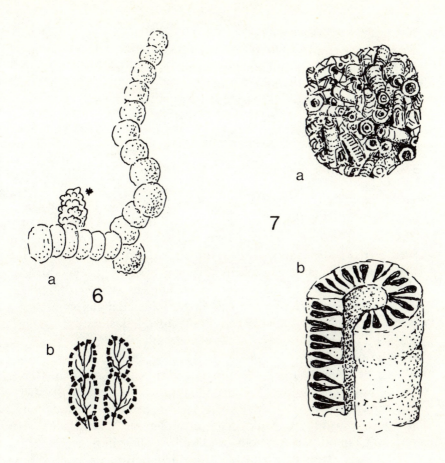

Abb. 51 Beispiele für Riff-bildende Lebewesen

Während Ammoniten oder Muscheln auffallende Versteinerungen darstellen, sind die Lebewesen, die die zum Teil riesigen Trias-Riffe der Kalkalpen aufbauen, eher unscheinbar, und auch nur selten abgebildet. Deshalb seien hier einige dieser Organismen wiedergegeben.

1 *Montlivaltia*, 2 *Thamnasteria* und 3 *Thecosmilia* sind Korallen, die vor allem im Dachsteinkalk und im Oberrätkalk gefunden werden, ebenso 4 *Cheilosporites* (Kalkschwamm?); 5 *Colospongia*, a) im Muttergestein, etwa 2fach vergrößert, b) schematischer Längsschnitt, 6 *Dictyocoelia*, a) etwa 3fach vergrößert, in Lebensstellung, b) schematischer Längsschnitt; bei * ist eine *Uvanella* aufgewachsen, 7 *Diplopora annulata*, a) natürliche Größe, b) einzelnes Röhrchen, aufgeschnitten, 6fach vergrößert. 5 und 6 sind Kalkschwämme aus den Wettersteinkalk-Riffen, 7 ist eine sehr verbreitete Kalkalge aus der Lagune hinter diesen Riffen.

Nach Abbildungen von Ott, Scholz und Zankl

Kienspäne, Werkzeuge, Lederbekleidung, Nahrungsreste und die Leichen verschütteter Bergleute («Der Mann im Salz»). Für den Reichtum der vorgeschichtlichen Salzherren sprechen die wertvollen Beigaben in den Gräbern am Hallstätter Salzberg. Diese Funde gaben der Hallstatt-Zeit (750–450 v. Chr.) den Namen.

Die Alpine Trias

Der Zeitbegriff Trias (Tab. 1, S. 10) entstand in Mitteleuropa für die dreigeteilte Schichtfolge: Buntsandstein, Muschelkalk und Keuper unter dem Jura. Lange wurde vergeblich versucht, diese Formation in den Alpen wiederzufinden. Schließlich erkannte man, daß im Gebiet der heutigen Alpen zur gleichen Zeit andere Sedimentgesteine abgelagert wurden, die als «Alpine Trias» der nördlich gelegenen «Germanischen Trias» gegenübergestellt wurde. Während die alpine Schichtfolge am Rande eines offenen Ozeans, der Tethys, entstand, bildeten sich die Schichten der Germanischen Trias in einem abgeschlossenen Binnenmeer, das nur zeitweilig schmale Verbindungen zu den Ozeanen hatte.

Die Alpine Trias (Abb. 48–50, S. 122 u. S. 124) beginnt im Nordwesten der Nördlichen Kalkalpen mit klastischen, teils dem Germanischen Buntsandstein vergleichbaren Sedimenten, meist aber mit den marinen Werfener Schichten, d. h. Sandsteinen und Tonschiefern und dünnen Kalkbänken mit marinen Muscheln (Myophoria, Clareia) und Ammoniten (Tirolites, Dinarites).

Die wichtigsten Bausteine der Nördlichen Kalkalpen und des Drauzuges, wie auch großer Teile der Südalpen, sind mächtige marine Karbonate, die auf einem langsam sinkenden Schelf zum Absatz kamen. Zunächst folgten auf die Werfener Schichten bzw. auf den Alpinen Buntsandstein Evaporite: die Dolomite, Rauhwacken und Gipse der Reichenhaller Schichten, die schon dem Anis angehören. Darüber folgen die dunklen Gutensteiner Kalke, tiefere Teile der knolligen, hornstein-führenden Reiflinger Schichten, die «Pietra verde» – das sind grüne Tuffe und Tuffite – und noch andere Gesteinstypen (vgl. Tab. 5 und die Abb. 49 u. 50).

Der Teil der Serie, der die Tuffite enthält, markiert ungefähr die Grenze zum Ladin, die Reiflinger Fazies reicht jedoch, als Beckenrand-Fazies zu den Wettersteinkalk-Riffen, noch weiter hinauf. Die Beckenfazies im engeren Sinne bilden die tonig-mergeligen Partnach-Schichten. Auf der Riff-Rückseite (vgl. das Schema der Dachsteinkalk-Riffe Abb. 52) entstehen bankige Kalke, z. T. auch Dolomite, die als Plattform-Kalke bezeichnet werden und sehr reichlich Kalkalgen (Dasycladaceen) führen. Die Riffbildner selbst sind vor allem Kalkschwämme, zurücktretend auch andere Lebewesen, vor allem aber Mikroorganismen (Tubiphytes u. a.). Korallen spielen keine Rolle (s. Abb. 51, S. 126/127). Die Wettersteinkalke bildeten z. T. Barrieren, z. T. auch atoll-artige Inseln. Riffe wie Plattformkalke entstehen stets in sehr flachem Wasser; Anzeichen für zeitweiliges Trockenfallen finden sich allenthalben. – Diese Entwicklung dauert bis in das untere Karn an.

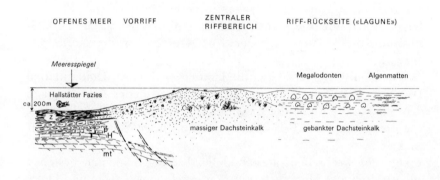

Abb. 52 Aufbau eines Dachsteinkalk-Riffes. Nach SCHÖLLNBERGER, ZANKL u. a.
z Zlambach-Schichten, P Pötschenkalk, H Hallstätter Kalk, mt Mitteltrias

Riffe und die Sedimente der Riff-Rückseite («Lagune») entwickeln sich in sehr flachem Wasser, bei stetig absinkendem Untergrund. Auf der Rückseite bilden sich gebankte Kalke, z. B. Dachstein-Plattformkalke, mit Rasen von blaugrünen Algen («Stromatolithen»), mit Megalodontenbänken usw. Das Riff selbst wird von ganz verschiedenen Organismen aufgebaut, nicht nur von Korallen, sondern auch von Hydrozoen, Kalkschwämmen, festsitzenden Mikroorganismen usw. Der größte Teil des zentralen Riffbereiches besteht allerdings nicht aus den von den Organismen errichteten Riffbauten, sondern aus den Trümmern dieser Bauten, aus Riffschutt. Im Vorriff-Bereich rollt der Riffschut abwärts und verzahnt sich schließlich mit den Sedimenten des offenen Meeres, im Fall der Dachstein-Riffe mit Gesteinen in Hallstätter Fazies. – An synsedimentären Störungen sinkt der Riffkörper verhältnismäßig rasch ein; damit erklärt sich die durchwegs viel größere Mächtigkeit der Riffgesteine gegenüber den Ablagerungen des offenen Meeres.
  Unser Bild gilt etwa für die Zeit oberstes Nor – Rät. Manchmal schalten sich von den kleinen Oberrätriffen her – hier weiter rechts zu erwarten – dünne Lagen von Kössener Schichten zwischen die Dachsteinkalkbänke ein (vgl. Abb. 49, S. 123).

Ein bezeichnendes Merkmal für die oberen Kalkpartien, vor allem des lagunären Wettersteinkalkes, sind erzführende Horizonte (Bleiglanz, Zinkblende, Flußspat, Wulfenit), die zeitweilig abgebaut wurden, z. B. am Silbernen Hansl im Karwendel, an der Heiterwand und in vielen anderen Gebieten (FRUTH).

Der ladinische Wettersteinkalk bildet heute besonders auffallende Gipfel- und Gebirgsmassive wie etwa die Heiterwand, das Mieminger-, das Wetterstein- und das Karwendelgebirge sowie die Masse des Kaisergebirges. Weiter im Osten bestehen Rax und Schneeberg aus Wettersteinkalk (Abb. 44, S. 115).

An die Stelle der Wettersteinkalke treten in den westlichen Lechtaler und Vorarlberger Alpen die Arlberg-Schichten. Diese dunklen gebankten Kalke und Dolomite enthalten vereinzelt basische Laven und Tuffe, die dafür sprechen, daß sich der südalpine Vulkanismus dieser Zeit bis in den Ablagerungsraum der Nordalpen auswirkte.

Weiter im Osten ersetzten die lagunären Ramsau-Dolomite den Wettersteinkalk. Sie bilden in den Berchtesgadener Alpen und in den Salzburger Alpen die Basis der klotzigen Dachsteinkalkstöcke, vor deren schroffen Felswänden sich mächtige Schuttfächer entwickelten.

Die sehr wechselhaft ausgebildeten Raibler Schichten bestehen aus Sandsteinen, Tonschiefern und Mergeln, aus Kalken und Dolomiten und, gebietsweise, aus Rauhwacken und Gips. Neben Pflanzenresten einer Keuperflora finden sich Ammoniten, Muscheln und Brachiopoden. Ein bezeichnendes Schichtglied ist der sogenannte Sphaerocodien-Onkolith. Dieses Gestein ist weitgehend aus Kalkalgenknollen (Onkoiden) aufgebaut. Die Lunzer Sandsteine in Niederösterreich führen Kohlenflöze, die zeitweise abgebaut wurden. Dort fanden sich unter anderem auch Reste von fliegenden Fischen.

Die Mächtigkeit der Raibler Schichten erreicht bis zu 400 m, kann aber auch so gering werden, daß sie im Verbreitungsgebiet der Dachsteinkalke, also im Berchtesgadener Faziesbereich (Abb. 49, S. 124), oft als ein nur wenige Meter dickes Band in den steilen Kalkwänden zu verfolgen sind.

Im Bereich der Hallstätter Fazies (Abb. 49, S. 124) treten klastische Einschaltungen bis auf die Lagen von Halobienmergeln zurück. Dafür sind bunte, fossilreiche Cephalopodenkalke entwickelt.

Während des Nors bestand im Westen und Norden eine ausgedehnte Lagune mit verminderter Wasserzirkulation und vermutlich hoher Salinität, in der sich der Hauptdolomit ablagerte. Stromatolith-Bänke sprechen für sehr geringe Wassertiefe. Der meist gut gebankte Dolomit wird örtlich mehr als 2000 m mächtig und ist einer der wichtigsten Gipfelbildner der Ostalpen. Die stellenweise eingeschalteten bitumenreichen Mergel und Schiefer, wie die Ölschiefer von Seefeld in Tirol, wurden wirtschaftlich genutzt. Das gewonnene Bitumen wird wegen der in diesem Gestein häufigen Fischversteinerungen «Ichthyol» (= Fischöl) genannt und medizinisch verwendet. Der Volksmund in Tirol deutete das Öl als Blut des Riesen Thyrsus («Dirschenöl»).

Im Südosten der Hauptdolomitlagune entwickelte sich in besser durchlüftetem Wasser die Dachsteinkalk-Fazies. Ihre mächtigen Flachwasserkalke und randlich angegliederten Riffe (Abb. 49, S. 124) bildeten ausgedehnte Karbonatplattformen, zwischen denen flache Becken mit bunten Cephalopodenkalken, den Pötschen- und den Pedata-Kalken, den mergeligen Zlambach-Schichten und den Aflenzer Kalken bestanden. Alle genannten Gesteine gehören zum Hallstätter Bereich (Abb. 49, S. 124), der die Beckenfazies zu den Dachsteinriffen bildet.

In den ehemaligen Dachsteinkalk-Riffen (Abb. 52, S. 129) wurde das ursprüngliche, organisch entstandene Riffgerüst weitgehend zerstört, so daß vorwiegend Riffschutt erhalten blieb. Dreiviertel der riffbildenden Organismen waren je zur Hälfte Kalkschwämme und Korallen, außerdem beteiligten sich Kalkalgen, Hydrozoen, Bryozoen und Foraminiferen am Riffaufbau (ZANKL). In den gebankten Kalken der Riffrückseiten findet man bis 5 m mächtige Megalodonten-Bänke, in denen zahllose Exemplare der «Dachsteinmuschel» («Kuhtritte») in Lebensstellung erhalten blieben.

Diese Bänke können, manchmal in Rhythmen über hunderte von Metern, mit dolomitischen Stromatolithlagen abwechseln. Stromatolithe bilden sich aus Algenmatten, die zur Hauptsache aus blaugrünen Algen (Cyanophyceen) bestehen und auf sehr geringe Wassertiefen hinweisen. Solche rhythmischen Wechselfolgen von massigen Kalkbänken und Stromatolithen werden nach den Loferer Steinbergen auch als «Loferite» bezeichnet.

Der Dachsteinkalk erreicht in manchen Gebieten eine Flächenausdehnung von über 1000 km^2, so in der Berchtesgadener Dachsteinkalk-Plattform, die sich aus den Gebirgsstöcken der Loferer und Leoganger Steinberge, des Watzmanns, des Steinernen Meeres, des Hochkönigs und des Tennengebirges zusammensetzt. Dachsteinkalkmassive sind schließlich das Dachsteingebirge und die Gesäuse-Hochschwabgruppe. Nach Westen und Norden geht der Dachsteinkalk fließend in Hauptdolomit über.

Die «Loferite» sind Ursache der auffallenden Bänder, beispielsweise in der Watzmann-Ostwand. Wir finden sie auch in den Südalpen: Julius Kugy hatte sie am Wischberg in den Julischen Alpen «Götterbänder» genannt.

Flachgelagerte Dachsteinkalke neigen stark zur Verkarstung und Höhenbildung. Dafür bieten die Loferer Steinberge, der Untersberg und das Dachstein-Massiv zahlreiche Beispiele:

Die Lamprechtshöhle bei Lofer, die Schellenberger Eishöhle im Untersberg, die Dachstein-Eisriesenwelt usw.

Zu Beginn des Räts änderten sich die paläogeographischen Verhältnisse. Die tonigen Sedimente der Kössener Schichten (Abb. 49, S. 124) wurden bis in die Dachsteinkalk-Plattformen hinaus verfrachtet. Etwas später erschienen mitten in den ehemaligen Hauptdolomit-Lagunen die Oberrätkalk-Riffe (Abb. 53). Dort, wo die Dachsteinkalke sich ohne Unterbrechung weiter bildeten, spricht man von rätischem Dachsteinkalk. Die mergelig-tonigen Kössener

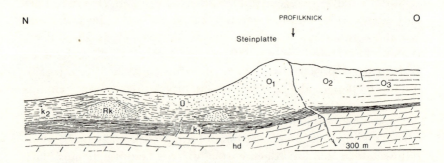

Abb. 53 Das Oberrät-Riff an der Steinplatte. Nach OHLEN und OESTERLEN, stark schematisiert

k_1 tiefere Kössener Schichten, k_2 höhere Kössener Schichten, Ü Übergangsbereich zwischen Kössener Schichten und Vorriff, Rk Riffknospen in den Kössener Schichten; Oberrätkalk: O_1 Vorriff, O_2 Riffkern, O_3 Lagune oder Achterriff; hd Hauptdolomit.

Schichten enthalten die sogenannten Lithodendron-Kalke, langhinziehende, dünne Korallenbänke mit Thecosmilia und Thamnasteria (Abb. 51, S. 126/127).

Schließlich reicht auch die Hallstätter Fazies mit den schon im Nor einsetzenden fossilreichen Zlambach-Schichten in das Rät hinauf. Sie verzahnen sich mit den obernorisch-rätischen Dachsteinkalken (Abb. 60, S. 144; Schöllnberger).

Die beschriebenen Triasserien erreichen Mächtigkeiten von einigen 10 bis über 4000 m und sind, wie wir sahen, in mehrere Faziesbereiche zu gliedern (vgl. Tab. 5, S. 160).

Die Vorarlberger Fazies ist auf Vorarlberg beschränkt. Die bayerisch-nordtiroler Fazies erreicht die weiteste Verbreitung.

Die Berchtesgadener Fazies erhält vor allem durch den Ramsau-Dolomit und den Dachsteinkalk ihr Gepräge (Abb. 49, S. 124). Mit ihr steht als Beckenbildung die Hallstätter Entwicklung (Fazies) in engem Zusammenhang, dazu gehört auch die weiter im Osten abgetrennte Aflenzer Fazies.

Jura, Kreide und Tertiär

Die Ablagerungen des Jura nehmen, verglichen mit der Trias, nur einen sehr geringen Raum ein. Sie sind nicht so mächtig und infolge ihres hohen Mergelanteiles auch weit stärker abgetragen. Der rasche Wechsel sehr verschiedener Faziestypen spricht für ein ausgeprägtes vorjurassisches Relief. Untermeerische Schwellen-Bereiche mit steilen Böschungen begrenzten Zonen rascher Senkung. So beobachten wir heute dünne Lagen kondensierter, roter Kalke als Schwellenfazies neben gleichalten, mächtigen, tonreichen Beckenablagerungen (Abb. 54). Echte Riffe sind im Gegensatz zur Trias selten.

Typische Beckengesteine sind die gebietsweise mehr als 1000 m mächtigen Fleckenmergel und Kieselkalke des Lias und des tieferen Dogger. Sie sind unter der Bezeichnung Allgäu-Schichten bekannt und bilden die berühmten und gefürchteten Allgäuer Grasberge.

Sehr bezeichnend für den höheren Oberjura sind die bis 800 m mächtigen Aptychenschichten, die als charakteristische Versteinerungen «Aptychen», das sind die Deckel[7] von Ammoniten-Gehäu-

---

[7] Nach neueren Untersuchungen sollen es Kiefer-Elemente sein.

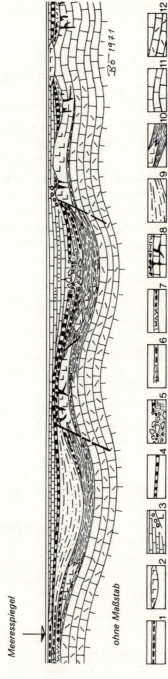

Abb. 54 Schichtfolgen und Fazies im Jura der mittleren Nördlichen Kalkalpen, ohne Maßstab

1 Bunte Oberjura-Kalke, 2 Plassen-Kalk (Oberjura-Riffkalk), 3 Aptychenschichten und Oberalmer Kalk mit örtlich ausgebildetem basalem Konglomerat, 4 Radiolarit (tiefer Oberjura), 5 Schwarzbergklamm-Breccie (etwa gleichalt mit dem Radiolarit, synsedimentär eingeglitten), 6 Vilser Kalk und bunte Dogger-Kalke, 7 Hierlatzkalk, Adneter Kalk (Lias bis Dogger), 8 mit Liaskalk gefüllte Spalten in Obertrias Kalken, 9 Allgäuschichten, 10 Kössener Schichten und Oberrät-Riffkalk, 11 Dachsteinkalk, 12 Hauptdolomit/Plattenkalk.

Die sehr wechselhafte Entwicklung der Ablagerungen des Jura ist z.T. durch die Ausbildung der liegenden Trias vorgezeichnet, aber auch durch das Einsetzen einer vorliassischen Bruchtektonik, die die liegende Triasplattform zerlegt. Schichtlücken sind häufig, z.B. liegt oberer Jura manchmal direkt auf Trias. Die Mächtigkeiten im Jura sind sehr unterschiedlich (vgl. Abb. 55 und Abb. 67, S. 163). Gleitmassen mit z.T. riesigen Blöcken sind verbreitet. Charakteristisch ist das Eingreifen roter Liaskalke in Spalten und Taschen in Obertriaskalk. – Das Schema gibt das Bild des Ablagerungsbereiches etwa zur Unterkreide-Zeit wieder.

sen, enthalten. Die geringmächtigen Radiolarite an der Basis der Aptychenschichten werden vielfach als Tiefseesedimente gedeutet. Sie treten hier und da gemeinsam mit basischen Ergußgesteinen auf, wie im südlichen Wettersteingebirge und im Karwendel.

Neben diesen Beckensedimenten findet man, wie erwähnt, geringmächtige, meist rote Kalke, die an untermeerische Schwellen gebunden waren, keinesfalls aber auf flaches Wasser deuten. Dazu gehören im Lias die Crinoiden-reichen Hierlatzkalke, die oft mit Mangankrusten durchsetzten roten Adneter Kalke mit Ammoniten (im höheren Dogger Klauskalk genannt), die Brachiopoden-füh-

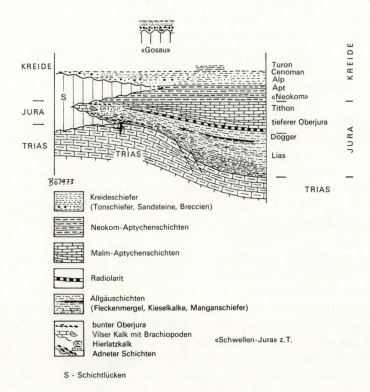

Abb. 55 Die Entwicklung des Jura und der Kreide im Westteil der Nördlichen Kalkalpen

Die ungleichmäßige Absenkung der Trias-Platte führt zu sehr unterschiedlichen Mächtigkeiten, wenige Meter «Schwellen-Jura» können über 1000 m Beckenfazies gegenüberstehen. Die stets transgressiv auflagernde Gosau ist nur in spärlichsten Resten anzutreffen, im Gegensatz zu den östlichen Kalkalpen.

renden Vilser Kalke des Dogger und noch andere Gesteinstypen. Riffkalke erscheinen nur im Oberjura (Plassenkalk).

Schichtlücken und synsedimentäre Umlagerungen, also eine sehr unruhige Entwicklung (vgl. S. 37), sind für den Jura typisch. So liegen rote Kalke des mittleren oder oberen Lias, ja auch des Dogger manchmal direkt auf Hauptdolomit, Oberrätkalk oder Dachsteinkalk und füllen sogar Spalten in diesen Gesteinen. Tektonische Bewegungen und Abtragungsvorgänge zu Ende der Trias oder zu Beginn des Lias werden so deutlich sichtbar. Schichtlücken finden sich aber auch innerhalb des Jura, wenn z. B. Schichten des Tithon auf Lias zu liegen kommen. Sodann finden wir im Lias örtlich Konglomerate mit Geröllen von Obertrias- und Unterlias-Kalken. Im höheren Jura, zur Radiolarit-Zeit, glitten beträchtliche Sedimentmassen von höher gelegenen Schwellen ab und sammelten sich in tieferen Ablagerungsbereichen. Hierher zählen die feinklastischen Tauglboden-Schichten oder die Schwarzbergklamm-Breccie mit bis weit über hausgroßen Blöcken von Oberrätkalk (Abb. 54, S. 134). Im höheren Jura gleiten auch Kalkschuttmassen von Flachwasserbänken murartig weithin in die etwas tieferen Becken der Aptychenschichten ab und bilden dort die Barmsteinkalke (SCHLAGER). All diese Vorgänge spielen sich untermeerisch ab. – Die Beispiele stammen aus den Salzburger Kalkalpen; vergleichbare Gesteine finden sich aber auch in allen anderen Gebieten der Nördlichen Kalkalpen, im Mesozoikum des Unterostalpins und in sehr großer Verbreitung in den Südalpen.

Erst im alleroberst en Jura folgt, angezeigt durch die weite Verbreitung zunehmend mergelig werdender Aptychenschichten, eine tektonisch ruhigere Zeit. Dies läßt sich auch daran erkennen, daß die Sedimentation in der tieferen Unterkreide gleichartig weitergeht, so daß eine lithologische Abgrenzung von Jura und Kreide oft nur sehr schwer möglich ist (Abb. 55).

Schon im Hauterive erscheinen jedoch wieder Sandsteinbänke in den Mergeln und etwas später die Breccien und Konglomerate der Roßfeldschichten. Diese grobklastischen Bildungen enthalten Bruchstücke der gesamten Trias, z. T. als riesige Blöcke, und vereinzelt auch Kristallingerölle. Da die Zufuhr gröberer Sedimente zeitweilig unterbrochen wurde, entstanden zwischen den Schuttbänken tonreiche Lagen, die gelegentlich Ammoniten führen. Bezeichnenderweise enthalten die Breccien auch schon Komponenten der Unterkreide, ja sogar die Breccie selbst findet sich in umgelagerten Blöcken. Die frisch gebildeten Gesteine müssen also an einzelnen Stellen rasch gehoben, zerstört und wieder sedimentiert worden sein. Damit zeichnen sich bereits deutliche Spuren der Gebirgsbildung ab. – Solche Gesteine bezeichnet man auch als «Wildflysch», ohne daß eine Beziehung zu den im Abschnitt Helvetikum beschriebenen Wildflysch-Bildungen besteht (siehe S. 43).

Wenig später wich das Meer erstmals aus weiten Teilen des Ostalpins ganz zurück.

Abb. 56 Die Entwicklung der mittleren und höheren Kreide in den mittleren Nordalpen

ng Nierentaler Schichten (oberes Campan bis Paleozän), go sogenannte obere Gosau (tieferes Campan), ug Schuttkalke, Untersberger Marmor (Santon), bg Basisbildungen der mittleren (Santon) und örtlich der unteren (Coniac) Gosau, a–t mittlere Kreide bis Turon, c «Cenoman»-Transgressionskonglomerate, j–kru Jura und Unterkreide, Bay Bayerisch-Nordtiroler Trias, Be Berchtesgadener Trias, H Hallstätter Trias.

Im nördlichsten Randbereich der Kalkalpen sind örtlich ununterbrochene Schichtfolgen von der Unterkreide bis zum Turon entwickelt, etwas weiter südlich transgrediert «Cenoman», mit schwacher Winkeldiskordanz, bis auf Obertrias. Die Gosau hingegen transgrediert im Santon oder im Coniac mit Konglomeraten über ein kräftig entwickeltes Relief und greift bis auf die tiefere Trias hinab: teilweise sogar über einen vorgosauischen Deckenbau.

Die folgenden Gesteine des Cenoman (Abb. 55, S. 135) transgredierten, zumindest bereichsweise, auf tektonisch verstellte Schichten der oberen Trias, des Jura und der unteren Kreide. Da in manchen Gebieten die Sedimentation jedoch ohne Unterbrechung weiterging, ist die vorcenomane Gebirgsbildung vermutlich nicht überall in gleicher Weise wirksam gewesen. So beobachtet man in den Lechtaler Alpen eine lückenlose Schichtfolge von den Aptychenschichten bis zu den cenomanen Kreideschiefern (Abb. 56). Auch im Randcenoman, einem schmalen Streifen am Nordrand der Kalkalpen, fehlt die vorcenomane Schichtlücke.

Hier muß kurz auf eine andere schmale Zone am Alpennordrand, die sogenannte Aroser Zone, verwiesen werden. Sie enthält ähnliche Gesteine wie das Randcenoman, daneben aber auch basische Vulkanite. Ihre Stellung ist noch unklar, sie wird teils als Unterostalpin, teils als abgesplitterter äußerster Nordrand der Kalkalpen betrachtet, könnte aber auch mit einer der Klippenzonen (s. S. 44) oder dem Penninikum (s. S. 78) in Verbindung stehen.

Weit größere Bedeutung als den Krustenbewegungen der Mittelkreide ist der nachturonen, «vorgosauischen» Gebirgsbildung beizumessen. Die mit klarer Diskordanz (Abb. 56, S. 137) über die eben entstandenen tektonischen Strukturen hinweggreifenden Gosaugesteine (Coniac bis Maastricht/Paleozän) sind in den Alpen zwar heute auf Einzelvorkommen beschränkt, bildeten aber ursprünglich eine zumindest zeitweise zusammenhängende Sedimentdecke.

An der Basis der Gosausedimente treten örtlich Bauxite auf – sicheres Anzeichen für die vorgosauische Verwitterung. Die bunten Transgressionskonglomerate gehen teilweise in massige Schuttkalke, wie den als Baustein berühmten Untersberger Marmor, über. Man kennt ferner Rudisten-Riffkalke, sandig-tonige Schichten mit Kohlenflözen und flyschähnliche Sandsteine.

Foraminiferenreiche Sedimente der oberen Kreide, die Nierentaler Schichten, bilden ein Gegenstück zu der hochmarinen südalpinen Scaglia und reichen ohne Schichtlücke bis in das Paleozän. Von einer durchgehenden vortertiären Schichtlücke kann in den Nördlichen Kalkalpen also keine Rede sein.

Das Alttertiär ist in den Nördlichen Kalkalpen nur noch örtlich erhalten. Seine Reste liegen, sieht man von dem Übergang der «Gosau» mit den Nierentaler Schichten ins Paleozän ab, stets transgressiv auf sehr viel älteren Gesteinen. Erst recht gilt dies für das Jungtertiär (vgl. auch den Abriß der Tertiärgeschichte S. 179). Neben pelagischen Ablagerungen, also Sedimenten des offenen Meeres wie den erwähnten Nierentaler Schichten, finden sich Riffgesteine, Fossilschuttkalke und natürlich Transgressions-Bildungen aller Art, außerdem molasseähnliche Konglomerate wie etwa die Angerberger Schichten im Unterinntal, auch bituminöse Gesteine, Kohlen (Häringer Schichten) und andere mehr. – Es ist das Verdienst des Münchner Paläontologen und Geologen H. HAGN, durch mühsame Geröllstudien in der Molasse und in den quartären Schottern den Beweis für eine weitreichende Meeresbedeckung der Kalkalpen während des Alttertiärs geliefert zu haben. Er fand u. a. Gerölle von Fossilschuttkalken des Paleozäns und des Eozäns, deren Anstehendes teilweise bis heute nicht gefunden werden konnte und wahrscheinlich der Abtragung völlig zum Opfer gefallen ist.

Im Miozän und im Pliozän dürften die Kalkalpen weitgehend Festland gewesen sein. Davon zeugen die sogenannten Augensteine, das sind Gerölle von Quarz, gelegentlich auch von kristallinen Gesteinen, die vor allem auf den Hochflächen der mittleren und östlichen Kalkalpen gefunden werden. Manchmal sind sie mit Bohnerzen oder anderen Verwitterungsgebilden verbunden, oder auch zu Konglomeraten verfestigt.

Die Tektonik der Nördlichen Kalkalpen

Den tektonischen Baustil der Nördlichen Kalkalpen kann man als Schuppen- und Deckenbau bezeichnen. Sogenannte Ferndecken, die vom Südrand der Kalkalpen weit nach Norden verfrachtet worden sind, bilden eine Ausnahme. Andererseits sind aber auch Formen der «gebundenen Tektonik», etwa aus dem Untergrund aufgepreßte Schollen oder Pilzsättel, nur in wenigen Fällen bekannt.

Im großen und ganzen haben sich die Vorstellungen vom tektonischen Bau, die die Pioniere der Kalkalpengeologie F. F. HAHN und O. AMPFERER zu Beginn dieses Jahrhunderts entwickelten, in ihren Grundzügen bis heute kaum geändert, obwohl im einzelnen manches unklar blieb. Da die Decken- und Schuppengrenzen nur z. T. den Fazieszonen folgen und überdies häufig durch nachträgliche Schollenbewegungen überprägt wurden, ist es verständlich, daß viele tektonische Trennfugen unterschiedlich bewertet wurden und manche tektonische Einheit, wie die Inntal-Decke, bis heute nicht eindeutig zu umgrenzen ist.

Trotz einer ausgeprägten Faltung und jungen Verwerfungen zeichnen sich im Westen der Kalkalpen vier übereinanderliegende tektonische Einheiten ab. Die tiefste, die Allgäu-Decke, wird von der Lechtal-Decke mehr oder weniger weit überschoben (vgl. Falttafel II, Profil 2). Die nächsthöhere Inntal-Decke stellt vermutlich einen tektonisch abgetrennten Teil der Lechtal-Decke dar und wurde allem Anschein nach aus dem Untergrund aufgepreßt. Zuoberst schließlich folgt die Krabachjoch-Decke, die aus Karbonaten der tieferen Trias besteht. Es ist ganz sicher, daß die meisten

Abb. 57 Schema der Decken in den Nördlichen Kalkalpen

M ungefaltete Molasse, Mf Faltenmolasse, F Flysch-Zone, Helvetikum, Klippen-Zonen; Kalkalpine Decken: AD Allgäu-Decke, FD Frankenfelser Decke, LD Lechtal-Decke, fa Falkenstein-Zug, ID Inntal-Decke, T Tirolikum, t Tirolischer Bogen, k Scholle des Kaisergebirges, R Reiteralm-Decke, D Dachstein-Decke, to Totengebirgs-Decke, Lu Lunzer Decken (su Sulzbach-, r Reisalpen-Teildecke), rs Reifinger Scholle, ÖD Ötscher Deckensystem (u Unterberg-, g Göller Teildecke), Mü Mürzalpen-Decke (?), HW Hohe Wand-Decke, S Schneeberg-Decke, W Werfener Schuppenzonen am Südrand der Kalkalpen, m Mandling-Zug, gt Gaisberg-Trias; H Hallstätter Schollen; BU Bohrung Urmannsau. – b Bregenz, i Innsbruck, s Salzburg.
Der Deckenbau in den Nördlichen Kalkalpen ist nicht einheitlich: Faltenbau überwiegt im Westen, Schollen-Tektonik in der Mitte, kleinräumiger Schuppenbau im Osten.

Kalkalpen-Decken in der Alpenlängsrichtung keine allzu große Reichweite besitzen, da die Überschiebungen von anderen tektonischen Bauformen abgelöst werden. Verfolgt man die Lechtal-Decke (Abb. 57, S. 140) nach Osten, so zeigt sich, daß sich östlich des Meridians von Tölz aus einer Sattelstruktur innerhalb der Lechtal-Decke allmählich eine Aufschiebung entwickelt, die dann zu einer Überschiebung und schließlich zu einer selbständigen Schubmasse führt. Diese Schubmasse, Tirolische Decke oder kurz Tirolikum genannt, rückt dann, je weiter wir nach Osten gehen, soweit über die Lechtal-Decke vor, daß diese fast ganz verschwindet.

Im mittleren Teil der Nördlichen Kalkalpen trägt das Tirolikum eine noch höhere Schubmasse (Abb. 58 u. 59, S. 143), die man noch am ehesten als eine vom Südrand der Kalkalpen stammende Ferndecke deuten kann: die Reiteralm-Schubmasse. Sie liegt, klar erkennbar, mit Werfener Schichten auf Jura- und Kreideablagerungen des Tirolikums. Zwischen beiden Einheiten stecken Schollen aus Hallstätter Gesteinen.

Weniger deutlich ist die Überschiebung im Bereich der Dachstein-Decke. Die Dachstein-Decke wird der Reiteralm-Schubmasse gleichgestellt, bildet aber mit größerer Wahrscheinlichkeit eine herausgehobene Scholle des Tirolikums (Abb. 6, S. 34).

Ein Problem für sich stellen die Schollen aus Hallstätter Fazies im Mittelteil der Kalkalpen dar. Ihre Deutung als Ferndecken war lange Zeit unbestritten, da sich örtlich sehr klare tektonische Gesteinsverbände finden; so zum Beispiel am Roßfeld in Berchtesgaden, wo Schollen von Hallstätter Trias ortsfremd auf den Roßfeld-Schichten des Neokoms liegen (Abb. 58–60).

Da jedoch die Hauptmasse der Hallstätter Gesteine in kanalartigen, unregelmäßigen Becken innerhalb der Dachsteinkalk-Plattform abgelagert wurden (vgl. S. 131), lassen sich ihre jetzigen tektonischen Beziehungen auch durch lokale Verschuppungen erklären (Abb. 49, S. 124 u. Abb. 60, S. 144). Zudem gibt es Hinweise, daß manche Hallstätter Schollen schon während der Bildung der Roßfeld-Schichten im Neokom von Hochgebieten in die Sedimente hineingeglitten sind und sozusagen «sedimentäre Deckschollen» bilden.

Die Tirolische Decke verschwindet im Osten ebenso wie sie im Westen entstanden ist. Der Lechtal-Decke vergleichbare Schubmassen treten weiter östlich in Gestalt der Reichraminger Decke und der Lunzer Decke (Abb. 61, S. 146) auf und werden von der aus mehreren Schuppen bestehenden Ötscher Decke überschoben. Eine noch höhere Einheit, die Mürzalpen-Decke, ist in ihrer Abgrenzung ähnlich umstritten wie die Inntal-Decke. Über ihr folgen die Schollen der Schneeberg-Decke.

Der Bau der östlichen Kalkalpen wird außerdem durch eine merkwürdige Nord-Süd-Struktur, die Weyrer Bögen, kompliziert.

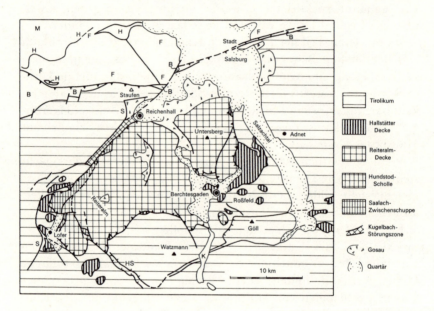

Abb. 58 Tektonische Übersichtsskizze der Reiteralm-Decke und ihrer Umrahmung in den Berchtesgadener Alpen, als Beispiel für den Deckenbau in den mittleren Kalkalpen

M Molasse, H Helvetikum, F Flysch, B Bajuvarikum, S Saalach-Westbruch, HS Hundstod-Störung.

Umgeben von einem Kranz von Schollen aus Hallstätter Gesteinen liegt die Reiteralm-Decke, auch Berchtesgadener Schubmasse genannt, frei schwimmend auf der Tirolischen Decke, kurz Tirolikum. Der Einschub der Reiteralm-Decke könnte vor der Gosau-Transgression erfolgt sein. Das Tirolikum ist hier bis zum Nordrand der Kalkalpen vorgerückt; dabei wird das «Bajuvarikum» (= Allgäu + Lechtal-Decke; vgl. Abb. 59) ganz eng zusammengeschoben. Der Saalach-Westbruch ist eine bedeutende steilstehende Störung, an der nach dem Deckenschub beträchtliche horizontale und vertikale Bewegungen vor sich gegangen sind. Ebenfalls jünger als der Deckenbau ist eine südwest-gerichtete Aufschiebung an der Hundstod-Störung, von der sowohl die tirolische Basis als auch die Reiteralm-Schubmasse betroffen wurde.

Westlich von Waidhofen biegt die der Allgäu-Decke des Westens vergleichbare Frankenfelser Decke aus ihrer Randlage nach Süden zurück und zieht in die Kalkalpen hinein. Die Ursache hierfür ist vermutlich in Ost-West-Bewegungen zu suchen, die die Süd-Nord-Bewegungen in den Kalkalpen überlagerten. Spuren solcher Ost-West-Bewegungen sind in den Kalkalpen häufig zu finden, wenn auch nicht in dem Ausmaß der Weyrer Bögen. Sie dürften durch-

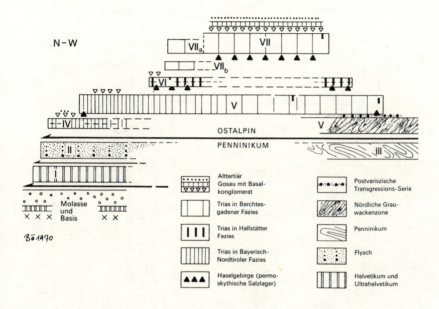

Abb. 59 Diagramm zur Erläuterung des Deckenbaues und der Faziesverhältnisse im Bereich der Berchtesgadener Alpen

I Helvetikum und Ultrahelvetikum, II Flysch, III Penninikum des Tauernfensters, IV–VII Oberostalpin: IV Bajuvarikum (= Allgäu + Lechtal-Decke), V Tirolikum (auch Staufen-Höllengebirgs-Decke genannt), V_o Paläozoische Basis der Kalkalpen (die variszisch gefaltete Nördliche Grauwacken-Zone), VI Hallstätter Bereich (= Tiefjuvavikum), VII Berchtesgadener Schubmasse (= Reiteralm-Decke = Hochjuvavikum mit vorgelagerten Teilschuppen VII a und VII b).

Die *Fazies*verteilung hält sich nur teilweise an die tektonischen Einheiten: Innerhalb des Tirolikums z.B. ist im Nordteil *Bayerisch-Nordtiroler*, im Südteil *Berchtesgadener Fazies* entwickelt. Die Hallstätter Decke besteht nur aus *Hallstätter Fazies*, die gelegentlich auch in die anderen tektonischen Einheiten hineingreift (vgl. Abb. 49, S. 124). Die Entwicklung des Jura und der Kreide hält sich nicht an die in der Trias ausgebildeten Faziesbereiche. Die Gosautransgression geht möglicherweise über die Deckengrenze hinweg.

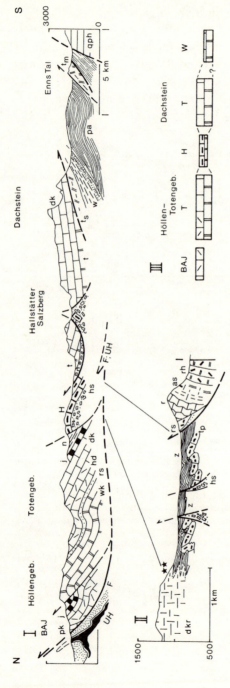

Abb. 60 Profil Höllengebirge–Totengebirge–Dachstein im Salzkammergut. Nach SCHÖLLNBERGER

qph Unterostalpiner Quarzphyllit, pa Oberostalpines Altpaläozoikum der Nördlichen Grauwacken-Zone, t_m Trias des Mandling-Zuges, t_s Trias der Werfener Schuppen-Zone, hs Haselgebirge, w Werfener Schichten und Postvariszische Transgressionsserie, t Mitteltrias (ungegliedert), rh Reichenhaller Schichten, as anisischer Steinalmkalk, r Reiflinger Kalk, wk Wettersteinkalk, rs Raibler Schichten, hd Hauptdolomit, dk Dachsteinkalk (ungegliedert), dkr Dachstein-Riffkalk, H Hallstätter Kalk, tp Pötschenkalk, z Zlambach-Schichten, pk Plattenkalk, j Jura; UH Ultrahelvetikum/Klippen, F Flysch, BAJ Bajuvarikum, T Tirolikum, H Hallstätter Bereich, W Werfener Schuppen-Zone.

I. Das Tirolikum (Höllengebirge + Totengebirge) ist weit nach Norden vorgerückt, die tieferen kalkalpinen Einheiten sind zu einem schmalen Streifen («Bajuvarikum», vgl. Abb. 58 und 59) zusammengeschoben. Der Hallstätter Bereich scheint nach Norden aufgeschuppt und selbst wieder deckenartig von der Dachstein-Masse überlagert zu sein. Am Kalkalpen-Südrand ist die Dachstein-Masse kräftig nach Süden auf die Werfener Schuppen-Zone aufgeschoben; der Mandling-Zug ist tief in das Paläozoikum hineingespießt. ▽

wegs jünger sein als die strukturprägenden nordwärts gerichteten Überschiebungen.

Wie schon S. 52 beschrieben, kommen inmitten der Nördlichen Kalkalpen an mehreren Stellen fensterartige Aufbrüche von Flysch-Gesteinen, von Bildungen des Ultrahelvetikums und der Klippen-Serien und auch von dem S. 137 erwähnten Randcenoman vor. Stets sind in diesen Fenstern die Gesteine aus dem tektonisch Liegenden an großen Störungen hochgeschuppt und als Fremdlinge zwischen den kalkalpinen Schichtfolgen eingeklemmt.

Zuletzt sei noch bemerkt, daß am Südrand der Kalkalpen ein deutlich nach Süden gerichteter Falten- und Schuppenbau erkennbar ist, zumindest von Leogang nach Osten. Die gesamte Masse der kalkalpinen Decken wurde hier durch einen letzten tektonischen Akt nach Süden bewegt, wobei die sog. Werfener Schuppen-Zonen (Abb. 60, S. 144) oder in Niederösterreich die Südrand-Elemente des Hohe-Wandgebietes entstanden (PLÖCHINGER). Diese nach Süden gerichteten Bewegungen führten auch zu einer intensiven Verschuppung kalkalpiner Gesteine mit ihrer paläozoischen Unterlage, der Nördlichen Grauwacken-Zone. So steckt z. B. der Mandling-Zug als langer, schmaler Span kalkalpiner Gesteine mitten in den Phylliten der Nördlichen Grauwacken-Zone (Abb. 60).

C) Die Periadriatische Naht und ihre Plutone

Die Periadriatische Naht ist mit einer Länge von 700 km die bedeutendste Störungszone der Alpen (Abb. 62, S. 148). Sie ist durch große Längstäler (Gailtal, Pustertal) morphologisch deutlich gekennzeichnet und trennt die Südalpen von den Ostalpen, westlich vom Bergell die Südalpen von den Westalpen.

Für die Teilstücke der Bewegungszone sind lokale Begriffe im Gebrauch. Beginnen wir im Osten. Hier bildet die Karawanken-

---

◁

II. Ein vergrößertes Profil östlich von I zeigt, daß die Aufschiebung der Hallstätter Gesteine im Streichen in einen normalen faziellen Verband übergeht (vgl. das Riff-Schema, Abb. 52, S. 129).

III. Anordnung der ursprünglichen Ablagerungsbereiche (schematisch).

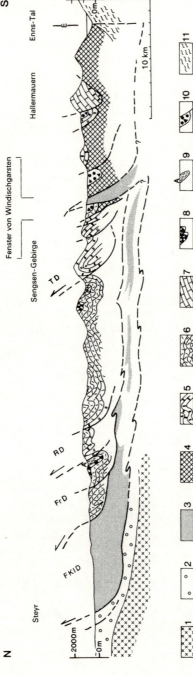

Abb. 61 Profil durch die Kalkalpen in Niederösterreich. Nach PLÖCHINGER und PREY

1 Kristallin der Böhmischen Masse, 2 Molasse, 3 Flysch, mit Schuppen von Buntmergeln und Klippengesteinen, 4 ungegliederte Masse von Haselgebirge, Werfener Schichten, Gips und Rauhwacken, 5 Mitteltrias, 6 Raibler Schichten und Hauptdolomit, 7 Dachsteinkalk, 8 Jura-Unterkreide, 9 (A) mittlere Kreide der Frankenfelser Decke, 10 Gosau, 11 Altpaläozoikum der Grauwacken-Zone. — FrD Frankenfelser Decke (entspricht der Allgäu-Decke des Westens), RD Reichraminger-Lunzer Decken-System (entspricht etwa der Lechtal-Decke im mittleren Oberbayern), TD Tirolische Decke (die Störung am Nordrand des Tirolikums entspricht sehr genau der Tirolischen Störung in den Bergen westlich des Inns, etwa am Guffert), E Ennstal-Störung.

Das Profil zeigt, daß die Kalkalpen eine auf dem Flysch freischwimmende Decke bilden, daß aber in den «Fenstern» die tektonische Unterlage nicht einfach sichtbar wird, sondern aus der Tiefe hochgeschuppt ist. Das bedeutet, daß auch nach der Deckenüberschiebung noch eine sehr intensive tektonische Beanspruchung stattgefunden hat.

Linie und südlich des Drauzuges die Gailtalstörung die Südgrenze des Ostalpins. Weiter im Westen wird von der Pustertalstörung gesprochen, die südlich von Sterzing in die Nordnordost/Südsüdwest streichende Judikarien-Linie umbiegt. Nordöstlich des Adamello-Massivs setzt mit der Tonale-Linie wieder die Ost-West-Richtung ein. Sie biegt als Insubrische Linie nach Südwesten um und verschwindet schließlich südwestlich von Ivrea unter den jungen Schuttmassen der Poebene.

Sieht man vom Jungpaläozoikum der Karnischen Alpen ab, so unterscheidet sich die Gesteinsentwicklung beiderseits der Periadriatischen Naht nur geringfügig. Die tektonische Geschichte ihres Süd- und Nordflügels verlief aber unterschiedlich. So blieben die Südalpen von den tektonischen Ereignissen und Metamorphosen, die die Ost- und Westalpen während der Oberkreide erfaßten, weitgehend unberührt. Erst im Tertiär wurden auch die Südalpen in stärkerem Maße in die gebirgsbildenden Vorgänge einbezogen.

Ein weiteres Kennzeichen der Periadriatischen Erdnaht ist die Konzentration granitischer Plutone, die in den Alpen sonst fehlt. Bis vor kurzem wurden die petrographisch sehr gleichförmigen Gesteine als «periadriatische Plutone» in das Tertiär gestellt. Radiometrische Altersbestimmungen konnten dieses Alter aber nur für einen Teil der Plutone bestätigen; einige sind bereits während der Permzeit intrudiert.

Der Mineralzusammensetzung nach handelt es sich um Granite, Granodiorite und Tonalite, gelegentlich auch Diorite und noch basischere Gesteine. Sie sind entweder in der Nähe der Periadriatischen Naht oder direkt an und in der Störungszone aufgedrungen. In Abb. 62 (S. 148) sind alle Tiefengesteinsvorkommen verzeichnet. Der ganz im Osten gelegene Tonalit von Pohorje (Bacher Granit) ist vermutlich jung. Südöstlich von Klagenfurt sowie im obersten Gailtal und im Pustertal markieren kleine Granit- und Tonalitkörper, die völlig zu Myloniten zerrieben sind, den Verlauf der Störung. Im Pustertal stecken auch schmale Späne mesozoischer Gesteine, wie Hauptdolomit und fossilbelegter Jura, in der Störung. Alt ist der Granit von Eisenkappel (Abb. 38, S. 105).

Nördlich des Pustertales in einiger Entfernung von der Periadriatischen Naht, durchbricht der Rieserferner Tonalit das Altkristallin. Der Pluton löst sich nach Osten in eine Reihe mächtiger Tonalitgänge auf, die zwischen Matrei und Lienz in mehreren Steinbrü-

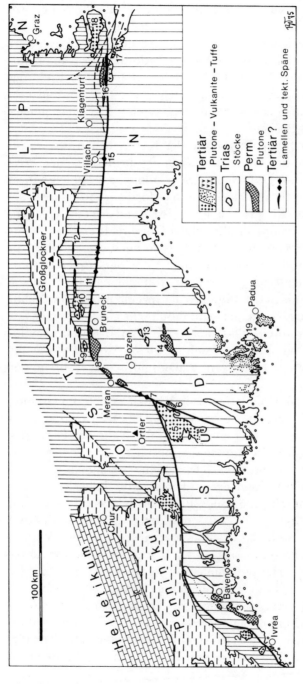

Abb. 62 Die Periadriatische Naht und die zugehörigen magmatischen Gesteine. Nach BÖGEL

Die Periadriatische Naht trennt die Südalpen von den Ost- und Westalpen ab. Sie wird von magmatischen Gesteinen, meist Graniten und Tonaliten verschiedenen Alters begleitet:
1 Traversella, 2 Biella, 3 Granit von Baveno, 4 Bergell, 5 Adamello, 6 Sabion, 7 Judikarien-Tonalite, 8 Kreuzberg-, Iffinger und Brixener Granit, 9 Rensen-Granit, 10 Rieserferner Tonalit, 11 Tonalite im Pustertal und im Gailtal, 12 Tonalitgänge im Iseltal, 13 Predazzo und Monzoni, 14 Cima d'Asta, 15 Tonalit von Finkenstein, 16 Granit und Tonalit von Eisenkappel, 17 Smrekovec-Andesit, 18 Bacher Tonalit, 19 Basalte, Trachyte, Liparite der Lessinischen Alpen und der Colli Euganei.

chen gut erschlossen sind. Das Alter des Rieserferner Tonalits und seiner Gänge ist Tertiär. Alpidisches Alter kann auch für den weiter westlich gelegenen Rensen-Granit vermutet werden. In der Nähe auftretende Ganggesteine, die das Tauern-Penninikum durchschlagen, stehen nicht eindeutig mit dem Rensen-Granit in Verbindung.

Überraschenderweise ergaben radiometrische Messungen für das ausgedehnte Granitmassiv von Brixen, des Iffinger und des Kreuzberges (Abb. 21, S. 69) ein Alter von etwa 270 Mio. Jahren. Diese Granite sind also bereits im Anschluß an die variszische Gebirgsbildung aufgedrungen. Der im Norden des Brixener Granits anschließende tonalitische Randstreifen ist von den Bewegungen an der Periadriatischen Linie sehr stark in Mitleidenschaft gezogen worden.

Weiter im Südwesten, bereits im Südalpin, liegt der größte Intrusivkomplex im Bereich der Periadriatischen Naht, der Adamello-Pluton. Er intrudierte vor etwa 30 Mio. Jahren und hat in den Triasgesteinen seines Daches und Rahmens klassisch schöne Kontakthöfe hervorgerufen.

Der kleine Granodiorit des Monte Sabion hingegen, der nur wenige 100 m östlich der Judikarien-Linie aufgeschlossen ist, hat jungpaläozoisches Alter.

Das landschaftlich und alpinistisch berühmte Bergell-Massiv (Abb. 23, S. 76) wird von Graniten und Tonaliten aufgebaut, die vor etwa 30 Mio. Jahren erstarrten. Gleiches Alter haben auch die ganz im Westen gelegenen kleinen Stöcke von Biella und Traversella. Der bekannte Granit von Baveno östlich der Insubrischen Linie entspricht altersmäßig wiederum dem Brixener Granit. Hier erscheint an der Insubrischen Linie auch ein schmaler Zug tertiärer Andesite (AHRENDT).

Verlassen wir die Periadriatische Naht, so stoßen wir am Südrand der Dolomiten auf die Cima d'Asta, deren Granite, Granodiorite und Tonalite im Jungpaläozoikum unter den gleichen Bedingungen aufdrangen wie der Brixener Granit.

Ganz aus dem Rahmen fallen die kleinen, petrographisch aber sehr mannigfaltig zusammengesetzten Tiefengesteinsstöcke von Predazzo und Monzoni, für die triassisches Alter vermutet wird. Sie sind durch ihre Gesteinsvielfalt und die Mineralbildungen ihrer Kontakthöfe, z. B. die schönen und begehrten Vesuviane, weltbekannt (FRUTH). Hier seien auch noch einmal die Kontaktmineralien im Süden des Adamello-Massivs erwähnt, wo Granodiorite und Granite, Diorite und hornblendereiche Gesteine in Triaskalke und Dolomite eindrangen und die Sprossung von Granat, Diopsid, Wollastonit und vieler anderer Minerale bewirkten.

Die Frage nach den Bewegungen an der Periadriatischen Naht ist nicht einfach zu beantworten. Auf jeden Fall sind die Südalpen gegenüber den nördlichen und nordwestlichen Gebirgsteilen abgesunken und zwar um mehrere 1000 m. Örtlich, besonders im Westen ist die Störungsfläche nach Nordwesten geneigt und läßt nach Südosten gerichtete Überschiebungen erkennen. Ganz im Osten hingegen wurden die Südalpen offenbar in einem letzten Bewegungsakt längs der Störung kräftig nach Norden bewegt. Dieser tektonische Akt stand wohl in Zusammenhang mit den nordgerichteten Überschiebungen der Karwanken-Nordkette (Abb. 38, S. 105). Daneben sind sicher auch horizontale Schollenverschiebungen längs der Periadriatischen Naht erfolgt. Ihr Ausmaß ist aber nicht ohne weiteres zu bestimmen. Von einigen Geologen wurde angenommen, daß sich die Südalpen um mehrere 100 km gegenüber den Ost- und Westalpen nach Westen verschoben hätten. Ein Betrag zwischen 50 und 100 km ist realistisch.

Alles in allem ist festzustellen, daß die Periadriatische Naht ein sehr altes Strukturelement ist, an dem es wiederholt zu Schollenverschiebungen und zum Aufstieg magmatischer Schmelzen kam. Sie kann daher auch als «Lineament» oder als «Narbe» (EXNER) bezeichnet werden, worunter eine immer wieder aufbrechende Schwächezone der Erdkruste verstanden wird.

Die alte Vorstellung, daß die Periadriatische Linie als «alpindinarische Naht» die Trennfuge zwischen zwei selbständigen Gebirgen, nämlich den «Alpen» (Ostalpen) und den «Dinariden» (Südalpen) darstellt, ist mit Sicherheit falsch. Die ostalpine Decke und die Südalpen hingen ursprünglich zusammen.

D) Das Südalpin

Südlich der Periadriatischen Naht, die über ihre ganze Erstreckung hin immer wieder als scharfe Störungsfläche aufgeschlossen ist, beginnen die Südalpen oder das Südalpin. Dieser Gebirgsabschnitt ist zwar in Schollen zerlegt, jedoch liegen die Sedimentpakete meist noch in ihrer ursprünglichen Folge flach übereinander. Die Südalpen erscheinen vom «Deckenland» der West- und Ostalpen so verschieden, daß sie zeitweilig als eigenständiges Gebirge angesehen wurden, das man als «Dinariden» von den Alpen abtrennte. Der Begriff «Dinariden» bleibt heute dem etwa an der Save beginnenden und von da nach Südosten ziehenden Gebirge vorbehalten.

In den Südalpen fehlt das ausgeprägte West–Ost-Streichen der Ostalpen. Gegenüber dem Ostalpin, beispielsweise den Nördlichen Kalkalpen, zeigt die südalpine Sedimententwicklung zwar erhebliche, aber keine grundsätzlichen faziellen Unterschiede. Der Fazieswechsel ist beispielsweise weitaus geringer als der zwischen den Nördlichen Kalkalpen und der Flysch-Zone. Auch im Südalpin kann man einzelne Faziesbereiche erkennen, die jedoch Nord–Süd bzw. Nordost–Südwest (vgl. Abb. 64, S. 152) streichen und stets durch Übergänge miteinander verbunden sind. Dementsprechend lassen sich auch keine faziell-tektonischen Einheiten abgliedern wie in den Nordalpen. Der «Deckenbau» in den Südalpen beschränkt sich auf südgerichtete Schuppenzonen, die im Streichen nicht all-

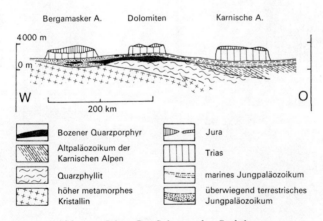

Abb. 63 West-Ost-Schema der Südalpen

Die variszische Basis, ein höher metamorphes Altkristallin im Westen, Quarzphyllit in der Mitte und kaum metamorphes Altpaläozoikum im Osten, bildet eine schwach gekippte Scholle (H. W. FLÜGEL).

Das marine Jungpaläozoikum des Ostens wird nach Westen zunehmend durch terrestrische Ablagerungen ersetzt.

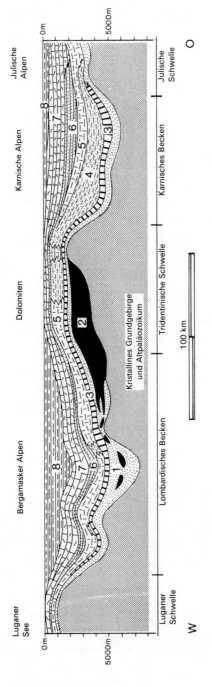

Abb. 64 Schnitt durch die Südwest–Nordost streichenden Schwellen (piattaforme) und Becken (bacini) der Südalpen zu Ende der Trias-Zeit. Nach BOSELLINI, vereinfacht

Oberkarbon – Perm – Skyth: 1 Collio-Serie, Servino, Grödener Schichten, Bellerophon-Schichten, Jungpaläozoikum der Karnischen Alpen, Werfener Schichten; 2 jungpaläozoische Vulkanite. Mittel- und Obertrias: 3 Richthofen'sche Konglomerate, «Muschelkalk», Sarl-Dolomit, Buchensteiner Schichten; 4 Wengener- und Cassianer Schichten; 5 Ladinisch-karnische Dolomite und Kalke, z.B. Salvatore-, Esino-, Schlern-Dolomit, Marmolata-Kalk; 6 Raibler Schichten; 7 Hauptdolomit, Dachsteinkalk; 8 Rät.

Die Darstellung veranschaulicht den raschen Facieswechsel, vor allem was die Mächtigkeit betrifft, oder z.B. das Verschwinden der permischen Vulkanite nach Osten. Die Störungen, an denen die synsedimentäre Absenkung der Beckenbereiche erfolgt, sind nicht eingezeichnet (vgl. Abb. 67, S.163).

Die komplizierte Fazies-Verzahnung im Ladin und im Unterkarn (vgl. Abb. 65, S.156) ist nur ganz schematisch dargestellt.

Tafel V, 6 Blick (Schrägluftbild) aus dem Prätigau-Halbfenster nach Osten. Über der hellen Kalkmauer (S) aus penninischem Sulzfluh-Kalk (Malm) folgt eine Verflachung, die der Platta-Arosa-Decke entspricht. Darüber liegt weithin überschoben das ostalpine Altkristallin (A) der Silvretta-Masse mit dem Schollberg (rechts). Unter dem Gehängeschutt sind die nordpenninischen Prätigau-Schiefer und vielleicht Reste der Falknis-Decke verborgen (Foto Franz Thorbecke).

Tafel VI, 7   Gefaltete Glimmerschiefer in der Rofenklamm bei Vent (Ötztaler Alpen). Die Achsen fallen steil mit 65° nach Osten ein.

Tafel VII, 9 Langkofel- und Sella-Gruppe mit Seiser Alm. Die Langkofel-Gruppe (La) besteht aus unterladinischem Schlerndolomit. Besonders bemerkenswert ist die «Übergußschichtung» (s) an der Riffkante des Plattkofels. Die im Vordergrund und links davon liegende Seiser Alm baut sich im wesentlichen aus gleichalten und etwas jüngeren vulkano-sedimentären Ablagerungen des Beckens auf (Buchensteiner Schichten an der Basis, darüber augitporphyrische Laven und Tuffe, Wengener und Cassianer Schichten).

Die Dolomit-Masse der Sella-Gruppe (SG) im Hintergrund ist durch das schuttüberdeckte Band der Raibler Schichten deutlich zweigeteilt: Schlern-Dolomit im Liegenden (der etwas jünger als der Schlern-Dolomit des Langkofels ist) und gut gebankten Hauptdolomit im Hangenden (Foto Prof. H. Heuberger).

◁ Tafel VI, 8 Hornblende-Granat-Glimmerschiefer im Schneeberger Zug. Die hellen Glimmerschiefer enthalten mehrere zentimetergroße rote Granate (Almandin) und dunkelgrüne Hornblende-Garben (bis 10 cm lang). Als Ausgangsgestein kommen Mergel oder Tuffe in Betracht.

Tafel VIII, 10   Die Erdpyramiden von Bozen. Im Hintergrund der Schlern. Die merkwürdigen Gebilde entstehen durch die Abtragung sehr standfester Moränenablagerungen. Dabei werden einzelne Partien durch Blöcke vor der Abtragung geschützt, so daß steile kegelförmige «Pyramiden» entstehen (Foto Wenzel Fischer).

zuweit reichen. Flache Überschiebungen gehen im allgemeinen aus steilen Störungen hervor und nach kurzer Zeit wieder in solche über.

Am Südrand der Südalpen ist meist eine deutliche Störung oder eine Flexur vorhanden und das Gebirge örtlich auf das Molassevorland aufgeschoben. Diese Störungen sind jedoch in keiner Weise mit den Überschiebungen der nördlichen Ostalpen auf die nördliche Molassezone zu vergleichen. Man erkennt vielmehr deutlich, daß die Südalpen allmählich nach Süden hin unter die Molasse der Poebene absinken und, bildhaft gesprochen, in ihrem eigenen Schutt ertrinken.

Als Ganzes sind die Südalpen in der Tiefe durch eine große Abscherung vom Untergrund getrennt und nahmen «en bloc» als riesige Scholle an den Deckenbewegungen der Alpen teil. Neue geophysikalische und paläogeographische Überlegungen sprechen für diese schon früh von ARGAND und STAUB geäußerte Auffassung.

Der tektonische Großbau der Südalpen ist einfach. Die Basis bildet überall ein altes, variszisch oder noch früher deformiertes Grundgebirge. Die darüber liegenden Schichtfolgen, die mit dem höheren Oberkarbon beginnen, stehen fast stets mit ihrem Untergrund noch in normalem Transgressionsverband. Der alte Gebirgsrumpf bildet eine leicht geneigte Scholle (Abb. 63). Daher erscheint im Westen, im Ceneri und in den Orobischen Ketten ein stark metamorphes Kristallin – vergleichbar dem Altkristallin des Ostalpins. Im Mittelteil, besonders im Bereich der Dolomiten, überwiegen Quarzphyllite. Im Osten schließlich, in den Karnischen Alpen, besteht das Fundament aus schwach bis nicht metamorphem Altpaläozoikum.

Auch im alpidischen Deckgebirge ist eine solche West–Ost-Gliederung zu vermerken. Im Westen und im Mittelteil überwiegen mächtige permische Vulkanite und terrestrisches, teilweise auch marines Jungpaläozoikum. Im Osten verlieren die Vulkanite an Bedeutung, das Jungpaläozoikum ist in seiner Gesamtheit marin. Auch sind die tektonischen Deformationen (Falten- und Schollenbau) weit stärker als im Westen.

Besonders auffällig unterscheiden sich die Südalpen von den West- und Ostalpen durch das Fehlen einer oberkretazischen und alttertiären Metamorphose. In manchen Gebieten, so etwa im Val Tellina, endet die junge Gesteinsumwandlung nach Süden hin abrupt an der Störungsfläche der Periadriatischen Naht.

1. Der voralpidische Anteil

Das voralpidische Kristallin

Das Altkristallin der westlichen Südalpen gleicht den Gneisen und Glimmerschiefern, die wir bereits aus den Ostalpen, z. B. den Ötztalern und der Silvretta, kennen. In den westlichen Südalpen im Seengebirge und in den Orobischen Ketten überwiegen Glimmerschiefer, Gneise, Migmatite und Ultrabasite (Abb. 70, S. 167), während im Osten etwa von der Judikarien-Linie an, Quarzphyllite mit eingeschalteten Paragneisen vorherrschen. Dieses alte Gebirge erlebte seine letzte Metamorphose und Deformation während der variszischen Gebirgsbildung (vgl. Tab. 1, S. 10), die im Ceneri den gleichen Schlingenbau schuf, den wir aus den Ötztaler Alpen kennen. Ältere Metamorphosen sind nicht auszuschließen.

Besondere Aufmerksamkeit verdient die Ivrea-Zone. Sie besteht aus basischen und ultrabasischen Gesteinen sowie Kinzigitgneisen und ist seit langem durch eine positive Schwere-Anomalie bekannt. Dies läßt vermuten, daß hier in geringer Tiefe mehr basische und ultrabasische Gesteine liegen als dem Durchschnitt der oberen, vornehmlich granitischen Erdkruste, entspricht. Diese Beobachtungen und eine auffallende Laufzeit-Umkehr seismischer Wellen führte schließlich zu der Annahme, daß im Gebiet von Ivrea ein Span des oberen Erdmantels aufgepreßt und in leichtere Krustenteile eingeschoben wurde. Die im Ivrea-Gebiet erschlossenen basischen Gesteine sind normalerweise erst in Tiefen von 20–40 km zu erwarten.

Die Quarzphyllite

Die bei Brixen, in der Umgebung der Cima d'Asta, bei Recoaro und an anderen Orten aufgetretenen Quarzphyllite sind denen von Innsbruck (vgl. S. 86) oder Osttirol recht ähnlich und können mit ziemlicher Sicherheit ebenfalls als metamorphes Altpaläozoikum betrachtet werden. Örtlich sind ihnen auch Glimmerschiefer, Quarzite und Paragneise eingelagert. Die Phyllite werden von den Granitmassiven der Cima d'Asta, des Kreuzberges, des Iffingers und bei Brixen diskordant durchbrochen und zeigen in einzelnen Zonen eine deutliche Kontaktmetamorphose. Örtlich durchschlagen auch basische Gänge das Kristallin. Neben ihnen erscheinen an einigen

Stellen auch größere basische Gesteinsmassen wie Diorite und die «Klausenite» von Klausen.

Der Brixener Quarzphyllit enthält im Pensertal bei Rabenstein eine gangartige Bleiglanz-Zinkblende-Lagerstätte, die weltberühmte, wasserklare Fluorit-Kristalle geliefert hat (FRUTH).

Das Altpaläozoikum der Karnischen Alpen

In den nordöstlichen Südalpen folgt über dem Brixener Quarzphyllit und seiner östlichen Fortsetzung mit einer tektonischen Grenzfläche das Altpaläozoikum der Karnischen Alpen. Soweit diese Serien nicht metamorph sind und Fossilien führen, ist eine stratigraphische Gliederung vor allem der silurischen und devonischen Anteile möglich. Man kann im Devon eine kalkige Plattformentwicklung mit Riffkalken (Roßkofel, Monte Peralba) und eine Beckenfazies mit Lyditen und Graptolithenschiefern unterscheiden. Einzelheiten enthält die Tab. 4 (S. 114). Die schwach metamorphen Kalke der westlichen Karnischen Alpen werden demgegenüber als Bänderkalke des Silur und Devon und als Devon-Riffkalke zusammengefaßt. Die Schichtfolgen der variszischen Geosynklinale enden mit den flyschartigen Hochwipfel-Schichten des tieferen Oberkarbons.

Die variszische Gebirgsbildung hat in den Karnischen Alpen einen deutlichen Falten- und Deckenbau geschaffen. Das Übergreifen der mittelpermischen Grödner Sandsteine auf verschiedenalte Schichten zeigt, daß zu dieser Zeit das entstandene Gebirge bereits wieder weitgehend abgetragen war.

2. Der alpidische Anteil

Auf dem variszischen Unterbau der Südalpen liegen heute Sedimente und Vulkanite, deren Bildungszeit vom höheren Oberkarbon bis ins Jungtertiär reicht.

In den Karnischen Alpen begann der neue alpidische Zyklus (Tab. 1, S. 10) mit den marinen Auernig-Schichten des höheren Oberkarbons, über denen ein reich entwickeltes marines Perm folgt (Abb. 78, S. 176). Wie bereits erwähnt, kennen wir aus den Gebieten nördlich der Periadriatischen Linie nur terrestrisches, also auf dem Festland gebildetes Jungpaläozoikum. Aber auch in den

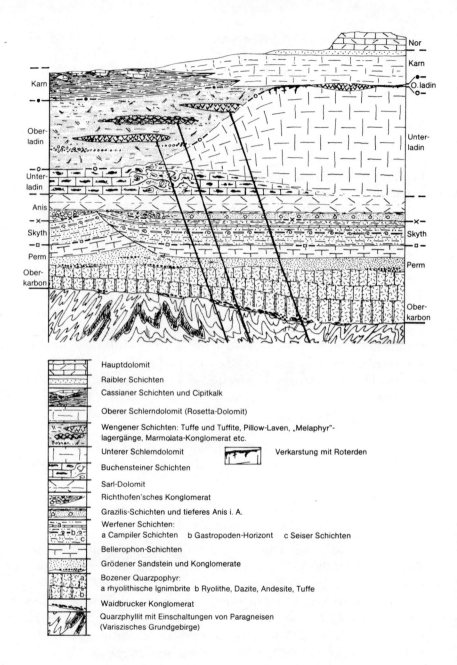

Abb. 65 Die Oberkarbon-Perm-Trias-Schichtfolge der Dolomiten. Nach BOSELLINI, ROSSI, LEONARDI u. a. entworfen von E. OTT. Aus FRUTH

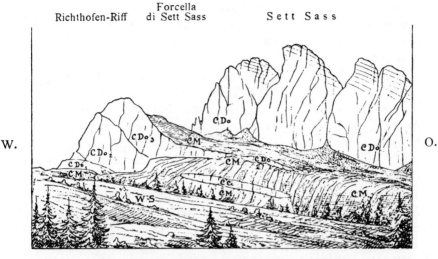

Zur Ansicht des Sett Sass von der Montagna di Castello.
(Auskeilen eines Riffes in den Cassianer Schichten.)

WS. = Wengener Schichten; *CM.* = Cassianer Mergel; *CCi.* = Cassianer Riffsteine (Cipitkalk; *CDo.* = Cassianer Dolomit.

Abb. 66 Das Richthofen-Riff und der Sett Saß aus Mojsisovics: Die Dolomit-Riffe von Südtirol und Venetien. Wien 1879

Der «Cassianer Dolomit» entspricht dem Oberen Schlern- oder Rosetta-Dolomit.

Südalpen verschwinden die marinen Ablagerungen des Perm nach Westen hin sehr schnell: In den Dolomiten findet man noch die marinen Bellerophon-Schichten. Westlich der Judikarien-Linie fehlen auch sie.

In den Dolomiten war das Jungpaläozoikum von vulkanischen Ereignissen beherrscht. Der gewaltige Bozener Vulkankomplex wird örtlich über 1500 m mächtig und erstreckt sich über eine Fläche von 2500 km². Unmittelbar auf dem Quarzphyllit liegt örtlich zunächst das Waidbrucker Konglomerat, das überwiegend aus Quarzphyllittrümmern besteht und z. T. auch schon vulkanische

◁

Die stratigraphischen Grenzen, die im Bild *nicht* waagrecht verlaufen – infolge der bedeutenden Mächtigkeitsunterschiede – sind durch Zeichen (Kreis, schwarzer Punkt, Kreuz, Viereck) eigens markiert. – Vgl. Abb. 73, S. 170.

Komponenten enthält. Nach ihrer Ablagerung setzte der Vulkanismus in vollem Umfang ein. Insgesamt müssen mindestens 1200 km³ Gesteinsschmelze, teils als Lava, teils als Ignimbrit und Tuff gefördert worden sein.

Im Gegensatz zu früheren Meinungen zeigt der Quarzporphyr bei näherer Untersuchung eine sehr vielfältige Zusammensetzung (Abb. 73, S. 170). In den tieferen Teilen herrschen im Norden die Andesite und Dazite vor, im zentralen Bereich rhyodazitische Ignimbrite, im Süden wiederum andesitische bis dazitische Laven. Die höheren Teile der Vulkanitmasse bestehen überwiegend aus rhyolithischen Ignimbriten, die im Norden wesentlich geringmächtiger sind als im Süden. Die eingeschalteten Agglomerate, Konglomerate und Sandsteine enthielten örtlich sogar Fossilreste, die auf unteres Rotliegendes hinweisen. Dieser «compleso vulcanico atesino» keilt im Norden und Osten rasch aus.

Gleiches Alter wie die Vulkanite haben auch die Granite von Brixen und der Cima d'Asta.

In den Bergamasker Alpen wurde während des Unterperms ein tiefer NE–SW gestreckter Trog mit Sandsteinen, Konglomeraten und sauren Vulkaniten (Collio-Serie) aufgefüllt. Bei Lugano weiter westlich lag ein weiteres ausgedehntes Vulkangebiet (Rhyolithe, Porphyrite), dem sich der Granit von Baveno als Tiefengestein zuordnen läßt.

Das Mesozoikum und das Tertiär

Die Schichtfolge der Trias (Tab. 5, S. 160) beginnt mit den überwiegend sandig-tonigen Werfener Schichten (Abb. 65, S. 156), die in das tiefere Seis und das höhere Campil gegliedert werden. Das Anis ist teilweise noch klastisch entwickelt (Richthofen-Konglomerate u. a.). Danach bildeten sich die ersten Karbonat-Plattformen (Sarldolomit). Im Ladin und im unteren Karn kam es zu sehr ausgeprägten Fazies-Differenzierungen. Mächtige Karbonat-Serien (z. B. 800 m Unterer Schlern-Dolomit) werden durch spärliche Beckensedimente (max. 100 m Buchensteiner Schichten) vertreten. Dann erfolgten Trockenlegungen mit Verkarstung, Bauxit- und Kohle-Bildung, mächtige Ausbrüche vulkanischer Tuffe und basischer Laven («Melaphyr-Mandelstein»), z. T. mit Pillow-Strukturen und endlich neuerliche Karbonatsedimentation mit dem Rosetta-Dolomit, den Cipitkalken und den fossilreichen Beckenbildungen der Cassianer Schichten. Mit dem Dolomia principale wird ein gewisser Ausgleich erreicht.

Einzelheiten enthält die Abb. 65 (vgl. auch Abb. 73, S. 170), das Ergebnis einer über 170jährigen Forschung, beginnend mit v. BUCH (1802), v. RICHTHOFEN (1860) und MOJSISOVICS (1879) bis zu LEONARDI, BOSELLINI, ROSSI, und vielen anderen, in den letzten Jahren.

An die «Melaphyr-Mandelsteine» ist der Mineralreichtum der Seiser Alpe und des Fassatales bei Pozza di Fassa (FRUTH) gebunden.

Das reizvolle Landschaftsbild der Dolomiten mit seinen schroffen, von Almenmatten und Wäldern umsäumten Dolomittürmen und Massiven beruht auf diesem Nebeneinander triassischer «Riffe» und Vulkane (Tafel IV, 9).

Während sich die geringmächtigen Raibler Schichten der Dolomiten von denen der Nordalpen erheblich unterscheiden, ist der Hauptdolomit (Dolomia principale) wiederum in der aus dem Norden bekannten Weise entwickelt. Es scheint, daß im Nor das gesamte Ost- und Südalpin von einer riesigen, flachen und übersalzenen Lagune eingenommen war, aus der sich nur einzelne Dachsteinkalk-Riffe erhoben. Von Osten her griffen in schmalen Zungen die Hallstätter Zonen als Zeugen des offenen Meeres herein.

Das Rät ist in den Südalpen nicht überall nachzuweisen (vgl. Abb. 64, S. 152).

Die Trias-Schichtfolgen der westlichen Südalpen weichen von dieser Ausbildung teilweise ab, teilweise sind nur andere Namen in Gebrauch (Tab. 7; vgl. HEIERLI 1974).

Seit Beginn der alpidischen Ära bestanden im südalpinen Sedimentationsraum quer zum heutigen Gebirge verlaufende Schwellen, «Plattformen» und Becken. Von Westen nach Osten folgten aufeinander: die Luganer Schwelle, der Lombardische Trog, die Tridentinische Schwelle, der Karnisch-Bellunesische Trog und die Schwelle der Julischen Alpen (Abb. 64, S. 152). Die Ablagerungen der plattformähnlichen Schwellen sind wesentlich geringmächtiger als die der Becken. Die Raibler Schichten der Dolomiten werden beispielsweise nur etwa 80 m dick, während sie an der Typlokalität bei Raibl am Ostrand des Karnisch-Bellunesischen Troges auf eine Mächtigkeit von 500 m anschwellen.

Germanische Einteilung	Normaleinteilung		Bayerisch-Nordtiroler, Berchtesgadener, Reiflinger, Vorarlberger Fazies-Entwicklungen	Hallstätter Fazies-Bereich	Südalpen (Dolomiten)
Keuper	Ober-Trias	RÄT	Oberrätkalk / Kössener Schichten	Rät-Schiefer	Rät-Schiefer
Keuper	Ober-Trias	NOR	Hauptdolomit / Dachsteinkalk / Dachstein-Riffkalk	Zlambach-Schichten / karnisch-norische Hallstätter Kalke / Pötschen- und Petata-Kalk / Aflenzer Kalk	Dachsteinkalk / Hauptdolomit
Muschelkalk	Mittel-	KARN TUVAL / JUL / CORDEVOL	Raibler Schichten	Halobien-Schiefer	Raibler Schichten
Muschelkalk	Mittel-	LADIN FASSAN / LANGOBARD	Arlberg-Schichten / Partnach-Schichten / Wettersteinkalk / Ramsaudolomit / Reiflinger Schichten	Gesteinsentwicklung wie links nebenstehend, nur im allgemeinen viel geringmächtiger	Cassianer Schichten / Cipitkalk / Wengener Schichten vvv / Buchensteiner Schichten / Oberer Schlern-Dolomit / Unterer Schlern-Dolomit
Muschelkalk	ANIS		«Alpiner Muschelkalk» / Reichenhaller Schichten		Sarl-Dolomit / Richthofen Konglomerat / Gracilis-Schichten
Buntsandstein	Unt.-	SKYTH	Werfener Schichten		Werfener Schichten

Tab. 5 Überblick über die Trias der Nördlichen Kalkalpen und der Südalpen
vv = vulkanische Tuffe

Jura, Unterkreide, Alttertiär	Scaglia	Bunte Oberkreide-Alttertiär-Mergel
	Maiolica	Unterkreide-Mergelkalke
	Biancone	Tithonkalke
	Rosso Ammonitico	Rote Ammoniten-Kalke (etwa Adneter)
	Calcari grigi	Grauer Liaskalk
Trias	Dolomia Principale	Hauptdolomit
	Formazione di Raibl (Raibliano)	Raibler Schichten
	Formazione (Strati) di S. Cassiano	Cassianer Schichten
	Calcare di Cipit	Cipit-Kalk
	Dolomia della Rosetta (Dolomia dello Sciliar superiore)	Rosetta-Dolomit (Oberer Schlerndolomit)
	Formazione (Strati) di Wengen (La Valle)	Wengener Schichten
	Calcare di Latemar	Latemar-Kalk
	Calcare di Marmolada	Marmolata-Kalk
	Dolomia dello Sciliar (inferiore)	Schlerndolomit (Unterer)
	Formazione (Strati) di Livinallongo	Buchensteiner Schichten
	Dolomia della Serla*	Sarldolomit
	Formazione di Zoldo	«Muschelkalk-Schichten»
	Strati a Dadocrinus gracilis	Gracilis-Schichten
	Conglomerato di Richthofen	Richthofen'sches Konglomerat
	Werfeniano	Werfener Schichten
	Strati di Campil	Campiler Schichten
	Strati di Siusi	Seiser Schichten
Oberkarbon Perm	Formazione a Bellerophon	Bellerophon-Schichten
	Formazione (Arenarie) di Val Gardena	Grödener Sandstein
	Compleso effusivo porfirico atesino	Bozener Quarzporphyr
	Conglomerato di Ponte Gardena (Verrucano alpino)	Waidbrucker Konglomerat (Verrucano)
	Masse intrusivo (Massiccio) di Bressanone	Brixener Granit
Voralp. Grundgeb.	Fillade quarzifera di Bressanone	Brixener Quarzphyllit
	Basamento cristallino	Altkristallin (der Südalpen)

* Der alte Name «Mendeldolomit» (Dolomia della Mendola) ist durch «Sarldolomit» zu ersetzen, da der namengebende Dolomit am Mendelpaß ladinisches und nicht, wie früher angenommen, anisisches Alter hat.

Tab. 6 Die Schichtnamen der mittleren Südalpen, italienisch und deutsch

Tertiär	Pliozän	marines Pliozän von Balerna/Pontegana-Konglomerat		T
	Miozän-Oligozän	Südalpine Molasse (Gonfolite lombarda): Konglomerate, Sandsteine, Mergel		−2000 m
				T
Kreide	Eozän-Santonien	Schichtlücke		
	Coniacien-Turonien	Flysch: Mergel, Sandsteine, bituminöse Schiefer		−300 m
	Cénomanien-Aptien	Scaglia	rote: Mergelkalke, rot weiße: Mergelkalke, hellgrau bunte: Mergelkalke, rot/grün/grau	35 m 90 m 180 m
	Barrémien-ob. Tithon	Majolica: helle gebankte Kalke mit Hornstein (Majolica bianca = Biancone)		100–140 m
Jura	mittl. Tithon-Aalénien	Radiolarit-Gruppe: oben Brekzien u. Aptychenkalke. Rote Mergelkalke mit Hornstein. Bunte Mergel und Kalke		100–150 m
	Toarcien	Ammonitico rosso: rote Mergel u. Mergelkalke mit Ammoniten		−20 m
		LUGANER SCHWELLE (W)	**GENEROSO-BECKEN (E)**	
	Pliensbachien	Besazio-Kalk: roter Kalk mit Ammoniten −10 m	Cephalopoden-Kalk	0–30 m
	Sinémurien-Hettangien	Broccatello d'Arzo: bunte, meist rote Kalkbrekzie −150 m mit Seelilien u. Muscheln	Medolo: lombardischer Kieselkalk, dunkel, mit Hornstein. Basis dolomitisch	3000–4000 m
		T		
	Rhétien	Mergelige Dolomite 0–70 m	Korallenkalke, Mergel, schwarze bitum. Schiefer	−1000 m
	Norien	Hauptdolomit, massig, kristallin −400 m	Hauptdolomit	1200–1400 m
	Carnien	Raibler-Schichten: Kalke, Dolomite, bunte Mergel. Rauhwacken, Gips, Sandsteine		−100 m
		T		
		MONTE SAN GIORGIO (S)	**SAN SALVATORE (N)**	
Trias	Ladinien	Meride-Kalke: Mergelkalke, plattige Kalke und Dolomite −660 m	Salvatore-Dolomit: dolomitisierter Korallenkalk mit Tuff-Lagen	400–1500 m
		Ladinische Dolomite: plattig, mit Tuff- u. Hornstein-Lagen 65 m		
		Grenzbitumen-Horizont: dunkle bituminöse Dolomite und Schiefer mit Sauriern 10 m		
	Anisien	Anisische Dolomite: massig bis plattig, mit Diploporen 20–50 m		
	Skythien	Servino-Verrucano-Komplex: bunte Konglomerate, Sandsteine, Mergel		
		T		über 1000 m
Perm		Quarzporphyre, Granophyre, Porphyrite		

Tab. 7 Die Schichtfolgen in den westlichen Südalpen. Aus HEIERLI

Anmerkung: Die unter «Skyth» eingezeichneten Schichten reichen z.T. in das Perm; dazu noch die Collio-Serie. T – Transgression.

Im Jura lagerten sich in den, der Trias gegenüber differenzierteren Becken, graue, tonige oder kieselige Kalke ab, u. a. der bis 4000 m mächtige Lombardische Kieselkalk (Abb. 67 u. Tab. 7). Zur selben Zeit entstanden auf den Schwellen nur geringmächtige «kondensierte» Sedimente, wie die roten Ammonitenkalke (Abb. 67), die wie in den Nördlichen Kalkalpen bis auf den Hauptdolomit hinuntergreifen. Von den Schwellen lösten sich örtlich Gleitmassen, die als Schuttströme in die Becken gelangten und heute als ortsfremde Einschaltungen in den monotonen Beckensedimenten liegen. In den mittleren und höheren Jura gehören u. a. Radiolarite und die

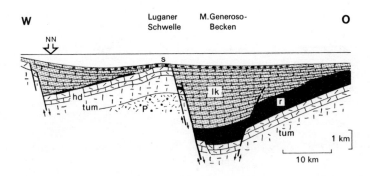

Abb. 67 Profil durch den Ablagerungsraum des lombardischen Kieselkalkes im Bereich der Luganer Schwelle und des Generoso-Beckens. Nach BERNOULLI

s Jura in Schwellenfazies, lk Lombardischer Kieselkalk u.a., r Rät, hd Hauptdolomit, tum mittlere und untere Trias, p Perm. Vgl. Tab. 7.
Das Profil zeigt die Mächtigkeitsunterschiede gleichzeitig entstandener Sedimente als Folge stetiger Absenkung an Störungen während der Ablagerung («synsedimentäre Tektonik»). Auf der Luganer Schwelle werden nur wenige bis höchstens 150 Meter Juragesteine gebildet, während zur gleichen Zeit im Generoso-Becken bis zu 5000 m lombardischer Kieselkalk («Medolo» u.a.) entsteht (vgl. Abb. 70, S.167).

ammonitenreichen roten Knollenkalke (Rosso ammonitico), die roh oder poliert in der Naturstein-Industrie vielfach Verwendung finden. Auch die harten Unterjurakalke, die den Gipfel des Monte Pelmo bilden (Abb. 75, S. 173), entstanden auf submarinen Schwellen.

Eine ähnliche paläogeographische Situation bestand in der Kreidezeit. Ins oberste Tithon und in die Unterkreide gehören dichte

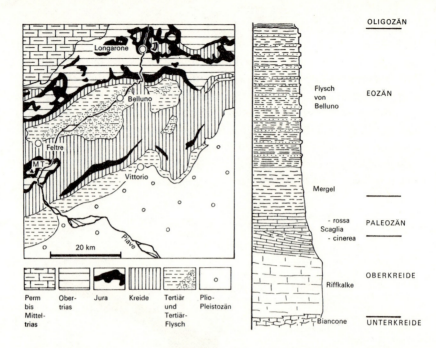

Abb. 68   Das Becken von Belluno und die Kreide-Alttertiär-Schichtfolge der Venetianischen Alpen

Die Kartenskizze zeigt das Becken von Belluno mit seiner Tertiär- und Tertiär-Flysch-Füllung, die ohne wesentliche Schichtlücke aus der Oberkreide hervorgeht. Man beachte den Unterschied zum Flysch der nördlichen Ostalpen, der nirgends mehr zu seiner Unterlage in normalem Kontakt steht.

Mergelkalke wie die «Majolica» und der «Biancone» (Abb. 69). In Flachwasser-Bereichen der Oberkreide treten Riffkalke auf, während in tieferen Meeresgebieten der gleichen Zeit, aber auch im Alttertiär, die foraminiferenreichen Mergel der «Scaglia» entstanden. Als dritte Oberkreide-Fazies finden wir in den Bergamasker Alpen und im Julischen Trog Flyschablagerungen, während im Gebiet dazwischen Flysche erst im Alttertiär zur Ausbildung kamen. So greift der Maastricht-Flysch des Isonzo-Gebietes diskordant über Riffkalke der Kreide hinweg. Hier befinden wir uns aber schon im Grenzbereich zwischen den eigentlichen Südalpen und den Dinariden (Abb. 2, S. 14), in denen zur Oberkreidezeit bereits wieder Hebungen, Abtragungen und Transgressionen erfolgten. – Eozän-Flysch liegt z. B. in der Mulde von Belluno (Abb. 68),

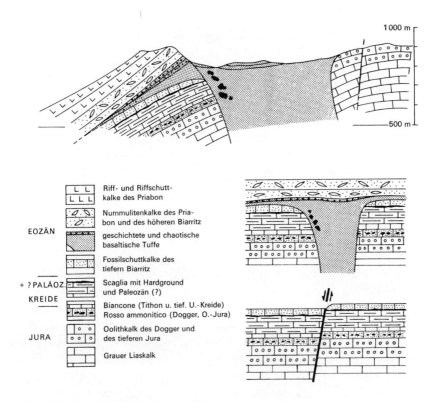

Abb. 69 Der alttertiäre «Vulkan von Pannone» bei Rovereto. Nach
CASTELLARIN und PICCOLI, vereinfacht

Dieses Beispiel für den im Südteil der Tridentinischen Schwelle (Abb. 64, S. 152) verbreiteten alttertiären Vulkanismus zeigt gleichzeitig eine typische jüngere südalpine Schichtfolge.

I Eine im höheren Eozän in Gang kommende Abschiebung bereitet den Weg für den Aufstieg der Vulkanite.

II Der untermeerische Ausbruch hat stattgefunden, die marine Sedimentation geht mit der Bildung von Nummulitenkalken weiter. Im Beispiel des Vulkans von Pannone entstehen zunächst chaotische Tuffe, wobei große Blöcke von Sedimentgesteinen in den Schlot stürzen (in der Zeichnung schwarz), später bilden sich durch Umlagerung auch geschichtete Tuffe. Zuletzt fließt basaltische Lava aus (in der Zeichnung nicht dargestellt).

III Das gesamte Gebiet wird, wohl im höheren Jungtertiär, gehoben, schräg gestellt und damit der Abtragung ausgesetzt.

also noch im Innern der Südalpen und am Südrand der Venezianischen Alpen vor. Östlich des Tagliamento schwenkt dann die Flyschzone allmählich in eine SW–NE-Richtung um.

Auf der Tridentinischen Schwelle (Abb. 64, S. 152) wurden zur selben Zeit Fossilschutt- und Riffkalke abgelagert, die basaltische Laven und Tuffe des Mitteleozäns enthalten (Abb. 69).

Mächtige basaltische Ergüsse kennzeichnen auch den flachen Südost-Ausläufer der Lessinischen Alpen westlich von Padua. Hier hielt der Vulkanismus bis in das Oligozän an. Gleichalte Vulkankomplexe tauchen auch aus der Poebene auf, wie die Colli Berici und die berühmten Colli Euganei mit Lipariten und Trachyten, in denen erstmals Tridymit beobachtet wurde. – Das Molasse-Stadium der Südalpen wird im Zusammenhang mit den Tertiärgebieten der Ostalpen behandelt (S. 195).

Die alpidische Tektonik der Südalpen

Der variszische Bau der Südalpen wurde im Abschnitt über die kristalline Basis und das karnische Altpaläozoikum bereits kurz behandelt. Es ist ziemlich sicher, daß der tektonische Stil der Südalpen wesentlich durch das hochliegende Basiskristallin und die starre Bozener Quarzporphyr-Tafel mitbeeinflußt wurde. Bezeichnenderweise nehmen die Südalpen im Verbreitungsgebiet des Bozener Quarzporphyrs etwa zwei Fünftel der gesamten Alpenbreite ein, während sich der Gebirgsquerschnitt nach Westen und Osten hin erheblich verringert.

Beginnen wir im Westen. Hier liegt das alpidisch aufgewölbte Luganer Antiklinorium mit permischen Kern- und mesozoischen Hüllgesteinen, das im Osten von der altangelegten Luganer Linie abgeschnitten wird (Abb. 70). Durch Vertikalbewegungen von weit mehr als 3000 m gelangten die permischen Vulkanite offenbar bereits während des Jura in das Niveau jurassischer Kieselkalke (Abb. 67, S. 163). In der Scholle westlich der Störung liegt die berühmte Saurier-Fundstelle des Monte San Giorgio, die vorzüglich erhaltene Reptilien der Trias lieferte (Tab. 7, S. 162; KOENIG 1972, HEIERLI 1974).

Östlich der Verwerfung erstreckt sich das fast ganz aus jurassischen Kieselkalken aufgebaute Generoso-Branza-Plateau. Es ist nach Südwesten gekippt, so daß an seiner Nord- und Ostseite Hauptdolomit und Rät zutage treten. Die Scholle grenzt im Norden an das Altkristallin und sinkt im Süden an einer Flexur unter die Sedimente der Kreide (Abb. 70, S. 167). Der Bau der Bergamasker

Alpen ist ähnlich (DE SITTER; Abb. 71, 72, S. 169). Hier kommt im Norden in kulissenartig aufgereihten ENE–SSW streichenden Antiklinalen das Perm samt kristalliner Unterlage an die Oberfläche. Das südlich anschließende vorwiegend aus Karn, Hauptdolomit und Rät bestehende Bergamasker Plateau sinkt nach Süden zunächst ab. Im Trompia-Gewölbe (Abb. 71, 72), südlich des durch seine Felsbilder berühmten Val Camonica, durchstößt das Kristallin mit auflagerndem Perm in einer breiten Antiklinale noch einmal die mesozoischen Deckschichten.

An der Judikarien-Linie endet der Westflügel der Südalpen. Die im Schnitt der großen EW- und NNE–SSW-Brüche entstandene Zerrüttungszone diente vermutlich dem Adamello-Pluton (30–40 Mio. Jahre) zum Aufstieg. Der keilförmig zugeschnittene Tiefengesteinskörper (Abb. 71, S. 168) steigt heute im Monte Adamello

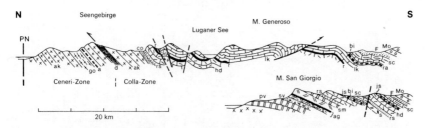

Abb. 70 Profil aus den westlichen Südalpen nach LEHNER, WEBER, BERNOULLI, etwas vereinfacht (vgl. HEIERLI 1974, Abb. 78 und 79, sowie Seite 183–189)

ak altes Kristallin ungegliedert, go Orthogneis, d Diaphtorit, a Amphibolit, co Karbon, pv permische Porphyrite und Quarzporphyre, sv Verrucano-Servino-Serie des Permoskyth (oder des Skyth allein), ag Anisischer Dolomit und Grenzbitumen-Horizont, s Salvatore-Dolomit und Meride-Kalk des Ladin, rs Raibler Schichten, hd Hauptdolomit, r Rät, lk Lias in Beckenfazies (lombardischer Kieselkalk), ra Rosso Ammonitico, js tieferer Jura in Schwellenfazies, bi Biancone und Majolica (Tithon bis Unterkreide,) sc Scaglia, F Flysch, Mo Molasse.

Das obere Profil führt durch das Generoso-Becken mit extrem hohen Mächtigkeiten im Lias (vgl. Abb. 67). Im südlichen Seengebirge ist die Unter- und Mitteltrias zu Beginn der Obertrias bereits abgetragen, so daß die Raibler Schichten direkt auf Karbon bzw. Altkristallin transgredieren. Die nordgerichtete Überschiebung der Colla-Zone auf die Ceneri-Zone dürfte voralpidisch sein. – Das untere Profil ist durch die schmale Luganer Schwelle gezeichnet; zwischen beiden verläuft die Luganer Linie. Das Rät fehlt fast ganz und der gesamte Lias und Dogger ist in dem schmalen Band Schwellenjura vertreten. Zwischen dem Salvatore-Dolomit und dem anisischen Dolomit ist der berühmte Grenzbitumen-Horizont mit den Sauriern des Monte San Giorgo eingeschaltet (vgl. KOENIG, 2. Aufl., S. 105 und Tafel 5).

und in der Presanella 3500 m über den Meeresspiegel auf und ist von Gletschertälern zerkerbt (siehe auch S. 150).

Die östlich anschließende Senkungszone zwischen dem Adamello und der Bozener Quarzporphyr-Platte – die Etschbucht – wurde durch NNE–SSW verlaufende Störungsbündel in leistenförmige Schollen zerlegt. Diese tektonischen Bretter sind dachziegelartig nach Osten übereinandergeschoben und erscheinen intern stark gefaltet. Es besteht daher ein auffälliger Gegensatz zu dem ruhigen Bau der östlich anschließenden Tiroler Dolomiten. Faziesunter-

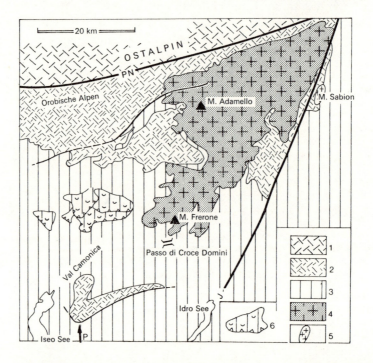

Abb. 71 Tektonische Skizze des Adamello-Plutons und der östlichen Bergamasker Alpen. Nach DE SITTER

1 Ostalpines Altkristallin, 2 Südalpines Altkristallin, 3 Oberkarbon bis Tertiär, 4 Adamello-Pluton, 5 permischer Granit des Monte Sabion, 6 Gleitmassen der Corna, PN Periadriatische Naht, J Judikarien-Linie; P Profil Abb. 72. Der junge Tiefengesteinskörper des Adamello-Massivs setzt diskordant durch den älteren Gebirgsbau hindurch. Der kleine Granitstock östlich der Judikarienlinie hat im Gegensatz dazu permisches Alter (FERRARA). Nördlich des Val Camonica sind die Gleitschollen der Corna di San Fermo erkennbar, östlich des Iseo Sees ist das Kristallingewölbe des Val Trompia herausgehoben.

schiede zeigen an, daß die «Judikarische Zone» bereits im Mesozoikum durch eine erhöhte Beweglichkeit ausgezeichnet war. Synsedimentäre Bewegungen spielten sich vor allem an der Lias-Dogger-Grenze im Untertithon und in der Unterkreide ab (CASTELLARIN; vgl. S. 163).

Auf der geologischen Karte erscheinen die Südtiroler Dolomiten als weite Schüssel, an deren Nord- und Südrand die kristalline Basis aufgebogen ist. Zu diesem kristallinen Rahmen gehören die Brixener Quarzphyllite, der Cima d'Asta Pluton mit dem umgebenden Quarzphyllit, das Kristallin von Tiser und Agordo sowie die Quarzphyllite von St. Stefano di Cadore. Die großen Riffmassen der Trias erscheinen vergleichsweise wenig gestört, während die gut geschichteten Gesteinsfolgen, wie die Bellerophon-, die Werfener und die Buchensteiner Schichten nicht selten intensiv gefaltet sind (Abb. 73–75). Die Faltenzüge (E–W, NE–SW) werden durch domartige Aufwölbungen oder beckenförmige Einmuldungen unterbrochen und sind vorwiegend nach Süden geneigt.

Unter den jungen Störungszonen ist die Val-Sugana-Linie eine der bedeutendsten nach Süden gerichteten Aufschiebung. An ihr bewegte sich das Cima d'Asta Kristallin über Ablagerungen des Miozäns (Profil 2 in Falttafel II). Nordvergente Strukturen sind an den Nordrand der Dolomiten gebunden.

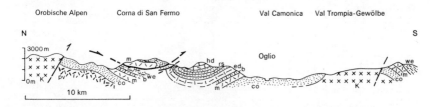

Abb. 72 Profil durch die Bergamasker Alpen. Nach DE SITTER

K Kristallines Grundgebirge (Gneise usw.), pv permische Vulkanite, co Collio-Serie einschließlich Werfener Schichten, m alpiner Muschelkalk, b Buchensteiner Schichten, we Wengener Schichten, ed Esino Dolomit, rs Raibler Schichten, hd Hauptdolomit.

In den Orobischen Alpen ist das alte Kristallin mit seiner jungpaläozoischen Auflagerung nach Süden geschuppt und sinkt dann unter jüngere Schichten ab. Im Val Trompia-Gewölbe taucht es nochmal auf und ist wiederum nach Süden aufgeschoben. Nach der Ansicht DE SITTERS sind die Schollen der Corna di San Fermo durch Schweregleitung an ihren jetzigen Ort gekommen.

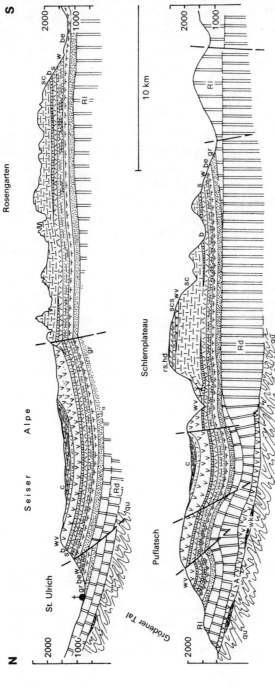

Abb. 73 Profile durch die Südtiroler Dolomiten. Nach LEONARDI, verändert

qu Brixener Quarzphyllit, wk Waidbrucker Konglomerat, Quarzporphyr-Serie: A andesitische, Rd rhyodazitische, Rl rhyolithische Gruppe, gr Grödener Sandstein, be Bellerophon-Schichten, w Werfener Schichten, s Sarldolomit, b Buchensteiner Schichten, wv Wengener Vulkanite usw., c Cassianer Schichten, sc Unterer Schlerndolomit, scs Oberer Schlerndolomit, rs, hd Raibler Schichten und Hauptdolomit.
Einzelheiten der Schichtfolge siehe Abb. 65, S. 156. – Die Verzahnung Schlerndolomit – Buchensteiner Schichten ist stark schematisiert wiedergegeben.

Eine besondere Erscheinung im tektonischen Bild der Dolomiten ist die «Gipfelfaltung». Sie ist nach LEONARDI die Folge gravitativer Gleitungen, in deren Verlauf die Jura- und Kreideschichten auf den Riffklötzen von Hauptdolomitschollen überfahren und gefaltet wurden (Abb. 74 und 75).

In den Karnischen Alpen ist ein Stück des variszischen Falten- und Deckenbaus erhalten geblieben. Dabei fällt vor allem der intensive Schuppenbau auf (Abb. 76, S. 173). Über den variszischen Strukturen folgen diskordant die weniger deformierten Schichten des Oberkarbons, des Perms und der Trias (KAHLER). Ein klassisches Profil durch den alpidischen Anteil der Karnischen Alpen bietet der Gartnerkofel (Abb. 77, S. 174). Insgesamt wurden die Karnischen Alpen weit intensiver deformiert als die Dolomiten (Abb. 78. S. 176).

Weiter im Osten, in den Karawanken, kommt das Altpaläozoikum im Seeberger Aufbruch (Abb. 36, S. 102) noch einmal zum Vorschein. Die mesozoischen Deckschichten sind durch Auf- und Überschiebungen zerlegt, deren Hauptbewegungsrichtung nach Norden zeigt. In diese tektonischen Vorgänge wurde auch das Altpaläozoikum noch intensiv mit einbezogen (Abb. 38, S. 105).

Erst in den südlich anschließenden Steiner Alpen ging die Tendenz wieder nach Süden. Während an ihrem Nordrand noch ein nordgerichteter Schuppenbau entwickelt ist, sind im Süden dieses Gebirgszuges südvergente Überschiebungen mit über 10 km Reichweite zu beobachten.

Nach Osten zu zerfällt das Gebirge in einzelne Schollen, zwischen denen im Tertiär Becken mit einem andesitischen Vulkanismus einsanken. Dann verschwindet das Bergland unter den jungen Ablagerungen der ungarischen Tiefebene.

Östlich Laibach durchbricht die Save das Ost–West streichende Doppelgewölbe der Save-Falten und schließt eine lückenlose Schichtfolge vom Oberkarbon bis zur Obertrias auf. Diese «Save-Falten» dringen im Westen weit nach Norden vor und begraben die Außenzone der Steiner Alpen unter sich. Im Osten verschwinden sie unter dem Tertiär des Pannonischen Beckens. In diesem Gebiet wurde lange Zeit der Übergang zwischen den Südalpen und den Dinariden gesucht. E. SUESS und KOBER glaubten, zwischen beiden Gebirgen einen Zusammenhang feststellen zu können, während KOSSMAT und WINKLER die Auffassung vertraten, daß die Süd-

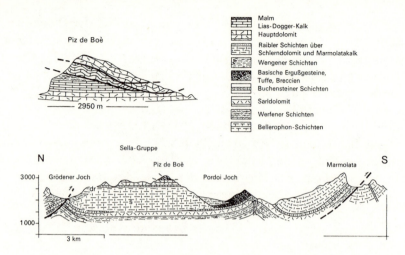

Abb. 74 Profil durch die Sella-Gruppe. Nach LEONARDI, Gipfelfaltung nach ACCORDI

s Unterer Schlerndolomit, dr Oberer Schlern- (oder Rosetta-)dolomit.

Einzelheiten der Schichtfolge siehe Abb. 65, S. 156. – Die Verzahnung Schlerndolomit–Buchensteiner Schichten und die Lagerungsverhältnisse zu den Wengener Schichten sind stark schematisiert. Abb. 75 zeigt, daß wenig weiter im Osten bereits der gesamte Untere Schlerndolomit zu Gunsten mächtiger Buchensteiner Schichten verschwunden ist; auch die Wengener Schichten schwellen sehr stark an (vgl. Abb. 64, S. 152). – Der vulkanische Schlot südlich der Marmolata wurde versehentlich mit Raibler Signatur versehen.

Das Ausschnittprofil vom Gipfel Piz de Boè zeigt ein Beispiel für die in den Dolomiten verbreitete «Gipfelfaltung oder -überschiebung». Meist liegen Schollen von Obertrias und Jura auf Jura, hier z.B. Hauptdolomit und Lias auf Malm. Herkunft der Schollen und Mechanismus (Gleitung?) sind nicht geklärt.

alpen in das Pannonische Becken hinauslaufen. Tatsächlich treffen hier die Nordwest–Südost-Strukturen der Dinariden in breiter Front auf den alpinen Ost–West-Bau, so daß sich beide Gebirgssysteme überlagern. Bedeutsame stratigraphische und fazielle Unterschiede zwischen beiden sind nicht festzustellen. Eine klare strukturelle Verbindung ist aber erst weiter im Westen zu erkennen, wo der adriatische Flysch im Bogen aus der dinarischen Nordwest–Südost-Richtung in das alpine Ost–West-Streichen umschwenkt.

Im Süden der östlichen Südalpen folgen von West nach Ost aufeinander: die Lessinischen Alpen, die Vicentinischen, Venetianischen und die Julischen Alpen. Ihr Gesteinsbestand reicht von der Obertrias bis ins Tertiär. – Im Kern der Vicentinischen Alpen bei

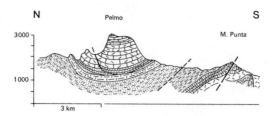

Abb. 75 Profil durch den Monte Pelmo in den östlichen Dolomiten

Signaturen und Erklärung siehe Abb. 74. Beide Abbildungen sind auf gleichen Maßstab gebracht.

Recoaro ist noch einmal das Perm und der Quarzphyllit angeschnitten. Diese hohe Lage des Fundaments ist vermutlich für den relativ starren Bau der Vicentinischen Alpen verantwortlich. Bei Schio bietet der 2000–3000 m mächtige Schichtstoß permischer bis miozäner Ablagerungen einen Überblick über die gesamte jüngere Erdgeschichte dieses Gebietes. Insgesamt herrscht flache Schichtlagerung vor (Abb. 79).

Im Gegensatz dazu werden die Venetianischen Alpen von einem Sattel- und Muldenbau beherrscht. An den Triassattel am Monte Pelf schließt sich im Süden das Becken von Belluno mit Eozänflysch

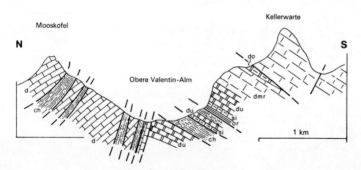

Abb. 76 Beispiel für die ausgeprägte, überwiegend variszische Schuppentektonik, die vielfach zu Schichtwiederholungen führt, in den paläozoischen Schichten der Karnischen Alpen. Aus FENNINGER und SCHÖNLAUB

ch Hochwipfelkarbon, do oberdevonisch-unterkarbonische Kalke, dmr Fossilschuttkalk (Riffkalk) des mittleren Devon, du Kalke des tieferen Devon, d ungegliedertes Devon, si silurische Kalke, or ordovizische Schiefer.
Vergleiche die viel einfachere Bruchtektonik im alpidischen Anteil der Südalpen z. B. Profil Abb. 78, S. 176.

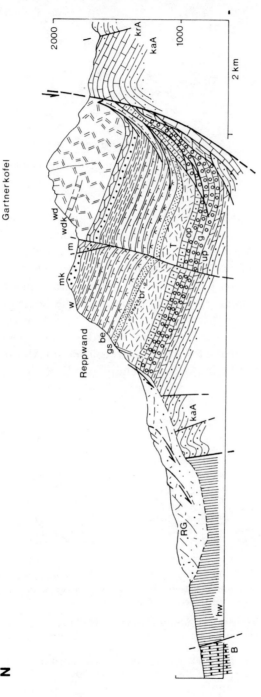

Abb. 77 Jungpaläozoikum und Trias der Karnischen Alpen im Gartnerkofel-Profil. Nach KAHLER und PREY

an (Abb. 68, S. 164). Ehe die Schichten im Süden endgültig unter das Plio-Pleistozän absinken, bilden die Trias- und Juragesteine noch einmal gewölbeartige Strukturen, die ihrer Form wegen von den italienischen Geologen «ellisoidi» genannt werden, wie z. B. im Gebiet des Monte Tomatico und bei Follina.

Nördlich des Pelfsattels folgt die Mulde von Longarone. Östlich der Ortschaft wurde im Kern der Mulde der berüchtigte Vaiont-Stausee angelegt. Kalke, in Wechsellagerung mit Mergeln (Scaglia) der mittleren Kreide fallen am Südflügel der Mulde hangparallel ein und waren der Anlaß zu einem der katastrophalsten Bergstürze seit Menschengedenken. Am 9. Oktober 1963 lösten sich 250 Mio. Kubikmeter Gestein auf 2 km Breite und stürzten in den See. Der Aufprall verursachte eine Flutwelle, die an den Ufern 100 m hoch aufbrandete. Die vom Bergsturz verdrängten und von den

◁

Die Schichtfolge des Jungpaläozoikums der Karnischen Alpen

Bellerophon-Stufe	Bellerophon-Schichten (be)
Sosio-Stufe	Grödener Schichten (gs)
Trogkofel-Stufe	Trogkofelkalk (T) und Trogkofelbreccie (br)
Rattendorfer Stufe	Rattendorfer Schichten: Obere (op) und Untere (up) Pseudoschwagerinenschichten Grenzlandbänke (g)
Stephan	Auernig-Schichten (A) (ka kalkarme, kr kalkreiche Gr.)
~ Westfal	*Schichtlücke/Diskordanz*
tieferes Oberkarbon	Hochwipfelschichten (hw)

B silurischer Bänderkalk, w Werfener Schichten, mk Muschelkalk Konglomerat, m «Muschelkalk», wd Wettersteindolomit, wdk Kalklagen; RG Reppwand-Gleitmassen. Weitere Signaturen siehe nebenstehende Tabelle.

Der Schnitt zeigt ein vollständiges Profil durch das marine Jungpaläozoikum und die Mitteltrias der östlichen Südalpen von den Auernig-Schichten bis zum Wettersteinkalk. Die Auernig-Schichten, die u. a. molasseartige Konglomerate enthalten, also z.T. die «Molasse» des variszischen Gebirges bilden, transgredieren nach einer kurzen Schichtlücke im Westfal C über die gefalteten Hochwipfel-Schichten, den Karbonflysch des alten Gebirges. Darüber folgt ein reich entwickeltes marines Perm; der Quarzporphyr fehlt (vgl. Abb. 64, S.152).

Bemerkenswert ist die im Quartär entstandene Reppwand-Gleitmasse.

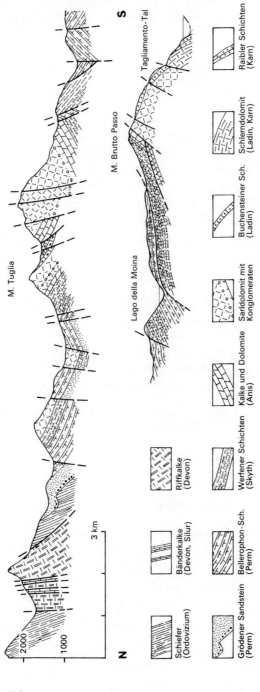

Abb. 78 Profile aus den Karnischen Alpen. Nach Blatt Ampezzo (ital. Karte 1:100 000)

Auf gefaltetes, leicht metamorphes Altpaläozoikum transgredieren hier die Grödener Schichten, das tiefere Perm (Abb. 77) fehlt. Auffallend sind die mächtigen Kalke und Dolomite des Anis (vgl. z. B. Abb. 75, S. 173). Eine starke Bruchtektonik und flache, südgerichtete Überschiebungen kennzeichnen den Bau der östlichen Südalpen.

176

Ufern zurückflutenden Wassermassen, etwa 100 Mio. m³, ergossen sich über die Mauer und verwandelten binnen weniger Minuten eine Fläche von 7 km² im Piavetal in eine Wüste aus Schlamm und Felsbrocken. Das Tragische an diesem Ereignis ist, daß menschliches Versagen wesentlich zu dieser Katastrophe beigetragen hat. So war schon vor dem Bau der Staumauer auf eine sehr ungünstige Schichtlagerung im Gebiet des geplanten Stausees hingewiesen worden, und eine Abschätzung der rutschgefährdeten Gesteins-

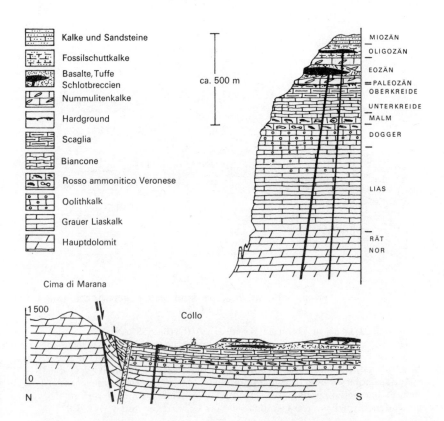

Abb. 79 Schichtfolge und Profil aus den Lessinischen Alpen. Nach Blatt Verona (ital. Karte 1:100000)

Die flachliegenden Schichten der Lessinischen Alpen sinken an Brüchen langsam gegen die Ebene von Padua und Vicenza ab (um in den Monte Berici und den Colli Euganei nochmal aufzutauchen, vgl. Abb. 2, S.14). Im Alttertiär tritt verbreitet basaltischer Vulkanismus auf. Flysch ist hier nicht ausgebildet. Das Paleozän verbirgt sich in einem sogenannten hardground.

177

massen stimmte ziemlich genau mit der Masse überein, die später tatsächlich in den See stürzte. Nach dem Bau hatte man laufend beobachtete Anzeichen für die bevorstehende Katastrophe mißachtet oder unterschätzt, so daß eine mögliche Warnung der Bevölkerung unterblieb.

In den östlichen Südalpen ist der Rand des Gebirges durch sehr beträchtliche südgerichtete Überschiebungen gekennzeichnet, wie z. B. die Bohrung Bernadia unweit von Gemona erwiesen hat.

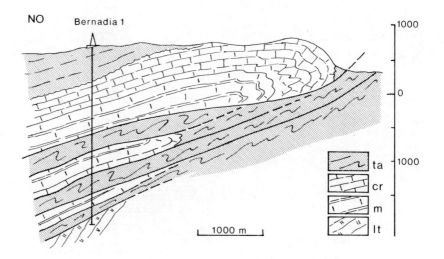

Abb. 79a Die Überschiebung am Südalpenrand bei Gemona in den Julischen Alpen. Nach MARTINIS

lt Lias? und Trias, m Malm, cr Kreide, ta Alttertiärer Flysch.

Der Südrand der Julischen Alpen fällt annähernd mit dem Ausstrich einer bedeutenden Überschiebungsfläche zusammen, während weiter westlich das Gebirge allmählich unter den Schuttmassen der Poebene versinkt. Wie die Bohrung Bernadia 1 zeigte, liegt nicht nur eine einfache Überschiebung, sondern ein mehrfacher Schuppenbau vor. – In 10–20 km Tiefe ist hier der Herd des zerstörenden Erdbebens von Gemona im Mai 1976 zu vermuten (vgl. S.214).

Dritter Teil

Das Tertiär und das Quartär

A) Die Ost- und Südalpen im Tertiär

Die jüngere Geschichte der Alpen besteht in einem komplizierten Wechselspiel von Sedimentation, Deformation (Faltung und Überschiebung) und Hebung. Die Ablagerung terrestrischer und mariner Sedimente ging mit der fortschreitenden Gebirgsbildung Hand in Hand, wobei Faltungen, Überschiebungen und Deckentransporte mehr und mehr von Hebungen überlagert wurden.

In den Alpen folgte auf den ersten Abschnitt orogener Ereignisse in der höheren Oberkreide, also lange vor Ende der Flyschbildung, eine längere Periode ruhiger Sedimentation, die bis in das Alttertiär hinein anhielt. Eine Schichtlücke oder Diskordanz, die die Wirksamkeit einer orogenen Phase (laramische Phase) an der Wende Kreide/Tertiär anzeigen würde, ist nicht vorhanden. Erst vor etwa 36 Mio. Jahren an der Wende Eozän/Oligozän erreichte die Gebirgsbildung einen neuen Höhepunkt, der einen bedeutsamen Einschnitt in der Ostalpengeschichte markiert. Im mittleren Eozän endet die Bildung von Flyschsedimenten, während sich zu Ende des Eozäns und mit Beginn des Oligozäns nördlich und südlich der Alpen Molassesenken eintieften. Diese erdgeschichtliche Zäsur tritt in den Südalpen weniger in Erscheinung. Hier gab es kaum alttertiäre Bewegungen, so daß die Sedimentation auch während der Wende Eozän/Oligozän weiterging.

Es ist also festzustellen, daß im Tertiär einerseits bedeutende tektonische Ereignisse gerade mit dem Ende der Flyschbildung zusammenfallen, während andererseits die Gebirgsbildung auch während des Molasse-Stadiums weiterging. Hierfür sprechen sedimentär-tektonische Bewegungen, für die der Schuppenkörper von Perwang ein eindrucksvolles Beispiel liefert (Abb. 13, S. 53). Da die Sedimentation im Helvetikum und im Ultrahelvetikum nicht vor dem Oligozän endgültig abgebrochen wurde, kann die Deckenstapelung am Nordrand der Ostalpen erst im Verlauf des Oligozäns vollendet worden sein. Die gesamte Deckenmasse wurde dann noch auf miozäne Molasse-Ablagerungen aufgeschoben: dabei entstand die Faltenmolasse am Südrand des Molasse-Beckens.

Im Inneren der Alpen wurden tertiäre Ablagerungen teilweise von Triasgesteinen überschoben, wie am Nordrand des Kaisergebirges, oder zumindest an steilen Störungen eingeklemmt, wie z. B. das Miozän im Ennstal.

In den Südalpen erfolgten die wesentlichen tektonischen Vorgänge anscheinend erst im oder nach dem Miozän. So wurden an der Val Sugana Störung Quarzphyllite und der Cima d'Asta Granit über miozäne Konglomerate geschoben.

Deutlich überlagern sich im Tertiär horizontal ausgerichtete Bewegungen mit Hebungsvorgängen. Gerade im Oligozän und im Miozän wurden ungeheure Schuttmassen in die Vortiefen geliefert: in der südbayrischen Molasse wurden Schichtmächtigkeiten bis 5000 m erbohrt (vgl. Abb. 80, S. 182) Die Entwicklung der Alpen zum Hochgebirge im heutigen Sinne erfolgte allerdings nicht vor dem Pliozän. Diese jüngste Heraushebung spiegelt sich vor allem in der Saumsenke unter der heutigen Poebene wieder. Hier erreichen die Ablagerungen des Pliozäns und des Pleistozäns, fast ausschließlich Schotter, örtlich weit über 6000 m Mächtigkeit.

Manches spricht dafür, daß die gebirgsbildenden Vorgänge im weitesten Sinne heute noch nicht ganz zur Ruhe gekommen sind. Messungen in Erdöl-Bohrungen in der bayrischen Molasse ergaben, daß die Gesteine dort heute noch unter horizontalen Spannungen stehen. Geodätische Meßreihen im Gebiet des Tauerntunnels zwischen Gastein und Mallnitz sprechen für eine Heraushebung der südlichen Hohen Tauern um einen Betrag von 1,2 mm pro Jahr (SENFTL & EXNER). Geophysikalische Untersuchungen im Südteil der Poebene lassen vermuten, daß dort echte Faltungen im Quartär noch anhalten (WUNDERLICH).

Ehe wir uns der Beschreibung der Molassezonen und der inneralpinen Tertiärbecken im einzelnen zuwenden, wollen wir die Geschichte der Gesteinsbildung im alpinen Tertiär kurz zusammenfassen.

Tertiäre Schichtfolgen entstanden im gesamten Alpengebiet, also in der helvetischen und der ultrahelvetischen Zone, im Flyschtrog, im Bereich der Ostalpinen Decke, in den Südalpen und natürlich vor allem in den Vortiefen und den inneralpinen Becken.

Im *Paleozän* setzt sich die Sedimentbildung in allen Zonen, außer den Vortiefen und den jungen Becken, von der Kreide her fort. Es entstanden Foraminiferen-Mergel, Schuttkalke mit Großforaminiferen, Riffkalke und, im Flyschtrog, echter Flysch. Obwohl vielerorts durch den Sedimentationsablauf bedingte Schichtlücken auftreten (z. B. hardgrounds, Abb. 79, S. 177), kann von einer durchgehenden laramischen Phase nicht die Rede sein.

Im *Eozän* wurde diese Entwicklung zunächst nicht unterbrochen. In allen Faziesbereichen – wieder abgesehen von den Flyschzonen – treten Gesteine mit Großforaminiferen auf. Doch transgrediert das Eozän vielfach bereits über ältere Schichten, wodurch die allmähliche Steigerung der gebirgsbildenden Aktivität sichtbar wird. Zu Ende des Eozäns erreichte die Orogenese einen Höhepunkt, die Flyschbildung brach ab, während sich die nördliche Molassesenke herauszubilden begann und erste Sedimente aufnahm. – Gleichzeitig verlor das Tertiär-Meer im Norden und im Osten der Alpen, und auch im Inneren des Gebirges, allmählich seine Verbindung zum offenen Meer, zur Tethys, und wurde zur «Paratethys» (Nebentethys). – In den Südalpen ist das Eozän durch einen zwar lokalen, aber lebhaften, meist untermeerischen basaltischen Vulkanismus gekennzeichnet.

Im *Oligozän* ist die Sedimentation im Helvetikum und im Ultrahelvetikum endgültig abgeschlossen. Gleichzeitig begann die rasche Einsenkung des Molassetroges. In Südbayern entstanden hier zunächst noch flyschartige Sedimente, die Deutenhausener Schichten. Später bauten sich, vor allem im Westen, gewaltige Schuttkegel auf. Süßwasserablagerungen wechseln mit brackischen und vollmarinen Sedimenten. In den Nördlichen Kalkalpen liegen oligozäne Konglomerate auf mesozoischen Gesteinen. Rascher Wechsel von Abtragung und Gesteinsbildung zeigt sich u. a. darin, daß in oligozänen Konglomeraten allenthalben bereits Gerölle alttertiärer Fossilschuttkalke enthalten sind. – Das Oligozän ist eine Zeit besonders starker vulkanischer Aktivität: längs der Periadriatischen Naht dringen die großen Plutone des Adamello, des Bergell usw. ein. In den Südalpen bleibt der basaltische Vulkanismus unverändert aktiv.

Im *Miozän* ging die Molassesedimentation in den Vortiefen weiter. Gleichzeitig sinken die inneralpinen Becken ein. Im Wiener Becken transgredieren die Ablagerungen des Eggenburgiens über die Deckengrenze zwischen Flyschzone und Kalkalpen. Vorstöße des Meeres wechseln mit Süßwasserseen und Verlandung. In den nunmehr aufsteigenden Alpen, die wir uns als flaches Hügelland mit subtropischer Vegetation vorstellen können, überwiegen terrestrische Sedimente. Spuren dieser Zeit erkennen wir in der Augenstein-Landschaft. – Im Steierischen Tertiärbecken fließen saure und basische Laven aus, während der südalpine Vulkanismus abklingt.

Im *Pliozän* verlagert sich, während der Entwicklung der Alpen zum Hochgebirge, der Hauptanteil der Sedimentation in die Po-Vortiefe. In der nunmehr schon weithin von den Alpen überschobenen nördlichen Molassezone breiten sich Quarzrestschotter aus, im Wiener Becken entstehen mächtige Schwemmkegel einer Urdonau. – Im Steierischen Becken hält der Vulkanismus noch im oberen Pliozän an. –

Mit einer Klimaverschlechterung zum Ende des Tertiärs begann die Eiszeit, die die heutige Gebirgslandschaft prägte.

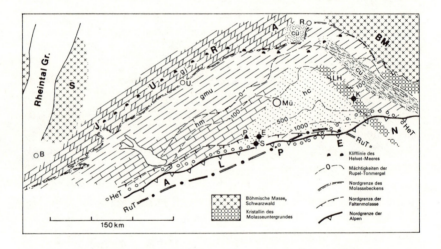

Abb. 80   Der Untergrund des süddeutschen Molassebeckens. Nach LEMCKE

S Schwarzwald, B Basel, U Ulm, Mü München, R Regensburg, BM Böhmische Masse, P Peißenberg. gj Germanischer Jura, cü Regensburger Kreide; Molasse-Untergrund: gmu Germanischer Oberjura, hm Helvetischer Malm (Quintner Kalk), hc Helvetische Kreide, cu Ostbayerischer Kreide-Trog, LH Kristallin des Landshut-Neuöttinger Hochs; Bohrungen: S Staffelsee, E Eberfing (Abb. 82, S. 184), K Kastl (Abb. 81, S. 183); HeT Achse des Troges zur Helvet-Zeit, RuT Achse des Troges der Rupel-Tonmergel.

Im oberen Jura verzahnt sich der Germanische mit dem (autochthonen) Helvetischen Malm. In der Kreide stößt das Helvetikum-Meer noch einmal weit nach Norden vor (vgl. S. 43). Der tiefste Teil des Molassetroges liegt etwa im Bereich des heutigen Alpen-Nordrandes, doch verschiebt sich die Achse im Verlauf der Molasse-Zeit nach Norden.

1. Die nordalpine Molasse

Der nördliche Molassetrog ist mehr als 700 km lang und erstreckt sich von Chambery südlich Genf bis in die Höhe von Brünn. Er ist in Oberbayern etwa 132 km breit, schrumpft zwischen Amstetten und St. Pölten auf weniger als 10 km zusammen und verbreitert sich ostwärts wieder auf 25–30 km. Weite Teile des Beckens werden von der ungefalteten Vorlandmolasse eingenommen, an die sich im Süden gegen den Alpenrand die subalpine oder Faltenmolasse anschließt.

Das heutige Landschaftsbild des Molassebeckens wurde vor allem in den südlichen Teilen durch die Ereignisse während des Pleistozäns geformt, da sich hier die breiten Endmoränengürtel und ausgedehnte Schotterflächen auf die Tertiärschichten legen. Nördlich dieser Zone tritt im tertiären Hügelland Niederbayerns die ungefaltete Vorlandmolasse in breiter Front zutage.

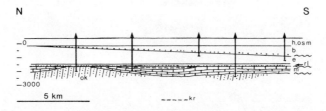

Abb. 81   Die «Struktur» Kastl-Gendorf. Nach BECKMANN

ok Oberkarbon, m Malm, kr Kreide, RL Rupel, Latdorf, E Eggenburg, B Burdigal, H, OSM Helvet und Obere Süßwassermolasse. Die Erdöl-Bohrungen Kastl und Gendorf im Bereich des Landshut-Neuöttinger Hochs erreichten unter dem Oligozän bzw. unter dem Malm steilgestellte, Pflanzen-führende Sandsteine des Oberkarbon. – Der Malm transgrediert auf das Oberkarbon, das Oligozän auf Oberkarbon, Malm oder Kreide; eine dritte Transgression ist die des Burdigal, das nach Norden zu auskeilt.

Der Molassetrog hat einen typisch asymmetrischen Querschnitt mit größten Tiefen in der Nähe des Alpenrandes. Der ursprüngliche Beckennordrand ist heute nicht mehr sicher festzulegen, da seine Sedimente durch den Aufstieg der Schwäbischen Alb abgetragen wurden. Doch ist die ehemalige Küste des Helvet-Meeres (Abb. 80, S. 182) in einem in den Malmkalken des Schwäbisch-Fränkischen Juras erhaltenen Kliff noch gut erkennbar. Von hier

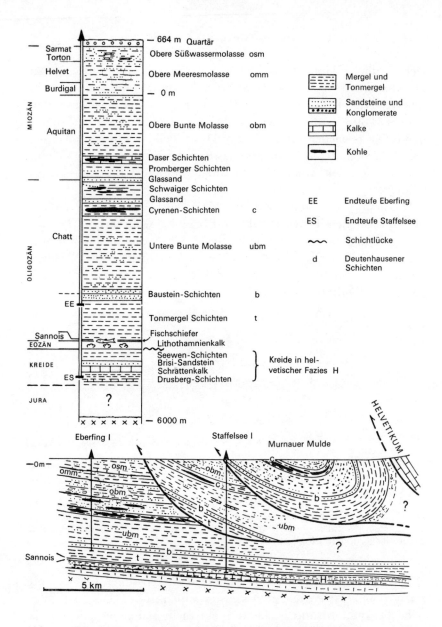

Abb. 82 Beispiel für eine Molasse-Schichtfolge in Alpennähe bei Murnau (Oberbayern). Nach LANGE, KRAUS, MÜLLER, PAULUS, SCHMIDT-THOMÉ und anderen

Die Schichtfolge durch die ungefaltete Molasse ist aus den Bohrungen Eberfing I und Staffelsee I zusammengesetzt. Die Bohrung Staffelsee I durchteufte die

steigt die Mächtigkeit der Sedimente gegen den Alpenrand auf 5000 m an. Der ehedem tiefste Teil des Troges liegt heute jedoch (tektonisch) unter den Kalkalpen bzw. unter der Faltenmolasse. Vom Unteroligozän bis zum oberen Miozän scheint sich die Trogachse von Süden nach Norden um etwa 25 km verschoben zu haben. Das entspricht einer Geschwindigkeit von knapp 1 mm/Jahr.

Einen Beweis für die weite Überschiebung der Molasse durch die vorstoßende Alpenfront lieferte die Bohrung Urmannsau, die 10–15 km südlich des Kalkalpen-Nordrandes unter den ostalpinen Decken Molasse antraf. Die Basis des Molassetroges wurde hier bereits in 3000 m Tiefe erreicht (Abb. 14, S. 53).

Durch die zahlreichen Tiefbohrungen der letzten Jahre ist der Untergrund des Beckens gut bekannt geworden. Im Gebiet zwischen Genfer See und dem Inn liegen die Molassesedimente am häufigsten auf Malm und Kreide, z. T. auch auf Kristallin und an einigen Stellen auf Oberkarbon (Abb. 80, 81). In Ober- und Niederösterreich, südlich der Donau, transgrediert die Trogfüllung in breiter Front über das Kristallin der Böhmischen Masse und außeralpines Mesozoikum (Abb. 14, S. 53; 88, S. 194). Ganz im Süden bilden die Gesteine in ultrahelvetischer und helvetischer Fazies die Unterlage (Bohrung Urmannsau, Abb. 14, S. 53). Es war möglich, auch den Übergang zwischen dem alpin-mediterranen Faziesraum und den epikontinentalen Sedimenten des nördlichen Vorlandes zu erfassen. Im westlichen Bayern beispielsweise tritt der Quintner Kalk des Helvetikums im Süden des Molasseuntergrundes an die Stelle des Germanischen Oberjuras (Abb. 80, S. 182).

Die marine Sedimentation (Untere Meeresmolasse) begann, wie in Abb. 82 dargestellt, im höchsten Obereozän und im Sannois. Darüber folgt das Rupel mit marinen Sedimenten, unter denen die im Süden verbreiteten Deutenhausener Schichten deutliche Anklänge an die Flyschfazies (LEMCKE) zeigen. Im Egerien (Chatt, Aquitan) wurde das Meer wieder nach Osten bis an den Meridian

---

◁

kräftig nach Norden überschobene Faltenmolasse (subalpine Molasse) und erreichte das tektonisch Liegende, die südliche Fortsetzung der ungefalteten Molasse. Die Basis der Molasse ist ein Mesozoikum in der Fazies des südlich anschließenden Helvetikums (vgl. Abb. 80, S. 182). Das Sannois entspricht dem Latdorf (siehe auch Tab. 8, S. 196).

von München zurückgedrängt (Abb. 83), so daß sich weiter im Westen die klastischen Sedimente der Unteren Bunten Molasse ausbreiteten. Der Sedimenttransport erfolgte zu dieser Zeit parallel der Beckenachse nach Osten.

Senkungen im Burdigal führten zum Übergreifen des Meeres nach Westen und zur Bildung der oberen Meeresmolasse. Bereits im Oberhelvet setzte aber eine erneute Verlandung ein, da sich das Meer nach Osten zurückzog. Die Sedimentlieferung war jetzt von Osten nach Westen gerichtet, so daß der Abtragungsschutt der Böhmischen Masse in die alpine Vorsenke gelangte.

Typische Molassebildungen sind die vor allem in den Allgäuer Molassebergen verbreiteten Grobschuttserien. Aus den aufsteigenden Alpen schoben sich riesige Schwemmkegel in das Vorland hin-

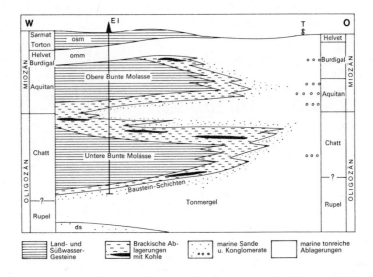

Abb. 83 Ost-West-Faziesverteilung der alpenrandnahen Molasse. Aus Paulus

OSM Obere Süßwasser Molasse, OMM Obere Meeresmolasse, ds Deutenhausener Schichten. E I Position der Bohrung Eberfing I, T ungefähre Lage von Traunstein/Oberbayern.

Das Schema zeigt, wie die Sedimente von West nach Ost zunehmend marin beeinflußt werden, das heißt das Meer dringt zur Molasse-Zeit von Ost nach West vor. In die brackischen Sedimente des Übergangsbereiches zwischen Meer und Süßwasser sind zahlreiche Kohlenflöze eingeschaltet, die Anlaß zu dem jetzt aufgelassenen oberbayerischen Pechkohlen-Bergbau gaben. Einzelheiten der Schichtfolge vgl. Abb. 82 (S.184). Ohne Maßstab.

aus. Sie bilden heute die südlichen Mulden der Faltenmolasse (Abb. 84, S. 188).

In der Oberen Süßwasser-Molasse reichten die Nagelfluh-Schüttungen mit mächtigen Schuttfächern bis an den Südrand der Vorlandmolasse (Napf, Pfänder, Peissenberg, Auerberg u. a.). Auch von Norden wurde grobklastisches Material herangeführt. An die Stelle der alpinen Komponenten tritt hier dann der Abtragungsschutt des Tafeljuras und Geröllmaterial aus dem Schwarzwald. Auch der tertiäre Vulkanismus der süddeutschen Scholle hat im Molassebecken seine Spuren hinterlassen. Tuffbänder, saure Glasaschen und Blockhorizonte zeugen von der vulkanischen Aktivität im Beckenvorland oder im Beckenuntergrund.

Die Cyrenenmergel (Chatt) der unteren Brackwasser-Molasse des bayrischen Alpenvorlandes enthalten 26 Pechkohlenflöze (Abb. 83). Pechkohlen sind Braunkohlen, die durch den Gebirgsdruck ein steinkohlenartiges Aussehen erhielten. Die 5 oberbayerischen Kohlenzechen Peissenberg, Penzberg, Hausham, Marienstein und Miesbach, in denen der Abbau bis in eine Tiefe von über 1000 m vorstieß, sind heute stillgelegt.

Die Überschiebungen im höheren Jungtertiär bewirkten im südlichen Teil der Molasse die Bildung einer Reihe Ost–West verlaufender Faltenzüge (Abb. 84; Abb. 82, S. 184). Steile, nach der Tiefe flacher werdende Aufschiebungen unterdrücken die Zwischensättel und erzeugten einen eigentümlichen Schuppenbau. Nach jüngsten Bohrergebnissen wurden die Mulden noch weit über die ungefaltete Vorlandmolasse geschoben.

Im Allgäu sind 3–4 Muldenzüge mit zugehörigen Längsstörungen entwickelt. Ihre Zahl und ihr Umfang nehmen nach Osten hin ab. Dem südlichsten Zug gehört die in der Landschaft modellartig hervortretende Murnauer Mulde an. Das auffälligste Strukturelement der mittleren Zone ist die lang hinziehende Rottenbucher Mulde, die sich östlich der Ammer in mehrere Teilstrukturen auflöst. Nach Osten verschwinden die Falten allmählich unter gleichzeitiger Verringerung ihres Tiefganges (Abb. 14 u. 15, S. 53 u. 54).

Ein bemerkenswertes Bild für den Bewegungsstil im Untergrund der Faltenmolasse hat die Bohrung Perwang erschlossen. Hier wurden offenbar etwa im Chatt Gesteine von der oberen Kreide bis zum Chatt miteinander verschuppt, in das Miozän-Meer verfrachtet und von Sedimenten des Aquitan eingedeckt (Abb. 13, S. 53).

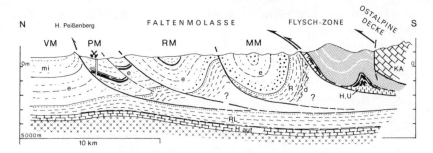

Abb. 84 Profil durch die Faltenmolasse in Oberbayern. Nach GANSS, PAULUS, SCHMIDT-THOMÉ, VEIT, ergänzt

VM ungefaltete (Vorland) Molasse, PM Peißenberger Mulde. RM Rottenbucher Mulde, MM Murnauer Mulde; H, U Helvetikum, Ultrahelvetikum, KA Kalkalpen, H aut autochthones Helvetikum des Molasseuntergrundes, RL Latdorf und Rupel der ungefalteten Molasse, d Deutenhausener Schichten, R Rupel-Tonmergel und Bausteinschichten, e Chatt, Aquitan, mi Miozän; schwarz: Kohleflöze.

Während die Vorlandmolasse ungestört dem Untergrund aufliegt (nur ihr Südrand ist aufgerichtet), besteht die Faltenmolasse aus einer Reihe von muldenförmigen Schuppen, die völlig vom Untergrund gelöst und weit nach Norden transportiert sind (vgl. Abb. 82, S. 182).

Die Deformation der Vorlandmolasse ist unterschiedlich und besteht vorwiegend in Bruchbildungen. Eine der wichtigsten Strukturen des bayerischen Vorlandes ist der Kristallinaufbruch des Landshut-Neuöttinger Hochs, der sich seit dem Keuper immer wieder paläogeographisch bemerkbar gemacht hat (Abb. 80, S. 182). Die Bewegungen hielten hier z. T. bis in das Quartär an, so ist das Jungtertiär des Straubinger Beckens noch etwa 700 m abgesunken.

Bei Wien wird die Faltenmolasse von der zu den Karpaten überleitenden Waschberg-Zone (Abb. 85–87, S. 190, 192, 193) abgelöst. Sie besteht aus den Schichten des jüngeren Mesozoikums und des Tertiärs, deren ältere Glieder, insbesondere die harten Jurakalke, als «Klippen» die weichen Tertiärmergel durchspießen. Ein Beispiel hierfür bieten die fossilreichen Ernstbrunner Kalke, Riffbildungen der Jurazeit. Ein direkter Zusammenhang zwischen der bereits beschriebenen Klippen-Zone und den Waschberg-Klippen besteht keineswegs (vgl. S. 44).

Die ungefaltete Molasse nordwestlich der Waschberg-Zone (Abb. 85, S. 190) wird vielfach, wenn auch unzutreffend, als außeralpines

Wiener Becken bezeichnet. Ihre Sedimente transgredieren nach Westen auf das Kristallin der Böhmischen Masse, während sich nach Osten (Abb. 86 u. 87, S. 192 u. 193) mesozoische Gesteine besonderer Entwicklung zwischenschalten: das «autochthone» oder «Staatzer» Mesozoikum (THENIUS). Die ungefaltete Molasse dieses Raumes wird von Südosten her durch die Waschberg-Zone überwältigt (Abb. 87, S. 193).

2. Die inneralpinen Tertiärbecken

Das inneralpine Wiener Becken (Abb. 85, S. 190) schließt sich nach Südosten an die Waschberg-Zone an und reicht bis zu den Kleinen Karpaten und dem Leithagebirge. Sein heutiger Umriß war bereits im Eggenburgien angelegt, obwohl der Haupteinbruch erst im Badenien erfolgte.[8] Die Absenkung der einzelnen Bruchschollen verlief räumlich und auch zeitlich sehr ungleichförmig, so daß die Mächtigkeiten der bis ins Pliozän reichenden Schichtfolgen sehr unterschiedlich sind. Der stark gegliederte Untergrund besteht aus Elementen der Flyschzone, der Nördlichen Kalkalpen und des Semmering-Unterostalpins, das im Leithagebirge noch einmal zutagetritt (Abb. 86, S. 192).

Typische Beckenrandbildungen sind die aus Lithothamnien gebildeten Leithakalke, die den historischen Baustein der Wiener Prachtbauten lieferten und in zahlreichen Steinbrüchen im Leithagebirge gewonnen wurden. Sie enthalten auch die nördlichsten Korallenriffe dieser Zeit.

Die zentralen Beckenteile enthalten vor allem mächtige, als Schlier bekannte Tonmergel des Ottnangien und Karpatien. Die Schichten sind sehr wechselhaft ausgebildet und enthalten die Reste reicher Faunen, vor allem Mollusken. Im Gegensatz zu der Molassesenke im Westen ist hier im Wiener Bereich auch das Badenien und das Sarmat z. T. noch marin entwickelt. Erst im Pliozän wich das Meer endgültig. Zu den jüngsten Ablagerungen gehören die Spuren eines alten Donaulaufs, der Hollabrunner Schotterkegel mit Resten von Landsäugetieren wie Mastodon und Dinotherium (Abb. 85, S. 190). Im Wiener Becken bestand im älteren Pliozän noch ein Binnenmeer.

[8] Zu den neuen Bezeichnungen der Jungtertiär-Stratigraphie siehe Tab. 8.

Die nördliche Molassezone und das Wiener Becken sind durch ihre Erdgas- und Erdölvorkommen wirtschaftlich interessant geworden. Erdöl- und Erdgasfelder sind zwar seit langem bekannt, doch ist erst nach dem 2. Weltkrieg eine wirtschaftlich lohnende

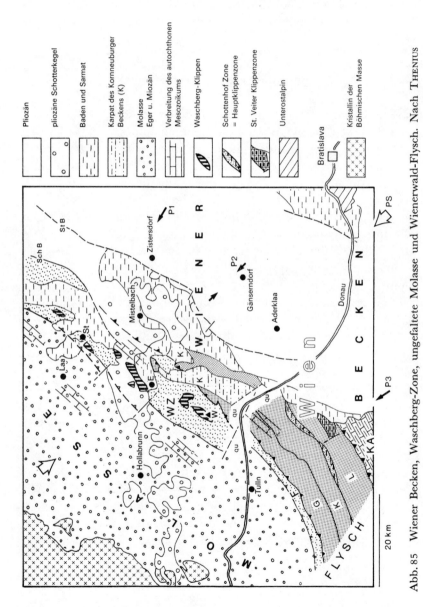

Abb. 85 Wiener Becken, Waschberg-Zone, ungefaltete Molasse und Wienerwald-Flysch. Nach THENIUS

Förderung in Gang gekommen. Bekannte Erdölvorkommen im Wiener Becken sind die Felder von Matzen-Schönkirchen bei Gänserndorf, von Aderklaa und von Zisterdorf (Abb. 85 u. 88, S. 190 u. 194).

Auch im deutschen Alpenvorland wurden nennenswerte Erdölvorkommen entdeckt, so die Felder Ampfing, Mönchrot, Assling, Höhenrain u. a. Daneben wurden auch Erdgasfelder erschlossen.

Das Steirische Becken wird durch die Südburgenländische Schwelle vom eigentlichen Pannonischen Becken im Osten getrennt und gliederte sich durch die Sausal- oder Mittelsteirische Schwelle in ein West- und Oststeirisches Becken (Abb. 89, S. 195). Die Einsenkung begann im Ottnangien. Die Schichtfolgen umfassen marine und limnisch-fluviatile sowie terrestrische Bildungen mit Braunkohlenflözen (Eibiswalder Schichten). An der Wende zwischen Karpatien und Badenien bestand hier eine vorübergehende Verbindung mit dem offenen Meer, so daß das Steirische Becken zu einer nördlichen Bucht der Tethys wurde. Das vom Süden einströmende Meer hinterließ bis zu 1000 m mächtige Schlier-Ablagerungen, an die sich nach Westen die Arnfelser Konglomerate des Gebirgsrandes anschließen. An der beckenwärtigen Flanke der Mittelsteirischen Schwelle entwickelten sich Leithakalkriffe. Etwa zur gleichen Zeit brachen auch die heute überwiegend unter Sedimenten begrabenen Trachyt-, Andesit- und Basaltvulkane (Landorf, Gleichenberg, Weitendorf) aus. Sie gehören in den Steirischen Vulkanbogen, der von den Daziten und Andesiten zwischen Save und Drau bis in das Vulkangebiet des Plattensees reicht (H. W. FLÜGEL).

Bereits im oberen Badenien zog sich das Meer aus den weststeirischen Becken zurück und die Beckensedimente wurden von limnisch-fluviatilen Bildungen überdeckt. Auch große Teile des oststeirischen Beckens verlandeten. Eine neuerliche Überflutung im

---

◁

Sta Staatz, E Ernstbrunn, W Waschberg; WZ Waschberg-Zone, F Faltenmolasse, KA Nördliche Kalkalpen, L Laaber Decke, K Kahlenberger Decke, G Greifensteiner Decke; SchB Schrattenberger Bruch, StB Steinberg Bruch; qu Quartär.

P_1 Profil Abb. 87, P_2 Profil Abb. 88, P_3 Profil Abb. 15 (S. 54), PS Sammelprofil Abb. 86. – Einzelheiten siehe bei diesen Abbildungen.

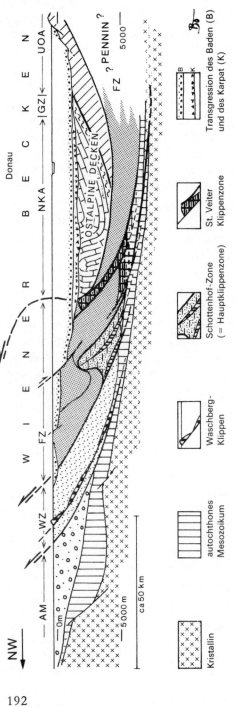

Abb. 86 Sammelprofil durch das Wiener Becken, die Flysch- und die Waschberg-Zone. Nach KAPOUNEK, KÜPPER, THENIUS, TOLLMANN u.a.

AM Autochthone (ungefaltete) Molasse, WZ Waschberg-Zone, FZ Flysch-Zone, NKA Nördliche Kalkalpen, GZ Grauwacken-Zone, UOA Unterostalpin. Überhöht und stark schematisiert. Lage: PS in Abb. 85.

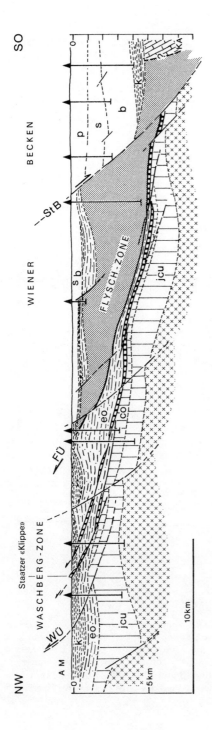

Abb. 87 Profil durch das nordwestliche Wiener Becken, die Flysch- und die Waschberg-Zone. Aus THENIUS

AM Autochthone (ungefaltete) Molasse, WÜ Überschiebung der Waschberg-Zone, FÜ Flysch-Überschiebung, KA Kalkalpen; jcu Jura und Unterkreide des autochthonen Mesozoikums, co Oberkreide, eo Eggenburg und Ottnang, k Karpat, b Baden, s Sarmat, p Pliozän; StB Steinberg-Bruch. Nicht überhöht, schematisiert. Lage: P_1 in Abb. 85.
Das Profil zeigt den komplizierten Bau der Waschberg- und der Flysch-Zone, mit zahlreichen nordwestvergenten Aufschiebungen, sowie das Durchspießen von Jura-Kreide-«Klippen» durch weit jüngere Sedimente. Nur wenig jünger als die Aufschiebungs-Tektonik sind die staffelförmig angeordneten Abschiebungen, die zum Einbruch des Wiener Beckens führen.

193

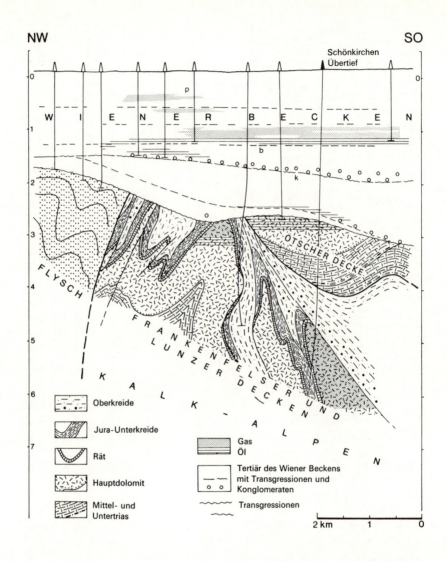

Abb. 88 Profil durch das Öl- und Gasfeld Matzen-Schönkirchen. Nach Kröll und Wessely

o Ottnang, k Karpat, b Baden, s Sarmat, p Pliozän. Lage: P_2 in Abb. 85.

Das Profil zeigt den intensiven isoklinalen Falten- und Schuppenbau im Kalkalpin, der mit einer steilen Störung an die Flysch-Decken grenzt. Über alles transgrediert das Tertiär des Wiener-Beckens. – Öl- und Erdgas-Lagerstätten finden sich sowohl in Obertrias-Dolomiten (Hauptdolomit), als auch in verschiedenen Tertiär-Stufen. – Beim «R» von «Wiener» fehlt das «s» für Sarmat.

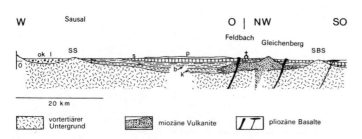

Abb. 89 Schematisches Profil durch das Steirische Becken. Nach H. W. Flügel

ok l Ottnang + Karpat in limnisch-fluviatilen Ablagerungen, k Karpat, b Baden und s Sarmat in überwiegend mariner Ausbildung; p Pliozän; SS Sausal-Schwelle, SBS Südburgenländische Schwelle.

Die Tertiärfüllung im Steirischen Becken wird bis über 3000 m mächtig. Mehrere Schwellen bewirken eine Aufteilung in Teilbecken, in denen Sedimente teilweise unterschiedlicher Fazies zur Ablagerung kommen. Örtlich verzahnen sich marine mit limnisch-fluviatilen Schichtfolgen.

Sarmat leitete die Bildung eines Süßwassersees ein. Limnisches Pannon ist im Nordteil des oststeirischen Beckens erhalten, über dessen Schotter im Daz noch einmal basaltische Laven ausflossen.

Während die Entwicklung des Beckens von Eisenstadt ähnlich verlief, wie die des Steirischen oder Wiener Beckens, sind die innerhalb des Gebirges gelegenen Becken von Klagenfurt und des Lavanttales überwiegend mit Süßwasserablagerungen unsicheren Alters gefüllt. Besonders bezeichnend ist die 200 m hohe Platte des Sassnitzkonglomerates im Süden von Klagenfurt. Beide Becken enthalten auch Braunkohlen, beispielsweise die Rosenbacher Kohlenschichten; die sarmatischen Kohlen im Lavanttal wurden zeitweilig abgebaut. Einen überzeugenden Beweis für die jungtertiären Gebirgsbewegungen liefert die Überschiebung miozäner Schichten durch die Karawanken-Masse.

3. Die Poebene

In die südalpine Vortiefe unter der heutigen Poebene drang das Meer im Untereozän von Osten her ein und erreichte im Unteroligozän den Westrand des Beckens. Im Miozän begann hier die eigentliche Molassebildung, in deren Verlauf die mächtigen pliozänen Aufschüttungen der aus dem Gebirge austretenden Flüsse

Epochen	Stufen		ältere Einteilung des Miozän/höher. Oligozän		Nordalpine Molasse	Helvetikum	Ultrahelvetikum	Wiener Becken	Steirisches Becken	Gosau-Becken	Unterinntal	Südalpen	Nördliche Kalkalpen	Po-Molasse
Quartär														
Pliozän	Daz, Levantin Pannon							▮		▮	▮		▮	▮
Miozän	Sarmat Baden Karpat Ottnang Eggenburg	Torton Helvet Burdigal Aquitan						▮			▮		▮	▮
Oligozän	Eger {Aquitan, Chatt} Rupel Latdorf	Chatt			▮			▮					▮	▮
Eozän	Priabon Biarritz Lutet Cuis				▮	▮							▮	
Paleozän	Ilerd Thanet Dan+ (Mont)				▮								▮	
Oberkreide														

Tab. 8 Die Gliederung des Tertiär

Die schwarzen Balken geben den stratigraphischen Umfang des Tertiär in den wichtigsten Verbreitungsgebieten an. Die neue Gliederung des Miozän kann noch nicht überall angewendet werden.

den marinen Einfluß merklich zurückdrängten. Am Gebirgsrand entstanden sehr große Schuttfächer, wie sie auch heute noch von den schuttreichen Gebirgsflüssen Oberitaliens gebildet werden. Infolge der anhaltenden Einsenkung des Beckens wurden gewaltige Sedimentmassen aufgehäuft. Die Basis des Pliozäns liegt heute 5000–6000 m tief versenkt. In einzelnen Zonen erreicht das Quartär Mächtigkeiten von 2000–3000 m. Insgesamt wurden in der Senke der Poebene und ihrer nordöstlichen Fortsetzung, der Venetianischen Ebene, im Pliozän und im Quartär nicht weniger als 80000 Kubikkilometer (!) Schotter, Sande und Tone abgelagert. Allerdings ist die Poebene im engeren Sinne gleichzeitig auch Vortiefe des Apennins (Abb. 90).

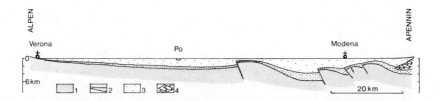

Abb. 90 Schnitt durch die Poebene zwischen Verona und Apennin. Aus Ogniben

1 vorpliozäne Ablagerungen, 2 tieferes Pliozän, 3 höheres Pliozän und Quartär, 4 apenninische Gleitmasse. – Schematisch, aber nicht überhöht.
    Der Schnitt zeigt, daß die Südhälfte des Po-Beckens eigentlich die Vortiefe des Apennins ist, und deutlich in dessen nordvergente Tektonik miteinbezogen wurde. Die im Süden eingezeichnete «Gleitmasse» des Apennins erinnert an den Schuppenkörper von Perwang (Abb. 13, S. 53). Die Südalpen hingegen sinken bei Verona, nur wenig gestört, unter die Schuttfüllung der Poebene ein (vgl. jedoch Abb. 79a, S. 178).

    Wie schon beschrieben, findet sich an der Südgrenze der Südalpen keine Störung, die mit der Aufschiebung der Nördlichen Kalkalpen auf die nordalpine Molasse vergleichbar wäre. Vielmehr steigt das Gebirge allmählich nach Süden ab und verschwindet, meist mit einer Flexur, die auch in eine Störung übergehen kann, unter den Schuttmassen der Poebene.
    Eine Ausnahme bilden die östlichen Südalpen. Dort treten am Gebirgsrand größere Überschiebungen auf, aus denen sich ein ausgeprägter Schuppenbau entwickeln kann (Abb. 79a, S. 178). Die

Molasse der Venetianischen Ebene ist auch geringer mächtig, sie nimmt vom Alpenrand bis zum Po-Delta allmählich zu.

B) Das Quartär

Zu Ende des Pliozäns – der genaue Zeitpunkt ist nicht bekannt – trat eine allgemeine Klimaverschlechterung ein. In den höheren Breiten der Kontinente auf der nördlichen Halbkugel entwickelten sich gewaltige Inlandeismassen und die großen Gebirgszüge Europas, wie die Alpen und die Pyrenäen, verschwanden großenteils unter dem Eis ihrer ins Riesenhafte angewachsenen Gletscher.

Erst ab Mitte des vergangenen Jahrhunderts gelang es aus bestimmten Ablagerungen, den Moränen, aus Schotterfluren und Terrassen des Alpenvorlandes die Eiszeit-Geschichte der Alpen zu entwickeln. Bis dahin war die weite Verbreitung der erratischen Geschiebe, z. B. bis hausgroßer Gneisblöcke in den Nördlichen Kalkalpen oder von Alpengesteinen aller Art in meterdicken Findlingen bis über die nördlichen Enden der bayerischen Seen hinaus, eine rätselhafte Erscheinung geblieben.

Vor allem in Südbayern hatten BRÜCKNER und PENCK, von denen die grundlegenden Werke über die Eiszeit stammen, die Vorstellung von vier aufeinander folgenden großen Eisvorstößen gewonnen. Allerdings ist bis heute die genaue Zahl der «Kaltzeiten», die von wärmeren «Zwischeneiszeiten» getrennt sind, nicht exakt erfaßbar (Tab. 9). Sicher waren es mehr als vier, und jede Kaltzeit ist in mehrere Stadien zu zerlegen. Auch die Dauer des gesamten Pleistozäns ist trotz modernster Untersuchungen nicht genau bekannt: zur Zeit diskutiert man eine Dauer von etwa zwei Millionen Jahren. Und schließlich wissen wir bis heute weder auf die Frage nach den wirklichen Ursachen noch darauf, ob wir am Ende oder noch innerhalb der Eiszeit im weiteren Sinne leben, eine sichere Antwort[9]: Seit historische Nachrichten über die Gletscher vorliegen, wechseln kräftige Vorstöße mit deutlichen Eisrückgängen ab (s. S. 201).

Im Bereich der Alpen wirkte sich die Eiszeit recht unterschiedlich aus (Abb. 91, S. 200). Am Nordrand des Gebirges drangen mäch-

---

[9] Eine moderne Darstellung der Eiszeit in den Alpen von HANTKE ist in Druckvorbereitung.

Zeittafel		Beispiele für Ablagerungen	Menschheits-Geschichte
Holozän JETZTZEIT		heutige Gletscher	
POSTGLAZIALZEIT		Schotter, Schwemm-kegel usw.	Cro-Magnon Mensch
Pleistozän	SPÄTGLAZIAL	Egesenmoräne Daunmoräne Gschnitzmoräne	
	WÜRM-EISZEIT HOCHGLAZIAL	Jung-Endmoränen im Vorland	Neandertal Mensch
	INTERGLAZIAL	Hochterrassen-schotter	
	RISSEISZEIT	Altmoränen im Vorland	
	INTERGLAZIAL	? Höttinger Breccie	
	MINDELEISZEIT	Moränen,	Mensch von Heidelberg
	INTERGLAZIAL	Schotter (Nagelfluh)	
	GÜNZEISZEIT	und Terrassen	Pithecanthropus
	ÄLTERE KALTZEITEN (DONAUEISZEIT)	im Vorland	Australopithecus

PLIOZÄN

Tab. 9 Das Quartär

tige Vorlandgletscher bis weit in die Ebene hinaus vor, wie der Rhein-, der Ammer- oder der Inn-Gletscher. Im Süden hingegen traten die Gletscher nur wenig aus den großen Tälern heraus und bildeten im Verhältnis kleine Eisloben, die die prächtigen Morä-nen-Amphitheater des Gardasees, des Ogliotales und anderen Orts hinterließen. Im Osten der Alpen schließlich blieben die Gletscher gewissermaßen im Inneren des Gebirges stecken, so z. B. im Kla-genfurter Becken. – Selbst zu Zeiten der größten Vereisung ragten die höheren Gipfel als Nunataker aus dem bis 1800 m dicken Eis heraus. Die Schneegrenze – damit bezeichnet man die Höhe ober-halb welcher Eis und Firn ganzjährig bestehen bleiben – lag zur

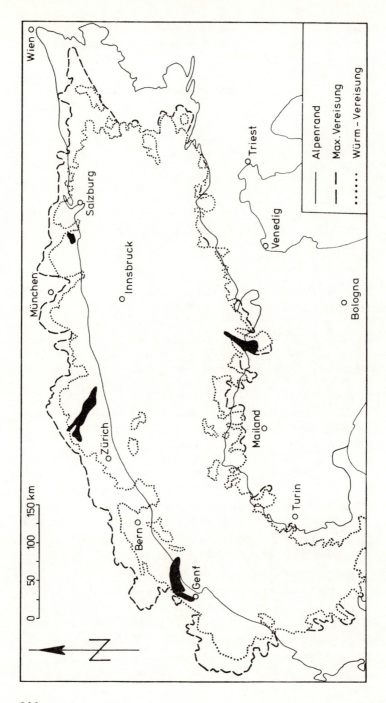

Abb. 91 Die Vergletscherung der Alpen während der Eiszeit. Nach WOLDSTEDT

Zeit der Eishöchststände mehr als 1200 m tiefer als heute; am Nordrand der Bayerischen Kalkalpen z. B. in etwa 1500 m.

Alte und junge Moränenzüge, Schotterfluren und vor allem die Abfolge der Flußterrassen lassen außerhalb des Gebirges die Untergliederung des Pleistozäns in die verschiedenen Kaltzeiten ohne weiteres zu. Im Alpeninneren hingegen sind meist nur die Reste der letzten Vereisung erkennbar, da die jüngsten Gletscherströme naturgemäß die Spuren der vorhergehenden weitgehend beseitigt haben. Nur in den ganz großen Tälern sind gelegentlich Anzeichen älterer Eiszeit erkennbar. Ein klassisches Profil ist im Inntal nächst Innsbruck erschlossen, beziehungsweise seinerzeit durch einen eigens hierfür angelegten Stollen zugänglich gemacht worden. Hier waren, nach den Vorstellungen von AMPFERER und KLEBELSBERG, drei verschieden alte Moränen und die Reste zweier Zwischeneiszeiten erkennbar. Der älteren dieser Zwischeneiszeiten (oder Interglaziale) gehört die Höttinger Breccie an, ein verfestigter Murstrom mit zahlreichen Resten warmzeitlicher Pflanzen (Rhododendron, Buxbaum, Eibe u. v. a.). In der jüngeren Zwischeneiszeit entstanden die Schotter, Sande und Tone der Terrassen-Sedimente. Neue Untersuchungen ergaben jedoch, daß der größte Teil dieser im Inntal sehr mächtigen (300 m und mehr) Ablagerungen doch der letzten Eiszeit angehören. Damit wird auch das Alter der Höttinger Breccie wieder unsicher: sie könnte auch dem letzten Interglazial angehören (Tab. 9).

Der Rückzug des Würmgletschers ist durch mehrere Stadien, zu denen es jeweils zu kurzzeitigen Eisvorstößen kam, unterbrochen. Man benannte sie nach typischen Vorkommen «Gschnitz», «Daun» und «Egesen». Mit dem Rückzug des Gletschers von den Moränen des Egesen-Stadiums läßt man üblicherweise das Holozän beginnen.

◁

Während im Norden und Nordwesten das Eis weit über den Alpenrand hinaus drang, bildeten sich am Südrand nur kleinere Vorlandgletscher am Ausgang der großen Täler. Im Ostteil der Alpen schließlich blieben die Gletscher gleichsam im Gebirge stecken. Die größte Ausdehnung erreichte das Eis im Riß- und teilweise im Mindel-Glazial, die Gletscher der letzten, der Würm-Eiszeit, blieben im allgemeinen etwas dahinter zurück.

Schließlich sind aus geschichtlicher Zeit Eisvorstöße bekannt, so vor allem im Zuge einer Klima-Verschlechterung im Spätmittelalter. Ab Mitte des vorigen Jahrhunderts setzte ein allgemeiner Rückzug der Gletscher ein: der letzte Hochstand ist durch die Moränen von 1850 (Taf. III, 3) allenthalben in den Alpen gut erkennbar. Dieser Rückzug wurde durch kleine Vorstöße unterbrochen (1890, 1920); gegenwärtig scheint er, nach dem rapiden Abschmelzen der Gletscher in den letzten 30 Jahren, allmählich anzuhalten.

An Ablagerungen der jüngsten Vergangenheit sind zu erwähnen: Schotter und Terrassen in den Tälern, die oft riesigen Schwemmkegel aus Seitentälern, auf denen sehr häufig Ortschaften angesiedelt sind und schließlich Bergsturzmassen, Hangschuttkegel, Murgänge, Hangrutsche, bei denen manchmal ganze Bergflanken in Bewegung geraten und dergleichen mehr. Die Entstehung derartiger Bildungen ist ja heute noch in Gang und kann unmittelbar beobachtet werden. Schließlich nehmen die durch den Menschen verursachten Umgestaltungen der Erdoberfläche oft durchaus «geologische» Ausmaße an: man denke an die Deponien der großen Tunnelbauten, oder an die manchmal riesenhaften Tagbaue und Steinbrüche, wie den Steirischen Erzberg, denen manchmal ganze Berge zum Opfer fallen.

Vierter Teil

Geophysik und Gebirgsbildung

1. Der geophysikalische Zustand der Ost- und Südalpen

Nach allem, was wir wissen, ist der wesentliche Antrieb gebirgsbildender Vorgänge in geodynamischen Prozessen innerhalb des Erdmantels zu suchen. Sie erzeugen Ungleichgewichte, welche die tektonischen Ereignisse in der höheren Kruste bewirken und die Bewegungen der Erdoberfläche hervorrufen. Eine Gebirgsbildung ist dann abgeschlossen, wenn die während der Geosynklinalbildung entstandenen Ungleichgewichte, z. B. in der Schwereverteilung, im Untergrund ausgeglichen sind. Das ist in den jungen Gebirgsgürteln der Erde nicht der Fall; sie alle weisen ausgeprägte negative Schwereanomalien auf, das heißt Zonen, in denen eine Anhäufung leichter Gesteine zu einer Verringerung der normalen Fallbeschleunigung führt. Die Anomalien können mit der Gebirgsachse zusammenfallen, aber auch dagegen verschoben sein.

Es ist vorstellbar, daß sich die Zonen orogener Gesteinsumformung auf die Bereiche der Unterschwere hin bewegen. Sobald diese mit der Gebirgsachse zusammenfallen, ist die eigentliche orogene Deformation (Tektogenese) abgeschlossen. Im Spätstadium der Gebirgsbildung spielen sich bedeutende Hebungen ab, durch die ein Hochgebirge im geomorphologischen Sinne entsteht. In diesem Entwicklungsstadium befinden sich heute die Alpen: das Schweretief befindet sich hier unter den Tauern (Abb. 92, S. 204).

Weitere Daten zum Verständnis des Gebirgsbaues liefern seismische Untersuchungen, bei denen der tiefe Gebirgsuntergrund mit Hilfe elastischer Wellen «abgetastet» wird. Solche Messungen und ihre Auswertung zeigen, daß die «granitische» Oberkruste am Nordrand der Alpen 15–20 km dick ist, unter den Zentralalpen aber auf 25 km anschwillt und südlich der Periadriatischen Linie in den Südalpen noch immer 20–22 km Mächtigkeit besitzt (Abb. 92, S. 204). In den Zentralalpen darf man für die Ötztal-Masse und das unterlagernde Pennikum vielleicht eine Dicke von 10 km ansetzen. Das ist wohl auch der Grund, warum hier eine größere Mächtigkeit der Oberkruste vorliegt. Sie betrug ursprünglich,

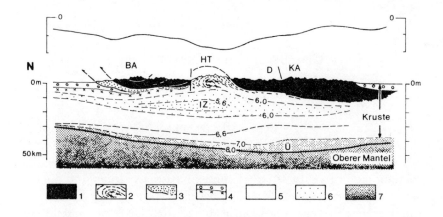

Abb. 92 «Seismisches» Profil durch die Kruste und den Oberen Mantel unter den Ost- und Südalpen. Aus ANGENHEISTER u.a.

1 Ost- und Südalpine Deckenmasse, 2 Penninikum des Tauernfensters, 3 Flysch, Helvetikum, 4 Molasse auf Vorland-Kristallin, 5 Kruste, 6 Zone verringerter Wellengeschwindigkeit (IZ), 7 Oberer Mantel und Übergangszone Kruste–Mantel (Ü); BA Berchtesgadener Alpen, H Hohe Tauern, D Drauzug, KA Karnische Alpen.

Nur die obersten Kilometer der Erdrinde sind in Aufschlüssen und in Tiefbohrungen direkt zu beobachten. Den tieferen Untergrund untersucht man vor allem mit Hilfe künstlicher Erdbebenwellen (Näheres siehe Text). Die «Kruste» beginnt über dem «Oberen Mantel», die Grenze zwischen beiden wird als «Mohorovičič» – Übergangszone bezeichnet. Sie verläuft ungefähr bei einer Ausbreitungsgeschwindigkeit der Longitudinalwellen von 8 km/Sekunde. Die Kruste kann noch in eine Unter- und eine Oberkruste aufgeteilt werden, die Grenze liegt etwa bei der 6,0-Linie, oder etwas tiefer. In der Oberkruste befindet sich eine Zone verringerter Geschwindigkeit, die Inversionszone (siehe Text).

Die Kurve über dem Profil zeigt (ohne Maßangabe) die negative «Schwereanomalie» (siehe Text), wie sie im Bereich junger Gebirge stets gefunden wird.

d. h. vor der Deckenüberschiebung, vielleicht 15–20 km. Mit der Mächtigkeit der Oberkruste nimmt auch die Dicke der gesamten Kruste zu; der aus schwererem Material bestehende Obere Mantel wird in die Tiefe gedrückt. Somit liegt unter einem jungen Gebirge *zuviel* leichtes Material vor: die Erdschwere ist zu gering und man beobachtet eine negative Schwereanomalie.

Die Untersuchung des Untergrundes mit Hilfe elastischer Wellen, vor allem der Longitudinal-Wellen, geht folgendermaßen vor sich: Bei Sprengungen in Steinbrüchen, oder in eigens hierfür angelegten Bohrlöchern, werden künstliche Erdbeben-Wellen erzeugt. In einer Reihe in zunehmender Entfernung vom Sprengpunkt aufgestellten Registrierstationen mißt man die Ankunftszeiten dieser Wellen. Wäre nun der Untergrund aus völlig gleichartig zusammengesetztem Material aufgebaut, so würden sich die Wellen mit gleicher Geschwindigkeit ausbreiten und ihre Ankunftszeiten würden, in einem Diagramm aufgetragen, eine Gerade ergeben. Da nun aber die Erdrinde namentlich in den obersten 100–200 km aus Material sehr wechselnder Dichte und in der Oberkruste zudem aus ganz unregelmäßig gelagerten Gesteinskörpern besteht, ergeben die Ankunftszeiten komplizierte Kurven. Aus diesen «Laufzeitkurven» läßt sich ein Bild darüber gewinnen, in welcher Weise Materialmassen mit gleicher Ausbreitungsgeschwindigkeit in der Erdrinde angeordnet sind. Dazu zeichnet man, wie in Abb. 92 geschehen, die Linien gleicher Ausbreitungsgeschwindigkeit der Wellen in ein Profil ein.

Ein solches Bild ist natürlich nur ein Modell, zumal in den Ostalpen das Netz der Messungen derzeit noch viel zu gering ist: weitere Untersuchungen dürften beträchtliche Änderungen in den Einzelheiten erbringen. Das Prinzip jedoch, etwa das Absinken der Grenzzone zwischen Kruste und Oberem Mantel im Zentralteil des Gebirges von etwa 30 auf über 45 km Tiefe wird sicher so bleiben. Hierauf deutet ja auch das oben erwähnte Schweretief unter den Alpen hin.

Besonders bemerkenswert ist eine unter der Zentralachse des Gebirges in der tieferen Oberkruste auftretende Zone mit einer Umkehr der Wellengeschwindigkeiten: entgegen aller Erwartungen verringern sich hier die Laufzeiten zunächst und nehmen erst in größere Tiefe wieder zu (Abb. 92). Diese merkwürdige Tatsache könnte mit einem übermäßig raschen Temperaturanstieg in dieser Zone erklärt werden.

Es fällt auf, daß unter den zentralen Teilen des Gebirges eigentlich eine verhältnismäßig geringe Krustenverdickung beobachtet wird. Da die an der Oberfläche sichtbaren Faltungen und Überschiebungen eine Krustenverkürzung auf etwa ein Drittel verlangen, sollte man eine drei- bis vierfache Krustenmächtigkeit erwarten. Statt dessen ist nur eine Verdickung auf das eineinhalb- bis zweifache festzustellen. Allem Anschein nach war also die Kruste vor der Zusammenschiebung namentlich der inneren Geosynklinalbereiche dünner als im Vor- und im Rückland der Senkungszone.

GIESE nimmt aufgrund der unsymmetrischen Krustengestalt an, daß Südalpen und Poebene eine eigene tektonische Großscholle bilden, deren Grenzfläche an der Unterseite der Oberkruste und noch tiefer vermutet wird. Sie drängte das Ostalpin aus seinem ursprünglichen Ablagerungsraum und hat ostalpine Gesteine im Bereich der Periadriatischen Linie noch tektonisch überfahren. Dabei wurde auch der Inhalt der penninischen Eugeosynklinale entwurzelt. An der Unterseite des Südalpen-/Poebene-Blockes können Späne des oberen Erdmantels mitverfrachtet worden sein. Sie wurden im Bereich der Ivrea-Zone, im westlichsten Teil der Südalpen sogar in die Oberkruste eingeschoben.

Für das tektonische Gesamtbild ergibt sich daraus also folgendes: Die regionale Ablösungsfläche, die die Nordwanderung der alpinen Gesteinsmassen ermöglichte, greift offenbar von Norden nach Süden immer tiefer (Abb. 6, S. 34). Die Faltenmolasse ist innerhalb des oberflächennahen Sedimentpaketes abgeschert. Die Nördlichen Kalkalpen wurden bereits von ihrer Kristallinunterlage abgelöst. Die zentralalpinen Kristallinschollen, wie etwa das Ötztal-Kristallin, wanderten auf Gleitflächen innerhalb der Oberkruste. Die Abscherungsfläche des Südalpen-/Poebene-Blockes liegt möglicherweise an der Unterseite der Oberkruste. Die tiefsten Abscherungshorizonte sind vielleicht sogar innerhalb des oberen Erdmantels zu vermuten. Dieses einfach scheinende Schema wird jedoch dadurch komplizierter, daß diese Abscherung sich auf verschiedene Zeiträume (s. S. 38) verteilt, nämlich von der mittleren Kreide (Ostalpin) bis in das Miozän (Molasse).

2. Mechanik und Ursachen der Gebirgsbildung

Seit alters her wurde angesichts der großen Gebirgsbögen der Erde die Frage gestellt, welche Kräfte die Gesteinsmassen übereinandergetürmt haben. Katastrophale Erderschütterungen in der Umrandung des Mittelmeeres und spürbare Erdbeben am Nordrand der Alpen zeigen, daß die Erdkruste in den alpinen Gebirgen Südeuropas noch in Bewegung ist oder nur langsam zur Ruhe kommt. Ablagerungen tiefer Meeresbecken bauen heute die höchsten Gipfel der Alpen auf und 1000 m hohe Felswände bestehen aus zerbrochenen und gefalteten Gesteinsplatten, die wie in einer gigantischen

Presse zusammengeschoben erscheinen. Auch der weniger geschulte Beobachter kann hier mit einem Blick das Grundprinzip der Gebirgsbildung erfassen: Die berghohen Falten, Auf- und Überschiebungen und der Deckenbau sind das Ergebnis einer einengenden Erdkrustenverformung.

Von SCHARDT und LUGEON stammt der erste Versuch, den alpinen Gebirgsbau durch große horizontale, von Süden nach Norden gerichtete Deckenüberschiebungen zu erklären, TERMIER übertrug diese Gedankengänge auf die Ostalpen. Die nördlichen Kalkalpen z. B. müssen danach weit über 100 km von Süden über das Tauernfenster hinwegtransportiert worden sein, ehe sie auf ihrer heutigen Unterlage ortsfremd zur Ruhe kamen. Diesem Bewegungsbild stimmten die meisten Geologen der ersten Hälfte dieses Jahrhunderts nach und nach zu. In den jüngsten Ostalpen-Synthesen bildet der Deckenbau, nun durch eine Fülle stratigraphischer, tektonischer und zuletzt radiometrischer Daten belegt, die Grundidee.

Die geforderten großen Überschiebungswerte werfen die Frage auf, ob Gesteinsplatten großer Ausdehnung, aber relativ geringer Dicke, mechanische Spannungen über so große Entfernungen weiterleiten können, ohne selbst zu zerbrechen. Da ein Zubruchgehen solcher Schubmassen sehr wahrscheinlich ist, fehlte es nicht an Versuchen, bei der Erklärung der Gebirgsentstehung mit geringeren Transportweiten und anderen Mechanismen, z. B. Schwerkraft-Gleitungen auszukommen (siehe unten).

Eine Verkürzung der Erdkruste in den Alpen um die Hälfte oder auf ein Drittel der ursprünglichen Breite ist nicht auszuschließen. Betrachtet man den Gebirgsschnitt zwischen Bad Tölz und Bozen, so würde eine konstruktive Ausglättung der Faltung und Überschiebungen die Stadt Bozen zumindest etwa in die Gegend von Bologna bringen.

Wenden wir uns von der Beurteilung der Bewegungsbilder dem Problem der gebirgsbildenden Kräfte zu, so finden wir eine Reihe ganz verschiedener Vorstellungen.

Zunächst glaubt man die Auffaltung der Gebirge auf die Schrumpfung der sich ständig abkühlenden Erdkruste zurückführen zu können (SUESS 1885). Wäre das richtig, müßten die Gebirge eine mehr statistische Verteilung über die Erde hinweg zeigen. Das ist aber nicht der Fall, und so ist auch die Schrumpfungstheorie seit langem aus den Lehrbüchern verschwunden.

Es entwickelte sich sodann der Gedanke einer gewissen Beweglichkeit der Kontinente. Die Alpen, der Himalaya und der Ural bieten Beispiele, daß bei der Annäherung zweier Kontinentalschollen die dazwischenliegenden Sedimentationsräume wie in einem «Schraubstock» eingeengt wurden. Dabei werden die Gesteine schließlich aus «Wurzelzonen» herausgefaltet und auf die Kontinentalränder gepreßt (Abb. 93).

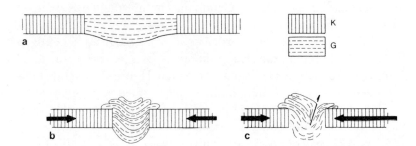

Abb. 93   Die «Schraubstock»-Theorie. Näheres siehe Text

K Kontinent-Massen, G Geosynklinal-Bereich; a Geosynklinal-Stadium, b Gebirgsbildung, c einseitig stärkere Pressung führt zu einem unsymmetrischen Gebirge, wie es die Alpen sind.

Wurzelzonen haben bei den Diskussionen um die Entstehung der Alpen stets eine große Rolle gespielt. Man versteht darunter einen Gebirgsstreifen, in dem eine Decke entgegen ihrem Bewegungssinn in die Tiefe verschwindet. Als *die* Wurzelzone galt in den Alpen vor allem, allerdings irrtümlich, die Periadriatische Naht.

Etwas abgewandelt erscheint dieses Bild bei ARGAND und später STAUB: Der südliche Kontinent wird im Bereich der Geosynklinale

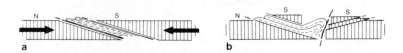

Abb. 94   Gebirgsbildung der Alpen. Nach ARGAND: «Afrika überschiebt Europa». Siehe Text

Signatur wie Abb. 93; N Nordalpen, S Südalpen. Vergleiche auch KOENIG, S. 26.

auf den nördlichen aufgeschoben («Afrika überschiebt Europa»; Abb. 94, S. 208). In einem folgenden Stadium wurde erneut der «Schraubstock-Mechanismus» wirksam.

O. AMPFERER äußerte bereits 1906 berechtigte Zweifel an der «Schraubstocktheorie» und führte die Gebirgsbildung in seiner «Unterströmungstheorie» auf große Massenverlagerungen in der Tiefe zurück (Abb. 95). Namentlich E. KRAUS entwickelte diese Vorstellung weiter. Beide vermuten, daß Teile der oberen Erdrinde durch Konvektionsströme umgewälzt werden und auf den sinkenden Flanken dieser Stromwalzen zunächst die Geosynklinalen entstehen. Der Tiefensog erfaßte schließlich auch die randlichen Teile geosynklinaler Tröge und schleppte sie unter die Geosynklinalfüllung. Die dabei entstandenen Strukturen bieten äußerlich die gleichen Bewegungsbilder als wenn die Geosynklinalsedimente aktiv auf das Vorland aufgeschoben worden wären. E. KRAUS nahm für die Alpen zwei solcher «Verschluckungs-Zonen» oder «Narben» an.

CLAR (1953) baute diese Gedankengänge weiter aus und folgerte für die Ostalpen, daß das Penninikum durch Unterströmungen

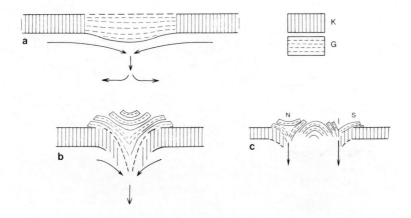

Abb. 95 Die «Unterströmungstheorie». Nach AMPFERER und KRAUS. Siehe Text

Signaturen wie Abb. 93. N Nordalpen und nördliche Narbe, S Südalpen und südliche Narbe; a Geosynklinalstadium mit Konvektionsströmen, b «Absaugen» in der Verschluckungszone, c die Alpen als «Doppelorogen» im Sinne von E. KRAUS mit zwei Verschluckungszonen.

nach Süden unter das Ostalpin geschleppt wurde. Beim nachfolgenden Aufstieg der Hohen Tauern seien dann die überlagernden ostalpinen Gesteinsmassen nach Norden (Nördliche Kalkalpen) und Süden (Drauzug) abgeglitten (Abb. 96). Das Fließen in den tiefen Etagen der Erdkruste löste dabei in den höheren Stockwerken ein Biegen und Brechen, d. h. Faltung und Gleitschollenbildung aus.

Modelle für diese Vorstellung bieten sich beim Ausbruch vulkanischer Laven und in Lavaseen. Die inneren glutflüssigen Teile eines ausfließenden Lavastromes besitzen unterschiedliche Geschwindigkeit und können erstarrende Schlacken an der Stromoberfläche zusammenfalten und übereinanderschieben. Es ist auch keine Seltenheit, daß schwimmende Schlackenfelder von absteigenden Konvektionswalzen an «Verschluckungszonen» in das Strominnere gesaugt werden.

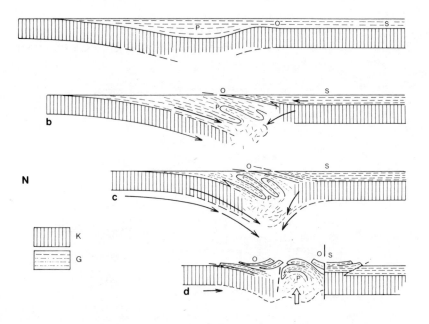

Abb. 96 Die Entstehung der Alpen im Sinne CLARS

Signaturen wie Abb. 93. P Penninikum, O Ostalpin, S Südalpin; a Geosynklinalstadium, b beginnende Unterschiebung in der höheren Kreide, c Fortsetzung im Alttertiär, d Hebung und Abgleiten der hohen Decken nach beiden Seiten.

Van Bemmelen macht Gleitvorgänge, ausgelöst durch Vertikalbewegungen im Erdinneren, allein für die gesamten gebirgsbildenden Vorgänge verantwortlich: So seien die ostalpinen Deckenmassen von einer im Bereich der Adria erfolgten weitspannigen Aufwölbung der Kruste («Geotumor») in eine nördlich gelegene Senkungszone abgeglitten.

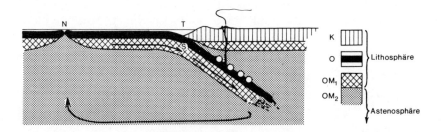

Abb. 97 Das Schema der Plattentektonik im Profil. Nicht maßstäblich

K Kontinentale Kruste, O Ozeanische Kruste, OM_1 Oberer Mantel: Anteil an der Lithosphäre, OM_2 Oberer Mantel: Anteil an der Asthenosphäre.
    Die «Lithosphäre» ist der verhältnismäßig spröde, etwa 100 km dicke obere Teil der Erdrinde. Sie besteht aus der Kruste (10–30 km im Schnitt) und den obersten 70–90 km des Oberen Mantels. Aus Lithosphäre bestehen die Platten; sie schwimmen gewissermaßen auf der weicheren, teilweise geschmolzenen «Asthenosphäre».
    An den mittelozeanischen Rücken erfolgt Neubildung (N) von Lithosphäre aus aufsteigendem Mantelmaterial, hier *wachsen* die Platten. An den Subduktionszonen (S), deren oberflächennaher Ausdruck die Tiefseegräben (T) sind, wird eine entsprechende Menge von Lithosphäre in die Tiefe transportiert, die Platten *verschwinden*. An der Oberfläche der absinkenden Platte (Kreis'chen) häufen sich die Herde von Tiefbeben.

Alfred Wegener hatte 1912 die Vorstellung entwickelt, daß die Kontinente sich weiträumig verschieben. Seine Gedanken waren zunächst abgelehnt worden. Erst die bahnbrechenden Ergebnisse der geowissenschaftlichen Ozeanforschung haben dann aus den Elementen der Kontinental-Verschiebungstheorie einerseits und der Unterströmungslehre andererseits in der Mitte der 60er Jahre die Theorie der Plattentektonik entstehen lassen, die unser geologisches Weltbild nachhaltig veränderte. Sie geht von der Vorstellung aus, daß die Erdkruste aus einem Mosaik beweglicher etwa 100–150 km mächtiger Platten besteht, die aus kontinentalen und ozeanischen Segmenten bestehen können. Die Plattengrenzen werden entweder von mittelozeanischen Rücken oder vulkanisch und seismisch aktiven Subduktionszonen, d. h. Versenkungszonen gebildet (Abb. 97 u. 98). Eine dritte Art von Grenze stellen lang hinziehende Querstörungen dar.

Die mittelozeanischen Rücken erscheinen als Bereiche, in denen Schmelzen aus dem Erdmantel an die Oberfläche steigen, während in den Versenkungszonen an Kontinentalrändern, in ozeanischen Inselbögen, vor allem aber im Bereich der Tiefseerinnen, instabile Plattenteile in die Tiefe sinken und aufgelöst werden. Diese Subduktions-Zonen werden durch Erdbeben-Herde markiert und bewirken in der Tiefe die Bildung magmatischer Schmelzen, die als vulkanische Laven wieder an die Oberfläche gelangen und vulkanische Inselbögen, wie in Ost- und Südostasien, bilden.

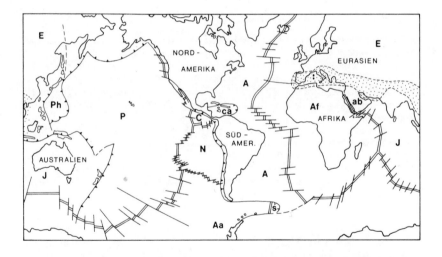

Abb. 98   Die Verteilung der wichtigsten Platten auf der Erde

Doppellinien: Mittelozeanische Rücken; Zackenlinien: Subduktionszonen; einfache Linien: Querstörungen; punktiert: Zone der jungen Gebirge, die aus der Tethys hervorgegangen sind (= fossile Plattengrenze).

E Eurasische, J Indische, ab Arabische, Af Afrikanische, A Amerikanische, Ca Karibische, C Cocos-, N Nazca-, P Pazifische, Ph Philippinen-, Aa Antarktische Platte, s Neuschottlandbogen.

Die meisten Platten bestehen aus kontinentaler und ozeanischer Kruste. Das schematische Profil Abb. 97 entspricht ungefähr einem Schnitt durch die Nazca-Platte und Südamerika.

Taucht beispielsweise eine aus ozeanischer Kruste bestehende Platte am Rande einer Kontinentalmasse unter (Abb. 97, S. 211), so entstehen Gebirge wie die Nordamerikanischen Kordilleren oder die Anden Südamerikas. Nähern sich zwei kontinentale Platten einander, so wird die zwischenliegende ozeanische Kruste an Subduktionszonen versenkt, bis beide Kontinente kollidieren. Es entstehen dann intrakontinentale Gebirge wie der Himalaya, der Ural oder die Alpen (Abb. 99).

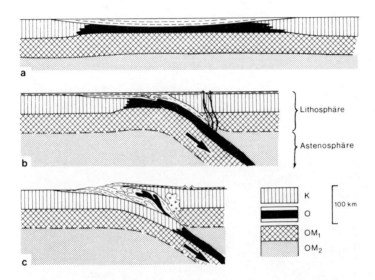

Abb. 99   Entstehung der Alpen nach dem Platten-Modell

Signaturen wie Abb. 97, Kreuzchen: granitische Plutone. Norden ist links. Näheres Text.
a Geosynklinalstadium. b Der ozeanische Plattenteil verschwindet in der Tiefe. c Die ozeanische Platte ist fast ganz verschwunden, die kontinentalen Plattenteile stoßen zusammen, die Bewegung kommt zum Stillstand.

Aktive Plattenränder sind dadurch gekennzeichnet, daß sich wohl 90% aller Erdbeben im Bereich solcher Grenzen abspielen. Haben sich nun zwei kontinentale Platten nach der Kollision ineinander verkeilt (Abb. 99), so kommen die großräumigen Bewegungen mehr oder weniger zum Stillstand; man könnte auch sagen, die Plattengrenzen sind «fossil» geworden. Eine Karte der Erdbebenverteilung zeigt jedoch, daß auch in den jungen Gebirgen Nordafrikas,

Europas und Asiens (vgl. Abb. 98) Erdbeben ziemlich häufig auftreten, obwohl diese Gebirge großenteils solchen fossilen Plattengrenzen folgen. In den Alpen sind starke Beben allerdings eher selten. So wurde zwar in den Jahren 1349 und 1690 Villach (Kärnten) völlig zerstört, insgesamt aber wurden in den vergangenen 1000 Jahren in Österreich nur 4 zerstörende Erdbeben registriert.

Während der letzten Korrekturen an diesem Buch ereignete sich nun, am 6. Mai 1976, 21.00, das verheerende Beben in den Julischen Alpen, dessen Hauptstoß die Stärke 9 nach der Mercalli-Skala erreichte und in vielen Städten Süddeutschlands noch sehr deutlich verspürt wurde. Das Bebenzentrum lag bei der Stadt Gemona im

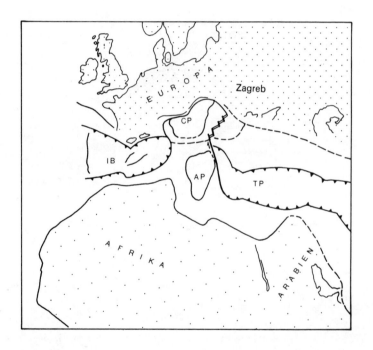

Abb. 100   Das «Mittelmeer» im Eozän nach dem Platten-Modell.
Nach Dewey u. a.

IB Iberische, CP Carnische, AP Apulische, TP Türkische «Mikroplatte».
Auf der Iberischen Mikroplatte befindet sich Spanien und der Apennin, auf der Carnischen die Süd- und Ostalpen, auf der Apulischen das außerapenninische Italien usw. Erst im Verlauf des Oligozäns und des Miozäns wanderten diese Mikroplatten an die Orte, wo sie sich heute befinden.

Tagliamentotal, der Herd war vermutlich in 10–20 km Tiefe. In den folgenden Tagen wurden über 200 Nachbeben registriert; erst ab 12. Mai trat eine Beruhigung ein. Gemona und eine Reihe von Ortschaften der Umgebung wurden weitgehend zerstört. Die hohen Verluste an Menschenleben wären wohl noch größer gewesen, hätte nicht ein Stoß der Stärke 5, der 1 Minute und 8 Sekunden vor dem Hauptstoß erfolgte, bereits viele Bewohner zum Verlassen der Häuser bewogen. – Eine «Bewegung zwischen zwei Platten», wie gelegentlich in der Presse zu lesen war, scheidet als Ursache für dieses Beben aus; die nächsten aktiven Plattengrenzen finden sich nämlich erst im Mittelmeerraum und dort ist die Bebenhäufigkeit auch um ein Vielfaches höher. Bewegungen an Plattengrenzen erfolgen immerhin mit einer Durchschnittsgeschwindigkeit von einigen cm pro Jahr.

Das alpine Gebirgssystem Südeuropas ist nach diesen Vorstellungen durch die Annäherung und den Zusammenstoß Eurasiens und Afrikas entstanden. Den Baustoff für die entstehenden Gebirge lieferten dabei im geringeren Umfang ozeanische Becken (Geosynklinalen), als vielmehr die Ablagerungen flacher kontinentaler Schelfmeere. Die Grundidee dieser Hypothese ist für die Alpen nicht neu, wie die Beschreibung der Gedankengänge von ARGAND und AMPFERER zeigt. Der ganze Vorgang wird lediglich auf den oberen Erdmantel ausgedehnt.

Das zunächst einfache Bild wird außerordentlich verwickelt, sobald man den gesamten Mittelmeerraum, zu dem ja das alpine Gebirgssystem gehört, betrachtet. Die Europa und Afrika ursprünglich trennende Meereszone bestand allem Anschein nach nicht aus einem einzigen ozeanischen Becken, vielmehr dürfte ein Schwarm kontinentaler Schollen und zwischengelagerte Meeresbecken die beiden Großkontinente voneinander getrennt haben. Bei deren Annäherung können sich Systeme nacheinander entstehender Subduktionszonen gebildet haben, die bald nach Norden, bald nach Süden eintauchten. Zudem führten die kontinentalen Schollen auch drehende Bewegungen aus. In Abb. 100 ist, schematisch, eine Anzahl solcher (denkbarer) «Mikroplatten» im Mittelmeerraum im Eozän dargestellt. Korsika und Sardinien sowie der Apennin unterlagen im Oligozän einer Drehung gegen den Uhrzeigersinn um mehr als 50°. Nach neueren paläomagnetischen Meßergebnissen muß allerdings auch die «Carnische Platte» um denselben Betrag gedreht worden sein: Dies ist jedoch in Abb. 100 noch nicht berücksichtigt.

Die Vielzahl solcher Teilplatten bedingt, wie erwähnt, eine größere Zahl von Subduktionszonen. Allein für die Alpen nimmt TRÜMPY wenigstens 3 solcher Zonen an. Da die Gebirgsbildung in den Alpen über 80 Millionen Jahre anhielt, und die Teilbereiche des entstehenden Gebirges nicht zur gleichen Zeit, sondern nacheinander von der Deformation erfaßt wurden, sind mehrere altersverschiedene, einander ablösende Subduktionszonen anzunehmen (Abb. 101, vgl. Abb. 6, S. 34).

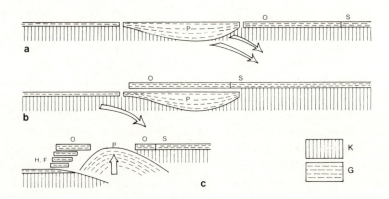

Abb. 101 Der Bau der Alpen als Ergebnis mehrerer, sich zeitlich ablösender Subduktionen (vgl. Abb. 6, S. 34)

K Kontinentale Kruste, G Sedimente, H Helvetikum, F Flysch, P Penninikum, O Ostalpin, S Südalpin.
a Eine ältere Subduktion in der höheren Kreide und eine jüngere im Alttertiär befördern den penninischen Bereich unter das Ost- und Südalpin. b Eine jüngste Subduktion setzt im Jungtertiär ein und bewirkt die Aufeinanderstapelung der dünnen Sedimentdecken am Nordrand der Ostalpen (c). Jede dieser Subduktionen muß beträchtliche Teile der kristallinen Unterlage (= kontinentale Kruste) der Sedimente beseitigen; unter dem penninischen Sedimentationsbereich kann allerdings, zumindest teilweise, auch ozeanische Kruste angenommen werden. Vgl. Abb. 99.

Die Alpen sind also das Ergebnis einer gigantischen Kollision zweier Kontinentalschollen. Sehr vereinfacht läßt sich sagen, daß die *ost-südalpinen* Sedimente einem gegliederten Schelfmeer am Nordrande Afrikas entstammen, während die *helvetische* Zone im weiteren Sinne dem europäischen Kontinentalsaum angehörte.

Manches spricht dafür, daß Teile der dazwischenliegenden penninischen Sedimente und Vulkanite auf ozeanischer Kruste abgelagert wurden.

Unter der Wirkung der von Süden oder Südosten heranrückenden afrikanischen Platte wurden die zwischen den beiden Großkontinenten liegenden Kleinplatten zusammengepreßt, und ozeanische Teilstücke an Subduktionszonen versenkt. Dabei lösten sich in manchen Zonen die Decksedimente von ihren kristallinen Fundamenten und glitten als Decken übereinander. Andererseits wurden auch ozeanische Krustenteile auf kontinentale Elemente geschleppt («Obduktion»). Die Entstehung der Alpen im Sinne der Plattentektonik kann man dann wie im Schema der Abbildung 99 (S. 213) darstellen.

Dieses kühne Gedankenmodell läßt, darüber kann kein Zweifel bestehen, die Basis gesicherter Beobachtungen oftmals weit hinter sich. So herrscht z. B. bis heute noch durchaus keine Einigkeit darüber, ob Europa Afrika, oder umgekehrt, Afrika Europa unterschiebt. Ist es aber verwunderlich, daß nach 150 Jahren mühevoller Arbeit im Gebirge und zeitraubender Laboruntersuchungen der Wunsch nach einem Überblick über das Erreichte besteht und in weitausgreifenden Synthesen seinen Ausdruck findet? Diese modernen «Mythen» der Geowissenschaft entspringen noch immer dem gleichen unerfüllten Wunsch nach Erkenntnis, der schon die antiken Naturphilosophien hervorbrachte und heute groß angelegte internationale geowissenschaftliche Forschungsprogramme anregt.

Literaturhinweise

Anmerkung: Zur Einführung in die Geologie sei besonders auf die Bücher von BEURLEN, V. BÜLOW, HEIERLI, SCHMIDT und WUNDERLICH (1975) verwiesen; eine sehr gute Hilfe zum Nachschlagen von Fachausdrücken bietet ferner das preiswerte «Geologische Wörterbuch» von MURAWSKI. – Sehr zu empfehlen ist auch der Bezug der Geologischen Karte von Österreich 1 : 1 000 000 mit Erläuterungen; sie enthält fast das ganze hier behandelte Gebiet.

Das Verzeichnis der Spezialliteratur wurde aus Platzgründen sehr knapp gehalten.

a) Einführungen in die Geologie und Mineralogie und Übersichten zur Geologie der Alpen

AMPFERER, O.: Über das Bewegungsbild von Faltengebirgen. – Jahrb. Geol. Reichsanst., 56 Wien 1906.
– & HAMMER, W.: Geologischer Querschnitt durch die Ostalpen vom Allgäu zum Gardasee. – Jahrb. Geol. Reichsanst., 61 Wien 1911.
BEURLEN, K.: Geologie. – (Franckh) Stuttgart 1975.
BRINKMANN, R.: Abriß der Geologie. – 2 Bände, (Enke) Stuttgart 1966/1967.
BÜLOW, K. v.: Geologie für Jedermann. – (Franckh) Stuttgart 1975.
CADISCH, J.: Geologie der Schweizer Alpen. – (Wepf & Co.) Basel 1953.
DEL-NEGRO, W.: Salzburg. – Verhandl. Geol. Bundesanst. Bundesländerserie, Wien 1970.
EXNER, CHR.: Einführung in die Geologie von Österreich. – In: Erläuterungen zur Geologischen und zur Lagerstätten-Karte 1 : 1 000 000 von Österreich, Geol. Bundesanst. Wien 1966.
FRUTH, L.: Tirol, Salzburg, Südtirol. – Mineralfundstellen Bd. 1. (Christian Weise) München 1975.
GWINNER, M. P.: Geologie der Alpen. – (Schweizerbart) Stuttgart 1971.
HALLAM, A.: A revolution in the Earth sciences. From continental drift to plate tectonics. – (Clarendon Press) Oxford 1973.
HANTKE, R.: Eiszeitalter – Die jüngste Erdgeschichte der Schweiz und ihrer Nachbargebiete. – (3 Bände) (Ott) Thun 1977.
HEIERLI, H.: Geologische Wanderungen in der Schweiz. – (Ott) Thun 1974.
KOBER, L.: Bau und Entwicklung der Alpen. – (Deuticke) Wien 1955.
KOENIG, M. A.: Kleine Geologie der Schweiz. – (Ott) Thun 1972.
KRAUS, E.: Der Abbau der Gebirge. – (Borntraeger) Berlin 1936.
LEONARDI, P.: Le Dolomiti. – Trento 1967.
MURAWSKI, H.: Geologisches Wörterbuch. – (Enke) Stuttgart 1972.
NICKEL, E.: Grundwissen in Mineralogie. – Teil 1–3. – (Ott) Thun 1967–1975.
PAPE, H. G.: Der Gesteinssammler. – (Franckh und Ott) Stuttgart und Thun 1974.
PARKER, R. L. & BAMBAUER, H. U.: Mineralienkunde. – (Ott) Thun 1975.
PENCK, A.: Die Alpen im Eiszeitalter. – (Tauchnitz) Leipzig 1909.
SCHMIDT, KL.: Erdgeschichte. – Sammlung Göschen. – (de Gruyter) Berlin 1972.
SCHMIDT-THOMÉ, P.: Der Alpenraum. – In: Erläuterung zur Geologischen Karte 1 : 500 000 von Bayern, Bayer. Geol. Landesamt München 1964.
–: Tektonik. – In: BRINKMANN, R., ed. Lehrbuch der allgemeinen Geologie. – (Enke) Stuttgart 1972.

THENIUS, E.: Niederösterreich. – Verhandl. Geol. Bundesanst. Bundesländerserie, Wien 1974.
TOLLMANN, A.: Ostalpensynthese. – (Deuticke) Wien 1963.
–: Grundprinzipien der alpinen Deckentektonik; eine Systemanalyse am Beispiel der Nördlichen Kalkalpen. – (Deuticke) Wien 1973.
–: Analyse des klassischen nordalpinen Mesozoikums. – (Deuticke) Wien 1976.
WUNDERLICH, H. G.: Wesen und Ursache der Gebirgsbildung. – Hochschultaschenbücher, *339* Mannheim 1966.
–: Das neue Bild der Erde. – (Hoffmann und Campe) Hamburg 1975.

b) Auswahl aus der neueren Spezialliteratur

AHRENDT, H.: Zur Stratigraphie, Petrographie und zum tektonischen Aufbau der Canavese-Zone und ihrer Lage zur Insubrischen Linie. – Göttinger Arb. Geol. Paläont., *11* Göttingen 1970.
ANGENHEISTER, G., BÖGEL, H. & MORTEANI, G.: Die Ostalpen im Bereich einer Geotraverse vom Chiemsee bis Vicenza. – Neues Jahrb. Geol. Paläont. Abh., *148* Stuttgart 1975.
BAUER, F. K.: Ein Beitrag zur Geologie der Ostkarawanken. – Festschr. Heißel, Veröff. Univ. Innsbruck, *86* Innsbruck 1973.
BAUMANN, M., HELBIG, P. & SCHMIDT, KL.: Die steilachsige Faltung im Bereich des Gurgler und des Venter Tales (Ötztaler Alpen). – Jahrb. Geol. Bundesanst., *110* Wien 1967.
BÖGEL, H.: Zur Problematik der «Periadriatischen Naht» auf Grund von Literaturstudien. – Verhandl. Geol. Bundesanst. Wien 1975.
BOSELLINI, A.: Lineamenti strutturali delle Alpi meridionali durante il Permo-Trias. – Mem. Museo Venezia Tridentina, Vol. XV Trento 1965.
BRIX, F.: Die Entstehung der Steine und der Landschaft. – In: Naturgeschichte Wiens. – (Jugend und Volk) Wien-München 1970.
CASTELLARIN, A.: Evoluzione paleotettonica sinsedimentaria del limite tra «Piattaforma Veneta» e «Bacino Lombardo» a Nord di Riva del Garda. – Giornale di Geologia, *37* Bologna 1972.
– & PICCOLI, G.: I vulcani eocenici dei dintorni di Rovereto. – Giornale di Geologia, *33* Bologna 1966.
CLAR, E.: Zur Einfügung der Hohen Tauern in den Ostalpenbau. – Verhandl. Geol. Bundesanst. Wien 1953.
–: Zum Bewegungsbild des Gebirgsbaues der Ostalpen. – Zeitschrift Deutsch. Geol. Ges., *116* Hannover 1965.
–: Bemerkungen zur Rekonstruktion des variszischen Gebirges der Ostalpen. – Zeitschr. Deutsch. Geol. Ges., *122* Hannover 1971.
CORNELIUS, H. P. & CLAR, E.: Geologie des Glocknergebietes. – Abh. Zweigst. Bodenforsch., *25* Wien 1939.
CORNELIUS, H. P.: Die Geologie des Schneeberggebietes. – Jahrb. Geol. Bundesanst., SB *2* Wien 1951.
DAMM, B. & SIMON, W.: Das Tauerngold. – Der Aufschluß, 15. Sonderheft, Heidelberg 1966.
ENZENBERG, M.: Die Geologie der Tarntaler Berge (Wattener Lizum), Tirol. – Mitt. Geol. Bergbaustudenten, *17* Wien 1967.

EXNER, CHR.: Erläuterungen zur Geologischen Karte der Umgebung von Gastein 1 : 50 000. – Geol. Bundesanst. Wien 1957.
–: Geologie der Karawankenplutone östlich Eisenkappel, Kärnten. – Mitt. Geol. Ges. Wien, *64* Wien 1972.
– & SCHÖNLAUB, H. P.: Neue Beobachtungen an der Periadriatischen Narbe im Gailtal und im Karbon von Nötsch. – Verhandl. Geol. Bundesanst. Wien 1973.
FENNINGER, A. & SCHÖNLAUB, H. P.: Das Paläozoikum der Karnischen Alpen. – Exkursionsführer 42. Jahresvers. Paläont. Ges. Graz 1972.
FLÜGEL, H. W.: Das Steirische Randgebirge. – Sammlung Geol. Führer, (Borntraeger) Berlin 1963.
–: Fortschritte in der Stratigraphie des ostalpinen Paläozoikums. – Zentralbl. Geol. Paläont., Teil I. – Stuttgart 1970.
–: Das Karbon von Nötsch. – Das Paläozoikum von Graz. – Das Steirische Neogen-Becken. – Exkursionsführer 42. Jahresvers. Paläont. Ges. Graz 1972.
–: Erläuterungen zur Geologischen Wanderkarte des Grazer Berglandes. – Geol. Bundesanst. Wien 1975.
FLÜGEL, H. W. & SCHÖNLAUB, H. P.: Geleitworte zur stratigraphischen Tabelle des Paläozoikums von Österreich. – Verhandl. Geol. Bundesanst. Wien 1972.
FRANK, W.: Geologie der Glocknergruppe. – Wissensch. Alpenvereinshefte, H. *21* München 1969.
FRASL, G. & FRANK, W.: Einführung in die Geologie und Petrographie des Penninikums im Tauernfenster mit besonderer Berücksichtigung des Mittelabschnittes im Oberpinzgau. – Der Aufschluß, 15. Sonderheft, Heidelberg 1966.
FREIMOSER, M.: Zur Stratigraphie, Sedimentpetrographie und Faziesentwicklung der Südbayerischen Flyschzone und des Ultrahelvetikums zwischen Bergen/Obb. und Salzburg. – Geologica Bavarica, *66* München 1973.
FRISCH, W.: Ein Typ-Profil durch die Schieferhülle des Tauernfensters: Das Profil am Wolfendorn. – Verhandl. Geol. Bundesanst. Wien 1974.
–: Ein Modell zur alpidischen Evolution und Orogenese des Tauernfensters. – Geol. Rundschau, *65* Stuttgart 1976.
GIESE, P., GÜNTHER, K. & REUTTER, K.-J.: Vergleichende geologische und geophysikalische Betrachtungen des Nordapennins. – Zeitschr. Deutsch. Geol. Ges., *120* Hannover 1970.
GRAUERT, B. & ARNOLD, A.: Deutung diskordanter Zirkonalter der Silvrettadecke und des Gotthardmassivs (Schweizer Alpen). – Contrib. Mineralogy and Petrography, *20* Wien 1968.
HAGN, H.: Über kalkalpine paleozäne und untereozäne Gerölle aus dem bayerischen Alpenvorland. – Mitt. Bayer. Staatssammlung Paläont. u. hist. Geologie, *12* München 1972.
– & WELLNHOFER, P.: Der Kressenberg – eine berühmte Fossillagerstätte des bayerischen Alpenvorlandes. – Jahrb. Verein z. Schutz der Alpenpflanzen und -tiere, *38* München 1973.
HESSE, R.: Flysch-Gault und Falknis-Tasna-Gault (Unterkreide): Kontinuierlicher Übergang von der distalen zur proximalen Flyschfazies auf einer penninischen Trogebene der Alpen. – Geologica et Palaeontologica, SB *2* Marburg 1973.
JÄGER, E.: Die alpine Orogenese im Lichte der radiometrischen Altersbestimmung. – Eclogae geol. Helvet., *66* Basel 1973.
–, KARL, F. & SCHMIDEGG, O.: Rubidium-Strontium-Altersbestimmungen an Biotit-Granitgneisen (Typus Augen- und Flasergneise) aus dem nördlichen Großvenedigerbereich (Hohe Tauern). – Tschermaks Miner. u. Petrogr. Mitt., *13* Wien 1969.

Kähler, F.: Die Überlagerung des variszischen Gebirgskörpers der Ost- und Südalpen durch jungpaläozoische Sedimente. – Zeitschr. Deutsch. Geol. Ges., 122 Hannover 1971.
– & Prey, S.: Erläuterung zur Geologischen Karte des Naßfeld-Gartnerkofel-Gebietes in den Karnischen Alpen. – Geol. Bundesanst. Wien 1963.
Karl F. & Schmidegg, O.: Exkursion I/1 Hohe Tauern, Großvenedigerbereich. – Mitt. Geol. Ges. Wien, 57 Wien 1964.
Kröll, A. & Wessely, G.: Neue Erkenntnisse über Molasse, Flysch und Kalkalpen auf Grund der Ergebnisse der Bohrung Urmannsau 1. – Erdöl-Erdgas-Zeitschr., 87 Wien-Hamburg 1967.
Kupsch, F., Rolser, J. & Schönberg, R.: Das Altpaläozoikum der Ostkarawanken. – Zeitschr. Deutsch. Geol. Ges., 122 Hannover 1971.
Lemcke, K.: Zur nachpermischen Geschichte des nördlichen Alpenvorlandes. – Geologica Bavarica, 69 München 1973.
Loeschke, J.: Zur Petrogenese paläozoischer Spilite aus den Ostalpen. – Neues Jahrb. Mineral. Abh., 119 Stuttgart 1973.
Mavridis, A. & Mostler, H.: Zur Geologie der Umgebung des Spielberghorns mit einem Beitrag über die Magnesitvererzung. – Festband Geol. Inst. 300-Jahr-Feier Univ. Innsbruck. 1970.
Medwenitsch, W., Schlager, W. & Exner, Chr.: Exkursion I/5 Ostalpenübersichtsexkursion. – Mitt. Geol. Ges. Wien, 57 Wien 1964.
Morteani, G.: Gliederung und Metamorphose der Serien zwischen Stilluptal und Schlegeistal (Zillertaler Alpen, Nordtirol). – Verhandl. Geol. Bundesanst. Wien 1971.
Mostler, H.: Das Silur im Westabschnitt der Nördlichen Grauwackenzone. – Mitt. Ges. Geol. Bergbaustudenten, 18 Wien 1968.
–: Struktureller Wandel und Ursachen der Faziesdifferenzierung an der Ordoviz/Silur-Grenze in der Nördlichen Grauwackenzone (Österreich). – Festband Geol. Inst. 300-Jahr-Feier Univ. Innsbruck, Innsbruck 1970.
–: Alter und Genese ostalpiner Spatmagnesite unter besonderer Berücksichtigung der Magnesitlagerstätten im Westabschnitt der Nördlichen Grauwackenzone (Tirol, Salzburg).– Festschr. Heißel, Veröff. Univ. Innsbruck, 86 Innsbruck 1973.
Nänny, P.: Zur Geologie der Prätigauschiefer zwischen Rätikon und Plessur. – Dissertation Zürich 1948.
Oberhauser, R.: Beiträge zur Kenntnis der Tektonik und der Paläogeographie während der Oberkreide und dem Paläogen der Ostalpen. – Jahrb. Geol. Bundesanst., 111 Wien 1968.
Ogniben, L. u. a.: Structural Modell of Italy. – (Consiglio Naz. Ricerche) Roma 1975.
Pilger, A. & Weissenbach, N.: Stand und Aussichten der Forschung über Stratigraphie, Tektonik und Metamorphose in der Saualpe in Kärnten. – Clausthaler Geol. Abh., 5 Clausthal-Zellerfeld 1970.
Plöchinger, B.: Erläuterungen zur Geologischen Karte des Hohe-Wand-Gebietes 1: 25 000. – Geol. Bundesanst. Wien 1967.
–: Erläuterungen zur Geologischen Karte des Wolfgangseegebietes 1 : 25 000. – Geol. Bundesanst. Wien 1973.
–: Gravitativ transportiertes permisches Haselgebirge in den Oberalmer Schichten. (Tithonium, Salzburg). – Verhandl. Geol. Bundesanst. Wien 1974.
– & Prey, S.: Profil durch die Windischgarstener Störungszone im Raume Windischgarsten – St. Gallen. – Jahrb. Geol. Bundesanst. 111 Wien 1968.
–, –: Der Wienerwald. Sammlung Geol. Führer, (Borntraeger) Berlin/Stuttgart 1974.

PREY, S.: Probleme im Flysch der Ostalpen. – Jahrb. Geol. Bundesanst. *111* Wien 1968.
PURTSCHELLER, F.: Ötztaler und Stubaier Alpen. – Sammlung Geol. Führer, (Borntraeger) Berlin/Stuttgart 1971.
RIEHL-HERWIRSCH, G.: Vorstellungen zur Paläogeographie – Verrucano. – Mitt. Ges. Geol. Bergbaustudenten, *20* Wien 1972.
ROLSER, J. & TESSENSOHN, F.: Alpidische Tektonik im Variszikum der Karawanken und ihre Beziehungen zum Periadriatischen Lineament. – Geol. Jahrb., A *25* Hannover 1974.
SANDER, B.: Über einige Gesteinsgruppen des Tauernwestendes. – Jahrb. Geol. Reichsanst., *62* Wien 1912.
SCHLAGER, W. & SCHLAGER, M.: Clastic sediments associated with radiolarites (Tauglboden-Schichten, Upper, Jurassic Eastern Alps). – Sedimentology, *20* Amsterdam 1973.
SCHMIDEGG, O.: Neue Ergebnisse aus den südlichen Ötztaler Alpen. – Verhandl. Geol. Bundesanst. Wien 1933.
–: Die Ötztaler Schubmasse und ihre Umgebung. – Verhandl. Geol. Bundesanst. Wien 1964.
SCHMIDT, KL.: Zum Bau der südlichen Ötztaler und Stubaier Alpen. – Verhandl. Geol. Bundesanst. Wien 1965.
SCHÖLLNBERGER, W.: Zur Verzahnung von Dachsteinkalk-Fazies und Hallstätter Fazies am Südrand des Toten Gebirges (Nördliche Kalkalpen, Österreich). – Mitt. Ges. Geol. Bergbaustudenten, *22* Wien 1973.
SCHMIDT-THOMÉ, P.: Molasse-Untergrund und Helvetikum-Nordgrenze im Tegernsee-Bereich und die Frage der Herkunft von Erdöl und Jodwasser in Oberbayern. – Geol. Jahrb., *74* Hannover 1957.
SCHÖNENBERG, R.: Das variszische Orogen im Raume der Südost-Alpen. – Geotektonische Forschungen, *35* Stuttgart 1970.
SCHÖNLAUB, H. P.: Das Paläozoikum zwischen Bischofsalm und Hohem Trieb (zentrale karnische Alpen). – Jahrb. Geol. Bundesanst., *112* Wien 1969.
–: Schwamm-Spiculae aus dem Rechnitzer Schiefergebirge und ihr stratigraphischer Wert. – Jahrb. Geol. Bundesanst., *116* Wien 1973.
SCHULZ, O.: Horizontgebundene altpaläozoische Kupfervererzung in der Nordtiroler Grauwackenzone, Österreich. – Tschermaks Miner. u. Petrogr. Mitt., *17* Wien 1972.
SENFTL, E. & EXNER, CHR.: Rezente Hebungen der Hohen Tauern und geologische Interpretation. – Verhandl. Geol. Bundesanst. Wien 1973.
THIELE, O.: Zur Stratigraphie und Tektonik der Schieferhülle der westlichen Hohen Tauern. – Verhandl. Geol. Bundesanst. Wien 1970.
–: Tektonische Gliederung der Tauernschieferhülle zwischen Krimml und Mayrhofen. – Jahrb. Geol. Bundesanst., *117* Wien 1974.
TOLLMANN, A.: Bemerkungen zu faziellen und tektonischen Problemen des Alpen-Karpaten-Orogens. – Mitt. Ges. Geol. Bergbaustudenten, *18* Wien 1968.
–: Die Neuergebnisse über die Trias-Stratigraphie der Ostalpen. – Mitt. Ges. Geol. Bergbaustudenten, *21* Innsbruck 1972.
–: Tektonische Karte der Nördlichen Kalkalpen. – 3 Teile, Mitt. Geol. Ges. Wien, *59, 61, 62* Wien 1967–1970.
TRÜMPY, R.: Stratigraphy in mountain belts. – Quart. Journ. geol. Soc. London, *126* London 1971.
– & HACCARD, D.: Réunion extraordinaire de la Société Géologique de France. – Compte rendue Soc. Géol. France Paris 1969.

ZACHER, W.: Das Helvetikum zwischen Rhein und Iller (Allgäu–Vorarlberg). – Geotekt. Forschungen, *44* Stuttgart 1973.

ZANKL, H.: Der Hohe Göll. Aufbau und Lebensbild eines Dachsteinkalk-Riffes in der Obertrias der nördlichen Kalkalpen. – Abh. Senckenberg, *519* Frankfurt am Main 1969.

c) Geologische Karten

Bayerisches Geologisches Landesamt:
  Geologische Karte von Bayern 1 : 500 000
  Geologische Karte von Bayern 1 : 100 000
  Geologische Karte von Bayern 1 : 25 000 (nur einzelne Blätter)

Geologische Bundesanstalt Wien:
  VETTERS: Geologische Karte von Österreich 1 : 500 000
  BECK-MANNAGETTA: Geologische Karte der Republik Österreich 1 : 1 000 000
  Geologische Karte 1 : 75 000 u. 1 : 50 000 (nur einzelne Blätter)

Servizio Geologico d'Italia:
  Carta Geologica d'Italia 1 : 100 000 und 1 : 50 000 (nur einzelne Blätter)

Sachregister

A
Abwicklungen 32
Adamello 39, 98, 147, 150, 167, 168, 181
Aderklaa 191
Adneter Kalke 135
Aela-Zone 97
Aflenzer Kalk 131
afrikanische Platte 217
Agordo 169
Allgäu 23, 26, 41
Allgäu-Decke 139
Allgäu-Schichten 133
Almhaus-Serie 99, 101
Alpidische Geosynklinalzeit 10
Alpidische Orogenese 10
alpindinarische Naht 150
Alpine Trias 128
Altpaläozoische Palingenese 92
Amering-Massiv 99
Ampfing 191
Angerberger Schichten 138
Angertal-Marmore 60
Aptychenschichten 45, 133
Arlberg-Schichten 130
Arosa-Decke 75
Arosa-Schuppenzone 80
Arosa-Zone 138
Arzbach 117
Aßling 191
Auerberg 185
Auernig-Schichten 155
Augensteine 139
Austroalpin 40

B
Bacher Granit 147
Badstubbreccie 120
Bakony 74
Bauxit 158
Baveno 149, 158
Bayrisch-Nordtiroler Fazies 124
Bellerophon-Schichten 157
Belluno 164, 173
Berchtesgaden 123
Berchtesgadener Fazies 124, 130, 133
Bergell 39, 149, 181
Bergamasker Alpen 158, 164, 169
Bernstein-Rechnitzer-Schieferinsel 90
Biancone 164
Biella 149
Blasseneck-Porphyroid 33, 111
Bleiberg 106
Böhmische Masse 185
Bösenstein Massiv 101
Bozener Quarzporphyr 166, 168
Bozener Vulkankomplex 157
Brackwasser-Molasse 187
Braulio-Kristallin 97
Braunkohle 187, 195
Brenner 30
Brenner Linie 86
Brenner Mesozoikum 94, 95
Brenner Paß 97
Brennkogel Fazies 62, 63
Brettstein Serie 101
Briançonnais 37, 57, 78, 80
Brixen 149, 154
Brixener Granit 33, 149
Brixlegg 116
Buchensteiner Schichten 158
Bucklige Welt 90
Bündner Schiefer 29, 37, 56, 61
Bundschuh-Kristallin 98
Bunte Molasse 185
Bunter Keuper 90
Buntmergel 23, 44
Burgstall 96
Buntsandstein 128

C
Campil 158
Canisfluh 42
Carnische Platte 215
Carungas-Decke 86
Cassianer-Schichten 159
Ceneri 153
Champatsch 82
Chiemgauer Alpen 44
Chur 74
Churfirsten 41
Cima d'Asta 149, 154, 180
Colli Berici 166
Colli Euganei 166

Collio-Serie 158
Corvatsch-Decke 85

D
Dachstein-Decke 141
Dachsteinkalk 129, 131, 133
Daun 201
Deckenbau 143, 207
Deckenscheider 77, 85
Deckenüberschiebung 207
Defereggengebirge 98
Dent-Blanche-Decke 40
Deutenhauser Schichten 181
Dientener Schiefer 113
Dinariden 14, 15, 151, 172
Dirschenöl 131
Dobratsch 103
Dolomiten 153, 157, 169, 170
Donaueiszeit 199
Drauzug 30, 83, 102, 103
Drusberg Schichten 42

E
Ebersteiner Trias 103, 106, 119
Egesen 201
Eibiswalder Schichten 191
Eisenerz 116
Eisenkappel 103, 119, 147
Eisenstadt 195
Eiszeit 182, 198, 200
Eklogite 70
Engadiner Fenster 29, 37, 57, 81
Engadiner Dolomiten 97
Engadiner Linie 82
Ennstal 180
Entachen Alm 117
Erdbeben 212, 214
Erdgas 190
Erdgeschichtliche Zeittafel 10
Erdöl 190
Ernstbrunner Kalk 188
Err-Bernina-Decke 77, 83, 84
Err-Bernina-Gruppe 28
Err-Corvatsch-Masse 86
Eugeosynklinale 56
Erzberg 116

F
Falknis-Breccie 80
Falknis-Decke 75, 80
Faltenmolasse 22, 179, 183, 188
Fassatal 159

Fazies 17
Feuerstätter-Decke 43, 52
Flysch 31, 32, 38, 47, 164, 172, 179, 181
Flysch-Decke 25
Flyschzone 18, 25, 29, 46, 48, 54
Frankenfelser Decke 143, 194
Fuscher-Fazies 62, 63

G
Gailtaler Alpen 30, 102, 104
Gailtalstörung 147
Gardasee 199
Gargellen 75
Gartnerkofel 171, 174
Gault-Flysch 80
Gebirgsbildung 203, 206
Geisberg-Trias 106
Gemona 214
Generoso-Branza-Plateau 166
Geophysik 203
Geosynklinale 33
Geotumor 211
Gipfelfaltung 171
Gerlos 59, 86
Germanisches Mesozoikum 23
Glaukophanschiefer 70
Gleinalpe 99, 101
Glockner-Fazies 62, 63
Glockner-Decke 59
Gosau 47, 119, 121, 138
Gottesacker-Plateau 42
Granatspitz-Gruppe 60
Granatspitzkern 65, 67, 68
Grauwacken-Zone 28, 30, 91
Grazer Becken 12
Grazer Paläozoikum 91, 98, 120, 121
Grevasalvas-Decke 85
Greifensteiner-Decke 50, 52
Greiner Schiefer 68
Grestener-Klippen Zone 44, 45
Grestener Schichten 46
Großglockner 29, 63
Großvenediger 29
Grundgebirge 33
Grünten 42
Gschnitz 201
Günzeiszeit 199
Gurktaler Alpen 30
Gurktaler Berge 118
Gurktaler Decke 99, 119, 120
Gurktaler Phyllit 98
Gutensteiner Kalk 128

H

Habachserie 28, 29, 61, 68
Habachtal 61
Hallein 123
Hallstatt 123
Hallstatt-Zeit 128
Hallstätter Fazies 124, 130, 133
Haselgebirge 36, 123
Haupt-Klippen-Zone 44
Hausham 187
Hauptdolomit 131, 159
Heidengebirge 123
Helvetikum 15, 18, 23, 36, 40, 41, 48, 54
Helvetische Decken 41
Herzynische Gebirgsbildung 27
Herzynische Orogenese 11
Hierlatzkalk 135
Hochalm-Ankogel-Massiv 59, 69
Hochducan-Gebiet 96
Hohe Tauern 28
Hoher Ifen 42
Hoher Peißenberg 22
Hochfilzen 117
Hochkönig 132
Hochobir 106
Hochstegen-Fazies 62, 63
Hochstegenkalk 56
Hochstegen-Serie 60
Hochwipfel-Schichten 155
Höhenrain 191
Hollabrunner Schotter 189
Hörnlein-Serie 44
Höttinger Breccie 201

I

Iffinger 149, 154
Ignimbrite 36
Innsbrucker Quarzphyllit 28, 86, 87, 107
Inntal 201
Inntal-Decke 139
Insubrische Linie 147
Isonzo 164
Ivrea-Zone 154, 206

J

Jaggl-Trias 94
Judikarim-Linie 147, 167
Judikarische Zone 169
Julier-Decke 85
Julische Alpen 172, 178
Julische Schwelle 152
Julischer Trog 164

K

Kahlenberger Fächerzone 50
Kahlenberger Schichten 49
Kaisergebirge 130
Kaledonisches Ereignis 10, 33, 92
Kalkalpen 146
Kalkkögel 95
Karawanken 30, 102, 171
Karawanken-Linie 145
Karnisch-Bellunesischer Trog 159
Karnische Alpen 33, 155, 171, 176
Karnisches Becken 152
Karpaten 74
Karwendelgebirge 130
Katschberg-Zone 86
Kitzbühel 115
Kitzbüheler Alpen 27
Klagenfurt 195
Klagenfurter Becken 103, 106
Klausenite 155
Kleine Karpaten 189
Kliening-Fenster 101
Klippen 188
Klippenserien 44
Klippen-Zonen 25, 40, 44, 57
Knappenwand 61
Kohle 158
Kollision 213
Konstruktive Ausglättung 207
Kontinental-Verschiebungstheorie 211
Konvektionsströme 209
Koralpe 99
Krabachjoch-Decke 139
Kressenberg 43
Kreuzberg 149, 154
Krimml 86

L

Laaber-Faltenzone 50
Laaser Serie 97
Laibach 171
Landecker Quarzphyllit 96, 108
Landshut-Neuöttinger Hoch 37, 43, 188
Landwasser-Gebiet 96
Lanersbach/Tux 117
Languard-Decke 85, 86
Laramische Phase 179
Lanersbach 87

Lavanttal 195
Lechtal-Decke 139
Leithagebirge 91, 189
Leithakalk 189, 191
Leogang 117
Leoganger Steinberge 132
Lessinische Alpen 172, 177
Liebensteiner Decke 43
Lienzer Dolomiten 102
Lisenser Tal 96
Lithosphäre 211
Loferite 132
Loferer Steinberge 131, 132
Lombardisches Becken 152
Lombardischer Trog 159
Lugano 158
Luganer Antiklinorium 166
Luganer Linie 166
Luganer Schwelle 152, 159
Lunzer Decke 142, 194
Lunzer Sandstein 130

M
Mallnitzer Mulde 69
Mandling-Zug 145
Magdalensberg 117, 118
Magdalensberg-Serie 99, 118, 120
Majolica 164
Marienstein 187
Matreier Schuppenzone 29, 70, 87
Matzen 191, 194
Mauls 97
Maulser Trias 97
Mežica 106
Miesbach 187
Mikroplatten 215
Mindeleiszeit 199
Mittelostalpin 19, 83, 86, 93
Mittelpenninikum 82
Mittelozeanischer Rücken 212
Mittelsteirische Schwelle 191
Mitterberg 115
Modereck-Gneislamelle 69
Mohorovičič-Übergangszone 204
Molasse 31, 54, 179, 180, 183, 186, 197
Molassebecken 182
Molassesenke 12, 22
Molassetrog 38, 183
Molasse-Zone 22
Mölltal-Linie 98, 103
Mönchsrot 191
Monte Pelmo 163, 173

Monte Peralba 155
Monte Sabion 149
Monte San Giorgio 166
Monzoni 149
Münstertaler Kristallin 97
Muralpen 91
Mureck-Scholle 69
Mur-Mürz-Furche 89
Murnau 22
Murnauer Mulde 187
Mürzalpen-Decke 142

N
Nagelfluh 185
Napf 185
Narbe 150
Niederösterreich 26
Nierentaler Schichten 138
Nordalpine Molasse 14
Nördliche Grauwacken-Zone 27, 33, 108
Nördliche Kalkalpen 18, 26, 54, 83, 88, 91, 122
Nordkarawanken 105
Nordpenninikum 57, 75, 78
Nordpenninischer Trog 36
Noreja-Linie 99
Norische Decke 115
Norische Überschiebung 115
Nötsch 103, 120
Nötscher Karbon 113

O
Obduktion 217
Obere Grauwacken-Decke 27
Obere Schieferhüll-Decke 66, 67
Oberer Mantel 204
Oberkruste 203
Oberostalpin 18, 19, 82, 91
Oberösterreich 26
Ogliotal 199
Olperer 29
Ölschiefer 131
Ophiolithe 29, 37, 56, 61, 64
Orobische Kette 153, 154
Ortler-Decke 97
Ostalpen 12, 13, 16, 19, 40
Ostalpin 12, 14, 15, 16, 18, 19, 82
Ostalpine Decke 82
Ötscher Decke 142, 194
Ötztaler Alpen 91, 93, 94
Ötztal-Decke 81

Ötztal-Kristallin 96
Ötztal-Masse 92
Ozeanboden 81
Ozeanische Kruste 56

P
Pannonisches Becken 171, 172
Paratethys 181
Pechkohle 187
Peißenberg 185, 187
Pelfsattel 175
Penninikum 18, 28, 55, 74
Penninische Eugeosynklinale 37, 206
Penzberg 187
Periadriatische Naht 16, 39, 145, 150, 208
Periadriatische Plutone 39, 147
Perwang 187
Pfänder 185
Piavetal 177
Piemontais-Trog 36, 37, 56, 78
Piesenkopf-Schichten 49
Pietra verde 128
Platta-Decke 75, 80
Platten 212
Plattenränder 213
Plassenkalk 136
Plattensee 191
Plattentektonik 211, 217
Poebene 12, 32, 195, 197
Po-Delta 198
Porphyroide 27, 111
Postvariszische Transgressionsserie 117, 123
Präflysch 79
Prätigau 75, 76
Prätigau-Flysch 78
Prätigau-Halbfenster 37, 77
Predazzo 149
Presanella 168
Pustertalstörung 147

Q
Quarzphyllit 154

R
Rabenstein 155
Radiolarit 135
Radstädter Quarzphyllit 107
Radstädter Tauern 28, 29, 86, 87, 88
Raibl 106
Raibler Schichten 130

Ramsau-Dolomit 130, 133
Rannach-Serie 101, 102, 109
Rax 130
Rechnitzer Schieferinsel 29, 37, 74
Recoaro 154, 173
Reichenhaller Schichten 128
Reichraminger Decke 141
Reiflinger Schichten 128
Reiselsberger Sandstein 49
Reiteralm-Decke 142
Reiteralm-Schubmasse 141
Rensen-Granit 149
Rettenstein 108
Rettenstein-Serie 99
Rheintal 11
Rhenodanubischer Flysch 25, 46, 47
Richthofen-Konglomerat 158
Rieserferner 39, 98, 147
Riffl-Decke 66, 67, 68
Rißeiszeit 199
Rosaliengebirge 90
Roßfeld-Schichten 141
Roßkofel 155
Rosso ammonitico 163
Rottenbucher Mulde 187
Rovereto 165

S
Saluver-Schichten 84, 86
Salzburg 40
Säntis 41
Sarldolomit 158
Saualpe 99
Save-Falten 171
Scaglia 138
Scarl-Decke 97
Scherenfenster 82
Schio 173
schistes lustrés 63
Schladminger Tauern 101
Schlern-Dolomit 158
Schlier 191
Schlingenbau 154
Schlingentektonik 94, 98
Schneeberg 130
Schneeberg-Decke 142
Schneeberger Kristallisation 95
Schneeberger Zug 96
Schrattenkalk 42
Schrumpfungstheorie 207
Schwarze Wand 89
Schwaz 116

Schwazer Dolomit 113, 116
Schwarzbergklamm-Breccie 136
Schwerkraft-Gleitungen 207
Seckauer Tauern 99, 101
Seeberger Aufbruch 105, 171
Seengebirge 154
Seetaler Alpen 99
Seidlwinkl-Decke 66
Seidlwinkl-Trias 62
Seis 158
Seiser Alpe 159
Seismisches Profil 204
Sella-Decke 85
Sella-Gruppe 172
Semmeringbahn 90
Semmering-Halbfenster 89
Semmering-Mesozoikum 83
Semmering-Paß 28
Silbereck-Mulde 69
Silbersberg-Serie 111
Silvretta 91
Silvretta-Decke 81, 85
Silvretta-Masse 96
Sonnblick-Kern 69
Spielberg-Dolomit 113
St. Pauler Berge 103
St. Pauler Trias 106
St. Veiter Klippen-Zone 44
St. Stefano di cadore 169
Staatzer Mesozoikum 189
Stangalm-Mesozoikum 98
Steinacher Decke 96, 98, 118
Steinacher Quarzphyllit 108
Steiner Alpen 105, 171
Steinernes Meer 132
Steirisches Becken 191, 195
Steirischer Erzberg 202
Steirische Tertiärbecken 182
Steirischer Vulkanbogen 191
Stilfser Joch 97
Straubinger Becken 188
Stretta-Decke 85
Stubaier Alpen 93, 95
Subduktionszonen 212, 216
Südalpen 12, 13, 16, 19, 31, 40, 151
Südalpin 14, 16, 18
Südburgenländische Schwelle 191
Südkarawanken 105
Südliche Grauwacken-Zone 108
Südpenninikum 57, 78
Südpenninischer Trog 36
Sulzfluh-Decke 75, 80

Sunk 117
Süßwasser Molasse 185

T

Tagliamento 165
Tarntaler Berge 28, 86
Tasna-Decke 75, 82
Tauernfenster 28, 29, 37, 59, 64, 71
Tauerngold 60
Tauernkristallisation 29, 60, 70
Tauern-Schieferhüllen 61
Tegernsee 52
Tektogenese 203
Telfser Weiße 95
Tennengebirge 132
Terrassen-Sedimente 201
Tessin 28
Tethys 42
Thurntaler Quarzphyllit 108
Tiefseerinnen 212
Tirolikum 141
Tiser 169
Tonale Linie 147
Torino 12
Traversella 149
Tribulaun 95
Tribulaun-Mesozoikum 118
Tridentinische Schwelle 152, 159
Tristelschichten 80
Troiseck-Kristallin 102
Trompia-Gewölbe 167
Turbidite 47, 49
Tuxer-Zillertaler-Kern 60

U

Ultrahelvetikum 18, 23, 25, 40, 44, 48, 54
Umbrailpaß 97
Umbrail-Quattervals-Decke 97
Ungarische Tiefebene 12
Untere Grauwacken-Decke 102
Unterengadin 28
Untere Grauwacken-Decke 27
Unterostalpin 18, 27, 36, 82, 83
Untersberger Marmor 138
Unterströmungstheorie 209
Urmannsau 46, 52, 53, 184

V

Val Camonica 167
Val Sugana 180
Val Sugana-Linie 169

Val Tellina 153
Vaiont-Stausee 175
Valais-Trog 37, 56, 57, 78, 79, 82
Variszische Gebirgsbildung 27, 28, 30, 155
Variszische Orogenese 10, 11
Variszisches Gebirge 29
Veitsch 117
Veitscher Decke 115
Venediger Decke 59
Venediger Kern 60
Venediger Massiv 60
Venetianische Alpen 165, 172, 173
Vereisung 182
Verschluckungszone 123, 210
Vaiont Stausee 175
Vicentinische Alpen 172
Vilser Kalke 136
Vorarlberg 23
Vorarlberger Fazies 133
Vorlandgletscher 198
Vorlandmolasse 22, 183
Vulkanismus 31, 166, 171, 181, 182
Vulkanite 33, 46

W
Waidbrucker Konglomerat 157
Waidhofen 46
Wallis 28
Waschberg-Zone 25, 44, 188, 190, 192, 193
Watzmann 132
Wechselfenster 29, 37

Wechselserie 90
Weißschiefer-Zonen 70
Werfener Schichten 128, 158
Werfener Schuppen-Zonen 145
Westalpen 11, 12, 13
Westalpin 12, 14, 16, 18, 40
Wettersteingebirge 130
Wettersteinkalk 128, 130
Weyrer Bögen 142, 143
Wiener Becken 12, 182, 192, 193
Wienerwald 25
Wienerwald-Flysch 48
Wildflysch 23, 43, 52
Windischgarsten 54
Wildschönauer Schiefer 111, 113
Wolfendorn-Decke 68
Wolfgangsee 45, 46, 54
Wölzer Tauern 99, 101
Würm-Eiszeit 199
Würm-Vereisung 200
Wurzelzone 123, 208
Wustkogel-Serie 61, 62

Z
Zentralalpen 11
Zentralalpines Mesozoikum 30, 83
Zementmergelserie 47
Zentralgneise 28, 33, 56, 60
Zentralgneis-Kerne 29
Zillertaler Alpen 28, 60
Zisterdorf 190, 911
Zlambach-Schichten 131, 133
Zwischeneiszeiten 201